1	2
3	4
5	

1. 制作生日贺卡 1
2. 制作生日贺卡 2
3. 制作旅游宣传单 1
4. 制作旅游宣传单 2
5. 手机 UI 界面设计

1. 制作房地产广告
2. 制作茶艺海报
3. 制作披萨包装－展开
4. 制作披萨包装－立体效果
5. 制作钻戒巡展邀请函 1

1	2
3	4
5	

1. 制作小提琴唱片封面
2. 制作小提琴唱片内页
3. 制作小提琴唱片内页 2
4. 制作小提琴唱片内页 3
5. 制作小提琴唱片盘面
6. 制作手表宣传册封面
7. 制作手表宣传册内页
8. 制作手表宣传册内页 2
9. 制作手表宣传册内页 3
10. 制作手表宣传册内页 4

1	2
5	3
6	4
7	9
8	10

1. 制作家居杂志封面
2. 制作家居杂志内页
3. 制作家居杂志内页
4. 制作家居杂志内页2
5. 制作家居杂志内页4
6. 制作菜谱书籍封
7. 制作菜谱书籍内页
8. 制作菜谱书籍内页2
9. 制作菜谱书籍内页4

1	2
9	3
	4
8	5
7	6

平面设计**综合教程**

Photoshop+Illustrator
+CorelDRAW+InDesign

微课版

互联网＋数字艺术教育研究院 策划

周建国 编著

人民邮电出版社

北 京

图书在版编目（CIP）数据

平面设计综合教程 : Photoshop+Illustrator+
CorelDRAW+InDesign : 微课版 / 周建国编著. -- 北京 :
人民邮电出版社, 2017.1 (2021.8重印)
ISBN 978-7-115-43691-7

Ⅰ. ①平… Ⅱ. ①周… Ⅲ. ①平面设计—图形软件—
高等学校—教材 Ⅳ. ①TP391.413

中国版本图书馆CIP数据核字(2016)第231165号

内 容 提 要

　　Photoshop、Illustrator、CorelDRAW 和 InDesign 是当今流行的图像处理、矢量图形编辑和排版
设计软件，被广泛应用于平面设计、包装装潢、彩色出版等诸多领域。

　　本书以平面设计的典型应用为主线，通过多个精彩实用的商业案例，全面细致地讲解如何利用
Photoshop、Illustrator、CorelDRAW 和 InDesign 来完成专业的平面设计项目，使初学者能够在掌握
软件功能和制作技巧的基础上，启发设计灵感，开拓设计思路，提高设计能力。

　　本书可供 Photoshop、Illustrator、CorelDRAW 和 InDesign 的初学者及有一定平面设计经验的读
者使用。

　◆ 编　　著　周建国
　　　责任编辑　税梦玲
　　　责任印制　彭志环
　◆ 人民邮电出版社出版发行　　北京市丰台区成寿寺路 11 号
　　　邮编　100164　　电子邮件　315@ptpress.com.cn
　　　网址　https://www.ptpress.com.cn
　　　涿州市京南印刷厂印刷
　◆ 开本：787×1092　1/16
　　　印张：22.75　　　　　2017 年 1 月第 1 版
　　　字数：659 千字　　　2021 年 8 月河北第 9 次印刷

定价：52.00 元

读者服务热线：(010)81055256　印装质量热线：(010)81055316
反盗版热线：(010)81055315

前 言 / FOREWORD

编写目的

Photoshop、Illustrator、CorelDRAW 和 InDesign 自推出之日起就深受平面设计人员的喜爱，它们被广泛应用于平面设计、包装装潢、彩色出版等诸多领域。为了帮助读者更好地学会这 4 个软件，出色地设计出平面设计作品，人民邮电出版社充分发挥在线教育方面的技术优势、内容优势、人才优势，潜心研究，为读者提供一种"纸质图书+在线课程"相配套，全方位学习的解决方案。读者可根据个人需求，利用图书和"微课云课堂"平台上的在线课程进行碎片化、移动化的学习。

平台支撑

"微课云课堂"目前包含近 50000 个微课视频，在资源展现上分为"微课云""云课堂"这两种形式。"微课云"是该平台中所有微课的集中展示区，用户可随需选择；"云课堂"是在现有微课云的基础上，为用户组建的推荐课程群，用户可以在"云课堂"中按推荐的课程进行系统化学习，或者将"微课云"中的内容进行自由组合，定制符合自己需求的课程。

◇ "微课云课堂"主要特点

微课资源海量，持续不断更新："微课云课堂"充分利用了出版社在信息技术领域的优势，以人民邮电出版社 60 多年的发展积累为基础，将资源经过分类、整理、加工以及微课化之后提供给用户。

资源精心分类，方便自主学习："微课云课堂"相当于一个庞大的微课视频资源库，按照门类进行一级和二级分类，以及难度等级分类，不同专业、不同层次的用户均可以在平台中搜索自己需要或者感兴趣的内容资源。

FOREWORD

多终端自适应,碎片化移动化:绝大部分微课时长不超过 10 分钟,可以满足读者碎片化学习的需要;平台支持多终端自适应显示,除了在 PC 端使用外,用户还可以在移动终端随心所欲地进行学习。

◇ **"微课云课堂"使用方法**

扫描封面上的二维码或者直接登录"微课云课堂"(www.ryweike.com)→用手机号码注册→在用户中心输入本书激活码(d468e28d),将本书包含的微课资源添加到个人账户,获取永久在线观看本课程微课视频的权限。

此外,购买本书的读者还将获得一年期价值 168 元的 VIP 会员资格,可免费学习 50000 个微课视频。

内容特点

本书以平面设计的典型应用为主线,通过多个精彩实用的商业案例,全面细致地讲解如何利用这 4 个软件来完成专业的平面设计项目,以帮助读者综合应用所学知识。

商业案例:精心挑选来自平面设计公司的商业案例,详细地讲解了运用这 4 个软件制作这些案例的流程和技法,并在此过程中融入了实践经验以及相关知识,做到操作步骤清晰准确,使读者能够在掌握软件功能和制作技巧的基础上,启发设计灵感,开拓设计思路,提高设计能力。

课后习题:为帮助读者巩固所学知识,拓展读者的实际应用能力,设置了难度略为提升的课后习题。

资源下载

为方便读者线下学习及教学,本书提供书中所有案例的基本素材和效果文件,以及教学大纲、PPT 课件、教学教案等资料,用户请登录微课云课堂网站并激活本课程,进入下图所示界面,点击"下载地址"进行下载。也可进入"人邮教育社区"进行下载。

致   谢

本书由互联网+数字艺术教育研究院策划,由周建国编著。另外,相关专业制作公司的设计师为本书提供了很多精彩的商业案例,在此表示感谢。

编 者
2016 年 8 月

目录 CONTENT

CONTENT

CONTENT

CONTENT

Chapter

1

第 1 章
平面设计的基础知识

本章主要介绍了平面设计的基础知识，其中包括平面设计的专业理论知识、平面设计的行业制作规范及平面设计的软件应用知识和技巧等内容。作为一个平面设计师，只有对平面设计的基础知识进行全面的了解和掌握，才能更好地完成平面设计的创意和设计制作任务。

课堂学习目标

- 了解平面设计的基本概念和项目分类
- 掌握平面设计的基本要素和常用尺寸
- 掌握平面设计软件的应用和工作流程

1.1 平面设计的基本概念

1922 年，美国威廉·阿迪逊·德威金斯最早提出和使用了"平面设计（Graphic Design）"一词。20世纪 70 年代，设计艺术得到了充分的发展，"平面设计"成为国际设计界认可的术语。

平面设计是一个包含经济学、信息学、心理学和设计学等领域的创造性视觉艺术学科。它通过二维空间进行表现，并通过图形、文字、色彩等元素的编排和设计来进行视觉沟通和信息传达。平面设计作品主要用于印刷或界面的平面显示。平面设计作品由平面设计师利用专业知识和技术来完成。

1.2 平面设计的项目分类

目前常见的平面设计项目，可以归纳为七大类：广告设计、书籍设计、刊物设计、包装设计、网页设计、标志设计、VI 设计。

1.2.1 广告设计

现代社会中，信息传递的速度日益加快，传播方式多种多样。广告凭借着信息媒介的传递，高频率地出现在人们的日常生活中，已成为社会生活中不可缺少的一部分。与此同时，广告艺术也凭借着异彩纷呈的表现形式、丰富多彩的内容信息以及快捷便利的传播条件，强有力地冲击着人们的视听神经。

广告的英语译文为 Advertisement，最早从拉丁文 Adverture 演化而来，其含义是"吸引人注意"。通俗意义上讲，广告即广而告之。不仅如此，广告还同时包含两方面的含义：从广义上讲是指向公众通知某一件事并最终达到广而告之的目的；从狭义上讲，广告主要指盈利性的广告，即为了某种特定的需要，通过一定形式的媒介，耗费一定的费用，公开而广泛地向公众传递某种信息并最终从中获利的宣传手段。

广告设计是指通过图像、文字、色彩、版面、图形等视觉元素，结合广告媒体的使用特征构成的艺术表现形式，是为了实现传达广告目的和意图的艺术创意设计。

平面广告的类别主要包括 DM 直邮广告、POP 广告、杂志广告、报纸广告、招贴广告、网络广告和户外广告等。广告设计的效果如图 1-1 所示。

图 1-1

1.2.2 书籍设计

书籍是人类思想交流、知识传播、经验宣传、文化积累的重要媒介。

书籍设计（Book Design）又称书籍装帧设计，平面设计范畴，是指对书籍的整体策划及造型设计。策划和设计过程包含了印前、印中，以及印后对书的形态与传达效果的分析。书籍设计的内容很多，包括开本、封面、扉页、字体、版面、插图、护封及纸张、印刷、装订和材料的艺术设计。

关于书籍的分类，有许多种方法，标准不同，分类也就不同。一般而言，我们按书籍的内容涉及的范围来分类，可分为文学艺术类、少儿动漫类、生活休闲类、人文科学类、科学技术类、经营管理类、医疗教育类等。不同类型的书籍，其设计也不同，书籍设计的效果如图 1-2 所示。

图 1-2

1.2.3　刊物设计

作为定期出版物，刊物是指经过装订、带有封面的期刊，同时刊物也是大众类印刷媒体之一。这种媒体形式最早出现在德国，但在当时，期刊与报纸并无太大区别，随着科技发展和生活水平的不断提高，期刊开始与报纸越来越不一样，其内容也愈加偏重专题、质量、深度，而非时效性。

期刊可用于进行专业性较强的行业信息交流等，它的读者群体有其特定性和固定性。正是由于这种特点，期刊内容的读者定位相对比较精准。同时，由于期刊大多为月刊和半月刊，注重内容质量的打造，所以比报纸的保存时间要长很多。

在设计期刊时，主要参照其样本和开本进行版面划分，设计的艺术风格、设计元素和设计色彩都要和刊物本身的定位相呼应。由于期刊一般会选用质量较好的纸张进行印刷，所以它的图片印刷质量高、细腻光滑，画面图像的印刷工艺精美、还原效果好、视觉形象清晰。

期刊类媒体分为消费者期刊、专业性期刊、行业性期刊等不同类别，具体包括财经期刊、IT 期刊、动漫期刊、家居期刊、健康期刊、教育期刊、旅游期刊、美食期刊、汽车期刊、人物期刊、时尚期刊、数码期刊等。刊物设计的效果如图 1-3 所示。

图 1-3

1.2.4 包装设计

包装设计是艺术设计与科学技术相结合的设计,是技术、艺术、设计、材料、经济、管理、心理、市场等多功能综合要素的体现,是多学科融会贯通的一门综合学科。

包装设计的广义概念,是指包装的整体策划工程,其主要内容包括包装方法的设计、包装材料的设计、视觉传达设计、包装机械的设计与应用、包装试验、包装成本的设计及包装的管理等。

包装设计的狭义概念,是指选用适合商品的包装材料,运用巧妙的制造工艺手段,为商品进行的容器结构功能化设计和形象化视觉造型设计,使之具有整合容纳、保护产品、方便储运、优化形象、传达属性和促进销售之功效。

包装设计按商品内容分类,可以分为日用品包装、食品包装、烟酒包装、化妆品包装、医药包装、文体包装、工艺品包装、化学品包装、五金家电包装、纺织品包装、儿童玩具包装、土特产包装等。包装设计的效果如图1-4所示。

图1-4

1.2.5 网页设计

网页设计是指根据网站所要表达的主旨,将网站信息进行整合归纳后,进行的版面编排和美化设计。通过网页设计,让网页信息更有条理,页面更具有美感,从而提高网页的信息传达和阅读效率。网页设计者要掌握平面设计的基础理论和设计技巧,掌握网页配色、网站风格、网页制作技术等网页设计知识,创造出符合项目设计需求的艺术化和人性化的网页。

根据网页的不同属性,可将网页分为商业性网页、综合性网页、娱乐性网页、文化性网页、行业性网页、区域性网页等类型。网页设计的效果如图1-5所示。

图1-5

图 1-5（续）

1.2.6 标志设计

标志是具有象征意义的视觉符号，它借助图形和文字的巧妙设计组合，艺术地传递出某种信息，表达某种特殊的含义。标志设计是指将具体的事物和抽象的精神通过特定的图形和符号固定下来，使人们在看到标志设计的同时，自然地产生联想，从而对企业产生认同。对于一个企业而言，标志渗透到了企业运营的各个环节，例如日常经营活动、广告宣传、对外交流、文化建设等。作为企业的无形资产，它的价值随同企业的增值不断累积。

标志按功能分类，可以分为政府标志、机构标志、城市标志、商业标志、纪念标志、文化标志、环境标志、交通标志等。标志设计的效果如图 1-6 所示。

图 1-6

1.2.7 VI 设计

VI（Visual Identity）即企业视觉识别，是指以建立企业的理念识别为基础，将企业理念、企业使命、企业价值观经营概念变为静态的具体识别符号，并进行具体化、视觉化的传播；具体是指通过各种媒体将企业形象广告、标志、产品包装等有计划地传递给社会公众，树立企业整体统一的识别形象。

VI 是 CI 中项目最多、层面最广、效果最直接的向社会传递信息的部分，最具有传播力和感染力，也最容易被公众所接受，短期内获得影响也最明显。社会公众可以一目了然地掌握企业的信息，产生认同感，进而达到企业识别的目的。优秀的 VI 设计能在一定程度上帮助企业及产品在市场中获得较强的竞争力。

VI 主要由两大部分组成，即基础识别部分和应用识别部分。其中，基础识别部分主要包括企业标志设计、标准字体与印刷专用字体设计、色彩系统设计、辅助图形、品牌角色（吉祥物）等；应用识别部分包括办公系统、标识系统、广告系统、旗帜系统、服饰系统、交通系统、展示系统等。VI 设计效果如图 1-7 所示。

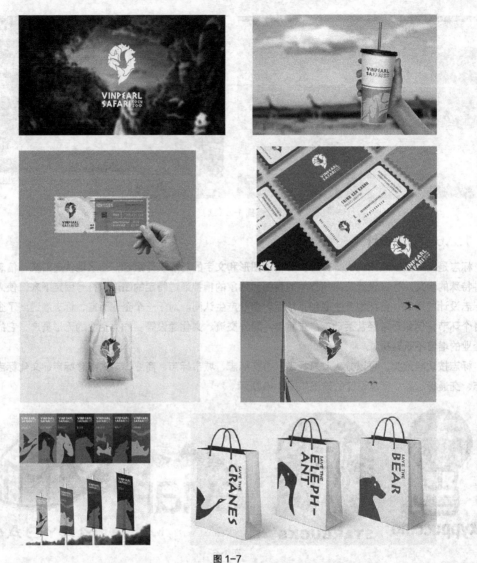

图 1-7

1.3 平面设计的基本要素

平面设计作品的基本要素主要包括图形、文字及色彩 3 个要素，这 3 个要素的组合组成了一组完整的平面设计作品。每个要素在平面设计作品中都起着举足轻重的作用，3 个要素之间的相互影响和各种不同变化都会使平面设计作品产生更加丰富的视觉效果。

1.3.1 图形

通常，人们在阅读一则平面设计作品的时候，首先注意到的是图片，其次是标题，最后才是正文。如果说标题和正文作为符号化的文字受地域和语言背景限制的话，那么图形信息的传递则不受国家、民族、种族语言的限制，它是一种通行于世界的语言，具有广泛的传播性。因此，图形创意策划的选择直接关系到平面设计作品的成败。图形的设计也是整个设计内容最直观的体现，它最大限度地表现了作品的主题和内涵，效果如图 1-8 所示。

图 1-8

1.3.2　文字

　　文字是最基本的信息传递符号。在平面设计工作中，相对于图形而言，文字是体现内容传播功能最直接的形式，对文字的设计安排相当重要。在平面设计作品中，文字的字体造型和构图编排恰当与否都直接影响到作品的效果和视觉表现力，文字的平面设计效果如图 1-9 所示。

图 1-9

1.3.3　色彩

　　平面设计作品给人的整体感受取决于作品画面的整体色彩。色彩作为平面设计组成的重要因素之一，色彩的色调与搭配受宣传主题、企业形象、推广地域等因素的共同影响。因此，在平面设计中要考虑消费者对颜色的一些固定心理感受以及相关的地域文化。色彩的平面设计效果如图 1-10 所示。

图 1-10

1.4 平面设计的常用尺寸

在设计制作作品之前，平面设计师一定要了解并掌握印刷常用纸张开数和常见开本尺寸，还要熟悉使用常用的平面设计作品尺寸。下面通过表 1-1~表 1-4 来介绍相关内容。

表 1-1 　　　　　　　　　　　　　　　印刷常用纸张开数

正度纸张：787mm×1092mm		大度纸张：889mm×1194mm	
开数（正）	尺寸单位（mm）	开数（大）	尺寸单位（mm）
全开	781×1086	全开	844×1162
2 开	530×760	2 开	581×844
3 开	362×781	3 开	387×844
4 开	390×543	4 开	422×581
6 开	362×390	6 开	387×422
8 开	271×390	8 开	290×422
16 开	195×271	16 开	211×290
32 开	135×195	32 开	211×145
64 开	97×135	64 开	105×145

表 1-2 　　　　　　　　　　　　　　　印刷常见开本尺寸

正度开本：787mm×1092mm		大度开本：889mm×1194mm	
开数（正）	尺寸单位（mm）	开数（大）	尺寸单位（mm）
2 开	520×740	2 开	570×840
4 开	370×520	4 开	420×570
8 开	260×370	8 开	285×420
16 开	185×260	16 开	210×285
32 开	185×130	32 开	220×142
64 开	92×130	64 开	110×142

表 1-3 　　　　　　　　　　　　　　　名片设计的常用尺寸

类别	方角（mm）	圆角（mm）
横版	90×55	85×54
竖版	50×90	54×85
方版	90×90	90×95

表 1-4 　　　　　　　　　　　　　　　其他常用的设计尺寸

类别	标准尺寸（mm）	4 开（mm）	8 开（mm）	16 开（mm）
招贴画	540×380			
普通宣传册				210×285

续表

类别	标准尺寸（mm）	4 开（mm）	8 开（mm）	16 开（mm）
三折页广告				210×285
手提袋	400×285×80			
文件封套	220×305			
信纸、便条	185×260			210×285
挂旗		540×380	376×265	
IC 卡	85×54			

1.5　平面设计软件的应用

　　目前在平面设计工作中，经常使用的主流软件有 Photoshop、Illustator、CorelDRAW 和 InDesign，这 4 款软件每一款都有鲜明的功能特色。要想根据创意制作出完美的平面设计作品，就需要熟练使用这 4 款软件，并能很好地利用不同软件的优势，巧妙地结合使用。

1.5.1　Adobe Photoshop

　　Photoshop 是 Adobe 公司出品的最强大的图像处理软件之一，是集编辑修饰、制作处理、创意编排、图像输入与输出于一体的图形图像处理软件，深受平面设计人员、电脑艺术和摄影爱好者的喜爱。Photoshop 通过软件版本升级，使功能不断完善，已经成为迄今为止世界上最畅销的图像处理软件。Photoshop 软件启动界面如图 1–11 所示。

图 1–11

　　Photoshop 的主要功能包括绘制和编辑选区、绘制和修饰图像、绘制图形及路径、调整图像的色彩和色调、图层的应用、文字的使用、通道和蒙版的使用、滤镜及动作的应用。这些功能可以全面地辅助平面设计作品的创意与制作。

　　Photoshop 适合完成的平面设计任务有图像抠像、图像调色、图像特效、文字特效、插图设计等。

1.5.2　Adobe Illustrator

　　Illustrator 是 Adobe 公司推出的专业矢量绘图工具，是出版、多媒体和在线图像的工业标准矢量插画软件。Adobe Illustrator 的应用人群主要包括印刷出版线稿的设计者和专业插画家、多媒体图像的艺术家和互联网页或在线内容的制作者。Illustrator 软件启动界面如图 1-12 所示。

图 1-12

Illustrator 的主要功能包括图形的绘制和编辑、路径的绘制和编辑、图像对象的组织、颜色填充与描边编辑、文本的编辑、图表的编辑、图层和蒙版的使用、使用混合与封套效果、滤镜效果的使用、样式外观与效果的使用。这些功能可以全面地辅助平面设计作品的创意与制作。

Illustrator 适合完成的平面设计任务包括插图设计、标志设计、字体设计、图表设计、单页设计排版、折页设计排版等。

1.5.3 CorelDRAW

CorelDRAW 是由 Corel 公司开发的集矢量图形设计、印刷排版、文字编辑处理和图形输出于一体的平面设计软件，它是丰富的创作力与强大功能的完美结合，深受平面设计师、插画师和版式编排人员的喜爱，已经成为设计师的必备工具。CorelDRAW 软件启动界面如图 1-13 所示。

图 1-13

CorelDRAW 的主要功能包括绘制和编辑图形、绘制和编辑曲线、编辑轮廓线与填充颜色、排列和组合对象、编辑文本、编辑位图和应用特殊效果。这些功能可以全面地辅助平面设计作品的创意与制作。

CorelDRAW 适合完成的平面设计任务包括标志设计、图表设计、模型绘制、插图设计、单页设计排版、折页设计排版、分色输出等。

1.5.4 Adobe InDesign

InDesign 是由 Adobe 公司开发的专业排版设计软件，是专业出版方案的新平台。它功能强大、易学易用，能够使读者通过内置的创意工具和精确的排版控制为打印或数字出版物设计出极具吸引力的页面版式，深受版式编排人员和平面设计师的喜爱，已经成为图文排版领域最流行的软件之一。InDesign 软件启动界面如图 1–14 所示。

图 1–14

　　InDesign 的主要功能包括绘制和编辑图形对象、路径的绘制与编辑、编辑描边与填充、编辑文本、处理图像、版式编排、处理表格与图层、页面编排、编辑书籍和目录。这些功能可以全面地辅助平面设计作品的创意与排版制作。

　　InDesign 适合完成的平面设计任务包括图表设计、单页排版、折页排版、广告设计、报纸设计、杂志设计、书籍设计等。

1.6　平面设计的工作流程

　　平面设计的工作流程是一个有明确目标、有正确理念、有负责态度、有周密计划、有清晰步骤、有具体方法的工作过程，好的设计作品都是在完美的工作流程中产生的。

1.6.1　信息交流

　　客户提出设计项目的构想和工作要求，并提供项目相关文本和图片资料，包括公司介绍、项目描述、基本要求等。

1.6.2　调研分析

　　根据客户提出的设计构想和要求，设计师运用客户的相关文本和图片资料，对客户的设计需求进行分析，并对客户同行业或同类型的设计产品进行市场调研。

1.6.3　草稿讨论

　　根据已经做好的分析和调研，设计师组织设计团队，依据创意构想设计出项目的创意草稿并制作出样稿。拜访客户，双方就设计的草稿内容，进行沟通讨论；就双方的设想，根据需要补充相关资料，达成设计构想上的共识。

1.6.4　签订合同

在双方就设计草稿达成共识后，双方确认设计的具体细节、设计报价和完成时间，签订《设计协议书》，客户支付项目预付款，设计工作正式展开。

1.6.5　提案讨论

设计师团队根据前期的市场调研和客户需求，结合双方草稿讨论的意见，开始设计方案的策划、设计和制作工作。设计师一般要完成 3 个设计方案，提交给客户选择；并与客户开会讨论提案，客户根据提案作品，提出修改建议。

1.6.6　修改完善

根据提案会议的讨论内容和修改意见，设计师团队对客户基本满意的方案进行修改调整，进一步完善整体设计，并提交客户进行确认，等客户再次反馈意见后，设计师对客户提出的细节修改进行更细致的调整，使方案顺利完成。

1.6.7　验收完成

在设计项目完成后，和客户一起对完成的设计项目进行验收，并由客户在设计合格确认书上签字。客户按协议书规定支付项目设计余款，设计方将项目制作文件提交客户，整个项目执行完成。

1.6.8　后期制作

在设计项目完成后，客户可能需要设计方进行设计项目的印刷包装等后期制作工作，如果设计方承接了后期制作工作，需要和客户签订详细的后期制作合同，并执行好后期的制作工作，给客户提供出满意的印刷和包装成品。

Photoshop+Illustrator

CorelDRAW+InDesign

Chapter

2

第 2 章
设计软件的基础知识

　　本章主要介绍设计软件的基础知识，包括位图和矢量图、分辨率、色彩模式、文件格式、页面设置、图片大小、出血、文字转换、印前检查和小样等内容。通过本章的学习，读者可以快速掌握设计软件的基础知识和操作技巧，有助于更好地完成平面设计作品的创意设计与制作。

课堂学习目标

- 了解位图、矢量图和分辨率的概念
- 掌握图像的色彩模式和文件格式
- 掌握页面设置、图片大小、出血和文字转换等操作

2.1 位图和矢量图

图像文件可以分为两大类：位图图像和矢量图形。在处理图像或绘图过程中，这两种类型的图像可以相互交叉使用。

2.1.1 位图

位图图像也称为点阵图像，由许多单独的小方块组成，这些小方块又称为像素点。每个像素点都有其特定的位置和颜色值，位图图像的显示效果与像素点是紧密联系在一起的，不同排列和着色的像素点在一起组成了一幅色彩丰富的图像。像素点越多，图像的分辨率越高，相应地，图像的文件也会越大。

图像的原始效果如图 2-1 所示。使用放大工具放大后，可以清晰地看到像素的小方块形状与不同的颜色，效果如图 2-2 所示。

图 2-1   图 2-2

位图与分辨率有关，如果在屏幕上以较大的倍数放大显示图像，或以低于创建时的分辨率打印图像，图像就会出现锯齿状的边缘，并且会丢失细节。

2.1.2 矢量图

矢量图也称为向量图，它基于图形的几何特性来描述图像。矢量图中的各种图形元素称为对象，每一个对象都是独立的个体，都具有大小、颜色、形状、轮廓等特性。

矢量图与分辨率无关，将矢量图缩放到任意大小，其清晰度不变，也不会出现锯齿状的边缘。在任何分辨率下显示或打印，都不会损失细节。图形的原始效果如图 2-3 所示。使用放大工具放大后，其清晰度不变，效果如图 2-4 所示。

图 2-3   图 2-4

矢量图文件所占的容量较少，但这种图形的缺点是不易制作色调丰富的图像，而且绘制出来的图形无法像位图那样精确地描绘各种绚丽的景象。

2.2　分辨率

分辨率是用于描述图像文件信息的术语，分为图像分辨率、屏幕分辨率和输出分辨率。下面将分别进行讲解。

2.2.1　图像分辨率

在 Photoshop CS6 中，图像中每单位长度上的像素数目，称为图像的分辨率，其单位为像素/英寸或是像素/厘米。

在相同尺寸的两幅图像中，高分辨率图像包含的像素比低分辨率图像包含的像素多。例如，一幅尺寸为 1×1 英寸的图像，其分辨率为 72 像素/英寸，这幅图像包含 5 184 个像素（72×72＝5 184）。同样尺寸、分辨率为 300 像素/英寸的图像，图像包含 90 000 个像素。相同尺寸下，分辨率为 72 像素/英寸的图像效果如图 2-5 所示，分辨率为 300 像素/英寸的图像效果如图 2-6 所示。由此可见，在相同尺寸下，高分辨率的图像将能更清晰地表现图像内容。（注：1 英寸=2.54 厘米）

图 2-5　　　　　　　　　　图 2-6

提示

如果一幅图像所包含的像素是固定的，那么增加图像尺寸，就会降低图像的分辨率。

2.2.2　屏幕分辨率

屏幕分辨率是显示器上每单位长度显示的像素数目。屏幕分辨率取决于显示器大小加上其像素设置。PC 显示器的分辨率一般约为 96 像素/英寸，Mac 显示器的分辨率一般约为 72 像素/英寸。在 Photoshop CS6 中，图像像素被直接转换成显示器像素，当图像分辨率高于显示器分辨率时，屏幕中显示出的图像比实际尺寸大。

2.2.3　输出分辨率

输出分辨率是照排机或打印机等输出设备产生的每英寸的油墨点数（dpi）。打印机的分辨率在 720 dpi 以上的可以使图像获得比较好的效果。

2.3　色彩模式

Photoshop、Illustrator、CorelDRAW 和 InDesign 提供了多种色彩模式，这些色彩模式正是作品能够在屏幕和印刷品上成功表现的重要保障。在这里重点介绍几种经常使用到的色彩模式，即 CMYK 模式、RGB 模式、灰度模式及 Lab 模式。每种色彩模式都有不同的色域，并且各个模式之间可以相互转换。

2.3.1 CMYK 模式

CMYK 代表了印刷上用的 4 种油墨颜色：C 代表青色，M 代表洋红色，Y 代表黄色，K 代表黑色。CMYK 模式在印刷时应用了色彩学中的减法混合原理，即减色色彩模式，它是图片、插图和其他作品中最常用的一种印刷方式。这是因为在印刷中通常都要进行四色分色，出四色胶片，然后再进行印刷。

在 Photoshop 中，CMYK "颜色"控制面板如图 2-7 所示。在 Illustrator 中，CMYK "颜色"控制面板如图 2-8 所示。在 CorelDRAW 中要通过"均匀填充"对话框选择 CMYK 模式，如图 2-9 所示。在 InDesign 中，CMYK "颜色"控制面板如图 2-10 所示。在以上这些面板和对话框中可以设置 CMYK 颜色。

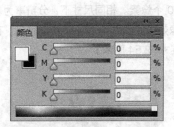

图 2-7

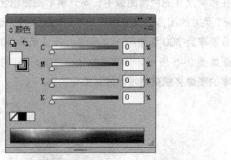

图 2-8

图 2-9

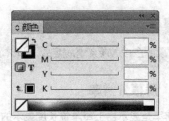

图 2-10

 提示

在建立新的 Photoshop 文件时，就选择 CMYK 四色印刷模式。这种方式的优点是防止最后的颜色失真，因为在整个作品的制作过程中，所制作的图像都在可印刷的色域中。

在 Photoshop 中，可以选择"图像 > 模式 > CMYK 颜色"命令，将图像转换成 CMYK 模式。但是一定要注意，在图像转换为 CMYK 模式后，就无法再变回原来图像的 RGB 色彩了。因为 RGB 的色彩模式在转换成 CMYK 模式时，色域外的颜色会变暗，这样才有利于文件整个色彩的印刷。因此，在将 RGB 模式转换成 CMYK 模式之前，可以选择"视图 > 校样设置 > 工作中的 CMYK"命令，预览一下转换成 CMYK 模式后的图像效果，如果不满意，还可以根据需要对图像进行调整。

2.3.2　RGB 模式

RGB 模式是一种加色模式，它通过红、绿、蓝 3 种色光相叠加而形成更多的颜色。RGB 是色光的彩色模式，一幅 24 位色彩范围的 RGB 图像有 3 个色彩信息通道：红色(R)、绿色(G)和蓝色(B)。在 Photoshop 中，RGB "颜色" 控制面板如图 2-11 所示。在 Illustrator 中，RGB "颜色" 控制面板如图 2-12 所示。在 CorelDRAW 中的 "均匀填充" 对话框中选择 RGB 色彩模式，如图 2-13 所示。在 InDesign 中，RGB "颜色" 控制面板如图 2-14 所示。在以上这些面板和对话框中可以设置 RGB 颜色。

每个通道都有 8 位的色彩信息，即一个 0 ~ 255 的亮度值色域。也就是说，每一种色彩都有 256 个亮度水平级。3 种色彩相叠加，可以有 $256 \times 256 \times 256 \approx 1\,670$ 万种可能的颜色。足以表现出绚丽多彩的世界。

图 2-11

图 2-12

图 2-13

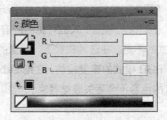

图 2-14

在 Photoshop CS6 中编辑图像时，RGB 色彩模式应是最佳的选择。因为它可以提供全屏幕的多达 24 位的色彩范围，一些计算机领域的色彩专家称之为 "True Color (真彩显示)"。

提示

一般在视频编辑和设计过程中，使用 RGB 模式来编辑和处理图像。

2.3.3　灰度模式

灰度模式 (灰度图) 又称为 8bit 深度图。每个像素用 8 个二进制位表示，能产生 2^8，即 256 级灰色调。当一个彩色文件被转换为灰度模式文件时，所有的颜色信息都将从文件中丢失。尽管 Photoshop 允许将一个灰度文件转换为彩色模式文件，但不可能将原来的颜色完全还原。所以，当要转换灰度模式时，应先做好图像的备份。

像黑白照片一样，一个灰度模式的图像只有明暗值，没有色相和饱和度这2种颜色信息。0%代表白，100%代表黑，其中的K值用于衡量黑色油墨用量。在 Photoshop 中，"颜色"控制面板如图 2-15 所示。在 Illustrator 中，灰度"颜色"控制面板如图 2-16 所示。在 CorelDRAW 中的"均匀填充"对话框中选择灰度色彩模式，如图 2-17 所示。在上述这些面板和对话框中可以设置灰度颜色，但在 InDesign 中没有灰度模式。

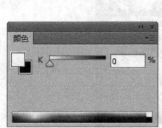

图 2-15

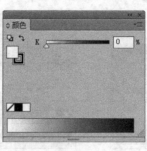
图 2-16

图 2-17

2.3.4 Lab 模式

Lab 模式是 Photoshop 中的一种国际色彩标准模式，它由 3 个通道组成：一个通道是透明度，即 L；其他两个是色彩通道，即色相和饱和度，分别用 a 和 b 表示。a 通道包括的颜色值从深绿到灰，再到亮粉红色；b 通道是从亮蓝色到灰，再到焦黄色。这种色彩混合后将产生明亮的色彩。Lab "颜色"控制面板如图 2-18 所示。

Lab 模式在理论上包括了人眼可见的所有色彩，它弥补了 CMYK 模式和 RGB 模式的不足。在这种模式下，图像的处理速度比在 CMYK 模式下快数倍，与 RGB 模式的速度相仿。在把 Lab 模式转换成 CMYK 模式的过程中，所有的色彩不会丢失或被替换。

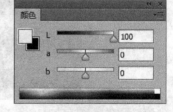
图 2-18

 提示

在 Photoshop 中将 RGB 模式转换成 CMYK 模式时，可以先将 RGB 模式转换成 Lab 模式，然后再从 Lab 模式转到 CMYK 模式，这样会减少图片的颜色损失。

2.4 文件格式

当平面设计作品制作完成后，需要进行存储。这时，选择一种合适的文件格式就显得十分重要。在 Photoshop、Illustrator、CorelDRAW 和 InDesign 中有 20 多种文件格式可供选择。在这些文件格式中，既有 4 个软件的专用格式，也有用于应用程序交换的文件格式，还有一些比较特殊的格式。下面重点讲解 5 种常用的文件存储格式。

2.4.1　PSD 格式

PSD 格式是 Photoshop 软件自身的专用文件格式，能够保存图像数据的细小部分，如图层、蒙版、通道等，以及其他 Photoshop 对图像进行特殊处理的信息。在没有最终决定图像存储的格式前，最好先以这种格式存储。另外，Photoshop 打开和存储这种格式的文件较其他格式更快。

2.4.2　AI 格式

AI 格式是 Illustrator 软件的专用文件格式。它的兼容度比较高，可以在 CorelDRAW 中打开，也可以将 CDR 格式的文件导出为 AI 格式。

2.4.3　CDR 格式

CDR 格式是 CorelDRAW 软件的专用图形文件格式。由于 CorelDRAW 是矢量图形绘制软件，所以 CDR 可以记录文件的属性、位置、分页等。但它在兼容度上比较差，在所有 CorelDRAW 应用程序中均能够使用，而在其他图像编辑软件上却无法打开此类文件。

2.4.4　Indd 和 Indb 格式

Indd 格式是 InDesign 软件的专用文件格式。由于 InDesign 是专业的排版软件，所以 Indd 格式可以记录排版文件的版面编排、文字处理等内容。但它在兼容性上比较差，一般不为其他软件所用。Indb 格式是 InDesign 的书籍格式，它只是一个容器，把多个 Indd 文件通过这个容器集合在一起。

2.4.5　TIF（TIFF）格式

TIF 也称 TIFF，是标签图像格式。TIF 格式对于色彩通道图像来说具有很强的可移植性，它可以用于 PC、Macintosh 和 UNIX 工作站三大平台，是这三大平台上使用最广泛的绘图格式。

用 TIF 格式存储时应考虑到文件的大小，因为 TIF 格式的结构要比其他格式更大、更复杂。但 TIF 格式支持 24 个通道，能存储多于 4 个通道的文件。TIF 格式还允许使用 Photoshop 中的复杂工具和滤镜特效。

提示

> *TIF 格式非常适合于印刷和输出。在 Photoshop 中编辑处理完成的图片文件一般都会存储为 TIF 格式，然后导入到其他三个平面设计文件中进行编辑处理。*

2.4.6　JPEG 格式

联合图片专家组（Joint Photographic Experts Group，JPEG）格式既是 Photoshop 支持的一种文件格式，也是一种压缩方案。它是 Macintosh 上常用的一种存储类型。JPEG 格式是压缩格式中的"佼佼者"，与 TIF 文件格式采用的 LIW 无损失压缩相比，它的压缩比例更大。但它使用的有损失压缩会丢失部分数据。用户可以在存储前选择图像的最后质量，这就能控制数据的损失程度。

在 Photoshop 中，有低、中、高和最高 4 种图像压缩品质可供选择。以高质量保存的图像比其他质量的保存形式占用更大的磁盘空间，而选择低质量保存图像则损失的数据较多，但占用的磁盘空间较少。

2.5　页面设置

在设计制作平面作品之前，要根据客户的要求在 Photoshop、Illustrator、CorelDRAW 和 InDesign 中设置页面文件的尺寸。下面讲解如何根据制作标准或客户要求来设置页面文件的尺寸。

2.5.1 在 Photoshop 中设置页面

选择"文件 > 新建"命令，弹出"新建"对话框，如图 2-19 所示。在对话框中，"名称"选项后的文本框中可以输入新建图像的文件名；"预设"选项后的下拉列表用于自定义或选择其他固定格式文件的大小；在"宽度"和"高度"选项后的数值框中可以输入需要设置的宽度和高度的数值；在"分辨率"选项后的数值框中可以输入需要设置的分辨率。

图 2-19

图像的宽度和高度可以设定为像素或厘米，单击"宽度"和"高度"选项下拉列表右侧的黑色三角按钮 ▼，弹出计量单位下拉列表，可以选择计量单位。

"分辨率"选项可以设定每英寸的像素数或每厘米的像素数，一般在进行屏幕练习时，设定为 72 像素/英寸；在进行平面设计时，设定为输出设备的半调网屏频率的 2.5～2 倍，一般为 300 像素/英寸。单击"确定"按钮，新建页面。

2.5.2 在 Illustrator 中设置页面

选择"文件 > 新建"命令，弹出"新建文档"对话框，如图 2-20 所示。设置相应的选项后，单击"确定"按钮，即可建立一个新的文档。

图 2-20

"名称"选项：可以在选项中输入新建文件的名称，默认状态下为"未标题-1"。

"配置文件"选项：主要是基于所需的输出文件来选择新的文档配置以启动新文档，其中包括"打印"

"Web""移动设备""视频和胶片""基本 CMYK""基本 RGB"和"Flash Catalyst"，每种配置都包含大小、颜色模式、单位、方向、透明度以及分辨率的预设值。

　　"画板数量"选项：画板表示可以包含可打印图稿的区域。可以设置画板的数量及排列方式，每个文档可以有 1~100 个画板。默认状态下为 1 个画板。

　　"间距"和"列数"选项：用于设置画板之间的间距和列数。

　　"大小"选项：可以在下拉列表中选择系统预先设置的文件尺寸，也可以在下方的"宽度"和"高度"选项中自定义文件尺寸。

　　"宽度"和"高度"选项：用于设置文件的宽度和高度的数值。

　　"单位"选项：用于设置文件所采用的单位，默认状态下为"毫米"。

　　"取向"选项：用于设置新建页面竖向或横向排列。

　　"出血"选项：用于设置文档中上、下、左、右四方的出血标志的位置。可以设置的最大出血值为 72 点，最小出血值为 0 点。

2.5.3　在 CorelDRAW 中设置页面

　　在实际工作中，往往要利用像 CorelDRAW 这样的优秀平面设计软件来完成印前的制作任务，随后才是出胶片、送印厂。因此，这就要求我们在设计制作前设置好作品的尺寸。为了方便广大用户使用，CorelDRAW 预设了 50 多种页面样式供用户选择。

　　在新建的 CorelDRAW 文档窗口中，属性栏可以设置纸张的类型大小、纸张的高度和宽度、纸张的放置方向等，如图 2-21 所示。

图 2-21

　　选择"布局 > 页面设置"命令，可以进行更广泛、更深入的设置。选择"布局 > 页面设置"命令，弹出"选项"对话框，如图 2-22 所示。

　　在"页面尺寸"的选项框中，除了可对版面纸张的大小、放置方向等进行设置外，还可设置页面出血、分辨率等选项。

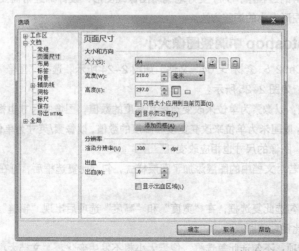

图 2-22

2.5.4 在 InDesign 中设置页面

新建文档是设计制作的第一步，可以根据自己的设计需要新建文档。

选择"文件 > 新建 > 文档"命令，弹出"新建文档"对话框，如图 2-23 所示。

"用途"选项：可以根据需要设置文档输出后适用于的格式。

"页数"选项：可以根据需要输入文档的总页数。

"对页"复选框：勾选此选项，可以在多页文档中建立左右页，以对页形式显示的版面格式，就是通常所说的对开页。若不勾选此选项，新建文档的页面格式都以单面单页形成显示。

"起始页码"选项：可以设置文档的起始页码。

"主页文本框架"复选框：勾选此选项，可以为多页文档创建常规的主页面。InDesign 会自动在所有页面上加上一个文本框。

图 2-23

"页面大小"选项：可以从选项的下拉列表中选择标准的页面设置，其中有 A3、A4、信纸等一系列固定的标准尺寸；也可以在"宽度"和"高度"选项中输入宽度和高度的数值。页面大小代表页面外出血和其他标记被裁掉以后的成品尺寸。

"页面方向"选项：单击"纵向"按钮⬛或"横向"按钮⬛，页面方向会发生纵向或横向的变化。

"装订"选项：有两种装订方式可供选择：向左翻或向右翻。单击"从左到右"按钮🅰将按照左边装订的方式装订；单击"从右到左"按钮⬛将按照右边装订的方式装订。文本横排的版面选择左边装订；文本竖排的版面选择右边装订。

单击"边距和分栏"按钮，弹出"新建边距和分栏"对话框。在对话框中，可以在"边距"设置区中设置页面边空的尺寸，设置完成后，单击"确定"按钮，新建文档。

2.6 图片大小

在完成平面设计任务的过程中，为了更好地编辑图像或图形，设计师经常需要调整图像或者图形的大小。下面将讲解图像或图形大小的调整方法。

2.6.1 在 Photoshop 中调整图像大小

打开资源包中的"Ch02 > 素材 > 04"文件，如图 2-24 所示。选择"图像 > 图像大小"命令，弹出"图像大小"对话框，如图 2-25 所示。

"像素大小"选项组：以像素为单位来改变宽度和高度的数值，图像的尺寸也相应改变。

"文档大小"选项组：以厘米为单位来改变宽度和高度的数值，以像素/英寸为单位来改变分辨率的数值，图像的文档大小被改变，图像的尺寸也相应改变。

"缩放样式"选项：若对文档中的图层添加了图层样式，勾选此复选框后，可在调整图像大小时自动缩放样式效果。

"约束比例"选项：勾选此复选框，在"宽度"和"高度"选项后出现"锁链"标志🔗，表示改变其中一项设置时，两项会成比例地同时改变。

"重定图像像素"选项：不勾选此复选框，像素大小将不发生变化。"文档大小"选项组中的"宽度"

"高度"和"分辨率"选项后将出现"锁链"标志。发生改变时这三项会同时改变，如图 2-26 所示。

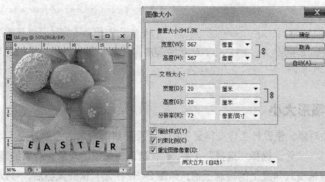

图 2-24　　　　　　　　　　图 2-25　　　　　　　　　　图 2-26

用鼠标单击"自动"按钮，弹出"自动分辨率"对话框，系统将自动调整图像的分辨率和品质效果；也可以根据需要自主调节图像的分辨率和品质效果，如图 2-27 所示。

在"图像大小"对话框中，也可以改变数值的计量单位，有多种数值的计量单位可以选择，如图 2-28 所示。

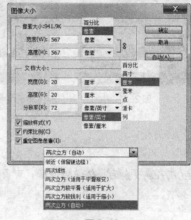

图 2-27　　　　　　　　　　　　　　　　图 2-28

在"图像大小"对话框中，改变"文档大小"选项组中的宽度数值，如图 2-29 所示；图像将变小，效果如图 2-30 所示。

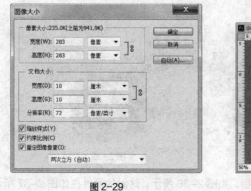

图 2-29　　　　　　　　　　　　　　　　图 2-30

提示

在设计制作的过程中，一般情况下位图的分辨率保持在 300 像素/英寸，这样编辑位图的尺寸时可以从大尺寸图调整到小尺寸图，而且就没有图像品质的损失。如果从小尺寸图调整到大尺寸图，就会造成图像品质的损失，如图片模糊等。

2.6.2 在 Illustrator 中调整图形大小

在 Illustrator 中可以快速而精确地缩放对象，使设计工作变得更轻松。下面将讲解对象的缩放方法。

打开资源包中的"Ch02 > 素材 > 05"文件。选择"选择"工具 ，选取要缩放的对象，对象的周围出现控制手柄，如图 2-31 所示；用鼠标拖曳对角线上的控制手柄，如图 2-32 所示；松开鼠标后，可以手动缩小或放大对象，效果如图 2-33 所示。

图 2-31   图 2-32   图 2-33

 提示

拖曳对角线上的控制手柄时，按住 Shift 键，对象会成比例缩放。按住 Shift+Alt 组合键，对象会成比例地从对象中心缩放。

2.6.3 在 CorelDRAW 中调整图形大小

打开资源包中的"Ch02 > 素材 > 06"文件。选择"选择"工具 ，选取要缩放的对象，对象的周围出现控制手柄，如图 2-34 所示。用鼠标拖曳控制手柄可以缩小或放大对象，如图 2-35 所示。

图 2-34   图 2-35

松开鼠标后，对象的周围出现控制手柄，如图 2-36 所示，这时的属性栏如图 2-37 所示。在属性栏的

"对象大小"选项 [54.476 mm][66.782 mm] 中根据设计需要调整宽度和高度的数值,如图 2-38 所示;按 Enter 键,完成对象的缩放,如图 2-39 所示。

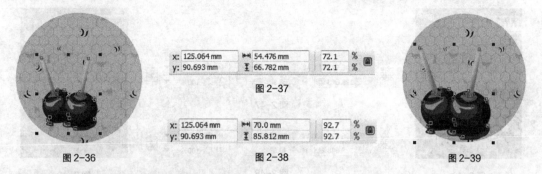

| x: 125.064 mm | ↔ 54.476 mm | 72.1 % |
| y: 90.693 mm | ↕ 66.782 mm | 72.1 % |

图 2-37

| x: 125.064 mm | ↔ 70.0 mm | 92.7 % |
| y: 90.693 mm | ↕ 85.812 mm | 92.7 % |

图 2-36   图 2-38   图 2-39

2.6.4 在 InDesign 中调整图形大小

打开资源包中的"Ch02 > 素材 > 07"文件。选择"选择"工具 ▶,选取要缩放的对象,对象的周围出现限位框,如图 2-40 所示。选择"自由变换"工具 ▦,拖曳对象右上角的控制手柄,如图 2-41 所示。松开鼠标,对象的缩放效果如图 2-42 所示。

图 2-40   图 2-41   图 2-42

选择"选择"工具 ▶,选取要缩放的对象,选择"缩放"工具 ▦,对象的中心会出现缩放对象的中心控制点,单击并拖曳中心控制点到适当的位置,如图 2-43 所示。再拖曳对角线上的控制手柄到适当的位置,如图 2-44 所示。松开鼠标,对象的缩放效果如图 2-45 所示。

图 2-43   图 2-44   图 2-45

选择"选择"工具 ▶,选取要缩放的对象,如图 2-46 所示,"控制"面板如图 2-47 所示。在"控制"面板中,若单击"约束宽度和高度的比例"按钮 ▦,可以按比例缩放对象的限位框。"变换"面板中选项的设置与"控制"面板中的相同，故这里不再赘述。

设置需要的数值，如图 2-48 所示；按 Enter 键，确定操作，效果如图 2-49 所示。

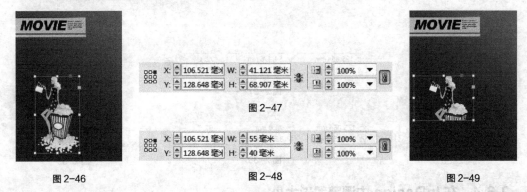

图 2-46   图 2-47   图 2-48   图 2-49

2.7 出血

印刷装订工艺要求接触到页面边缘的线条、图片或色块，需跨出页面边缘的成品裁切线 3mm，称为出血。出血是防止裁刀裁切到成品尺寸里面的图文或出现白边。下面将以宣传卡的制作为例，详细讲解如何在 Photoshop、Illustrator、CorelDRAW、InDesign 中设置出血。

2.7.1   在 Photoshop 中设置出血

STEP 1 要求制作的宣传卡的成品尺寸是 90mm×55mm，如果宣传卡有底色或花纹，则需要将底色或花纹跨出页面边缘的成品裁切线 3mm。因此，在 Photoshop 中，新建文件的页面尺寸需要设置为96mm×61mm。

STEP 2 按 Ctrl+N 组合键，弹出"新建"对话框，选项的设置如图 2-50 所示；单击"确定"按钮，效果如图 2-51 所示。

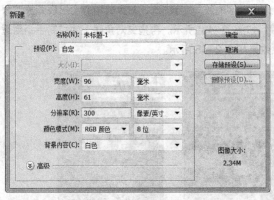

图 2-50

图 2-51

STEP 3 选择"视图 > 新建参考线"命令，弹出"新建参考线"对话框，设置如图 2-52 所示；单击"确定"按钮，如图 2-53 所示。用相同的方法，在 5.8cm 处新建一条水平参考线，如图 2-54 所示。

图 2-52　　　　　　　　图 2-53　　　　　　　　图 2-54

STEP 4 选择"视图 > 新建参考线"命令，弹出"新建参考线"对话框，设置如图 2-55 所示；单击"确定"按钮，如图 2-56 所示。用相同的方法，在 9.3cm 处新建一条垂直参考线，如图 2-57 所示。

图 2-55　　　　　　　　图 2-56　　　　　　　　图 2-57

STEP 5 按 Ctrl+O 组合键，打开资源包中的"Ch02 > 素材 > 08"文件，效果如图 2-58 所示。选择"移动"工具 ，将其拖曳到新建的"未标题-1"文件窗口中，效果如图 2-59 所示，在"图层"控制面板中生成新的图层并将其命名为"底图"。

图 2-58　　　　　　　　　　　　　图 2-59

STEP 6 按 Ctrl+E 组合键，合并可见图层。按 Ctrl+S 组合键，弹出"存储为"对话框，将其命名为"宣传卡底图"，保存为 TIFF 格式。单击"保存"按钮，弹出"TIFF 选项"对话框，再单击"确定"按钮将图像保存。

2.7.2　在 Illustrator 中设置出血

STEP 1 要求制作宣传卡的成品尺寸是 90mm×55mm，需要设置的出血是 3mm。

STEP 2 按 Ctrl+N 组合键，弹出"新建"对话框，将"高度"选项设为 90mm，"宽度"选项设为 55mm，"出血"选项设为 3mm，如图 2-60 所示；单击"确定"按钮，效果如图 2-61 所示。在页面中，实线框为宣传卡的成品尺寸 90mm×55mm，外围红色框为出血尺寸，在红色框和实线框四边之间的空白区域是 3mm 的出血设置。

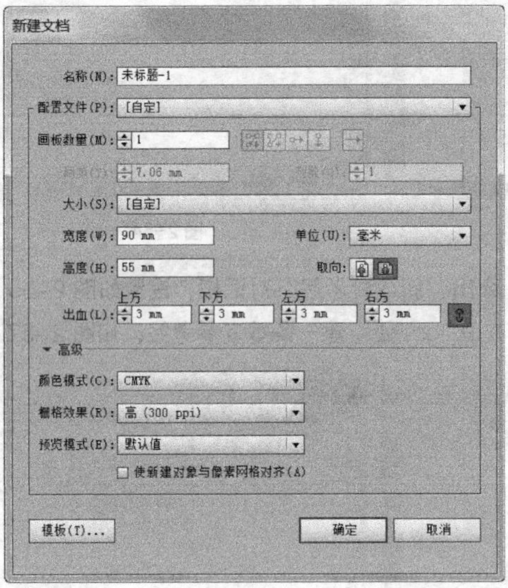

图 2-60

图 2-61

STEP 3 选择"文件 > 置入"命令，弹出"置入"对话框，选择资源包中的"Ch02 > 效果 > 宣传卡底图"文件，单击"置入"按钮，置入图片，单击属性栏中的"嵌入"按钮，嵌入图片，效果如图 2-62 所示。

STEP 4 选择"文本"工具 T，在页面中分别输入需要的文字。选择"选择"工具 ↖，在属性栏中分别选择合适的字体并设置文字大小，填充相应的颜色，效果如图 2-63 所示。按 Ctrl+S 组合键，弹出"存储为"对话框，将其命名为"宣传卡"，保存为 AI 格式，单击"保存"按钮，将图像保存。

图 2-62

图 2-63

2.7.3 在 CorelDRAW 中设置出血

STEP 1 要求制作宣传卡的成品尺寸是 90mm×55mm，需要设置的出血是 3mm。

STEP 2 按 Ctrl+N 组合键，新建一个文档。选择"布局 > 页面设置"命令，弹出"选项"对话框，在"文档"设置区的"页面尺寸"选项框中，设置"宽度"选项的数值为 90mm，设置"高度"选项的数值为 55mm，设置"出血"选项的数值为 3mm，在设置区中勾选"显示出血区域"复选框，如图 2-64 所示，单击"确定"按钮，页面效果如图 2-65 所示。在页面中，实线框为宣传卡的成品尺寸 90mm×55mm，外围虚线框为出血尺寸，在虚线框和实线框四边之间的空白区域是 3mm 的出血设置。

图 2-64

图 2-65

STEP 3 按 Ctrl+I 组合键，弹出"导入"对话框，打开资源包中的"Ch02 > 效果 > 宣传卡底图"文件，单击"导入"按钮。在页面中单击导入图片，按 P 键，使图片与页面居中对齐，效果如图 2-66 所示。

STEP 4 选择"文本"工具 字，在页面中分别输入需要的文字。选择"选择"工具 ▶，在属性栏中分别选择合适的字体并设置文字大小，填充相应的颜色，效果如图 2-67 所示。选择"视图 > 显示 > 出血"命令，将出血线隐藏。按 Ctrl+S 组合键，弹出"保存图形"对话框，将其命名为"宣传卡"，保存为 CDR 格式，单击"保存"按钮将图像保存。

图 2-66

图 2-67

 提示

导入的图像是位图，所以导入图像之后，页边框被图像遮挡在下面，不能显示。

2.7.4 在 InDesign 中设置出血

STEP 1 要求制作宣传卡的成品尺寸是 90mm×55mm，需要设置的出血是 3mm。

STEP 2 按 Ctrl+N 组合键，弹出"新建文档"对话框，单击"更多选项"按钮，将"宽度"选项设为 90mm，"高度"选项设为 55mm，"出血"选项设为 3mm，如图 2-68 所示。单击"边距和分栏"按钮，弹出"新建边距和分栏"对话框，设置如图 2-69 所示；单击"确定"按钮，新建页面，如图 2-70 所示。在页面中，实线框为宣传卡的成品尺寸 90mm×55mm，外围红线框为出血尺寸，在红线框和实线框四边之间的空白区域是 3mm 的出血设置。选择"视图 > 其他 > 隐藏框架边缘"命令，将所绘制图形的框架边缘隐藏。

图 2-68　　　　　　　　　　　图 2-69

图 2-70

STEP 3 按 Ctrl+D 组合键，弹出"置入"对话框，打开资源包中的"Ch02 > 效果 > 宣传卡底图"文件，单击"打开"按钮。在页面中单击导入图片，效果如图 2-71 所示。选择"文字"工具 T，在页面中分别拖曳文本框，输入需要的文字，分别将输入的文字选取，在"控制"面板中选择合适的字体并设置文字大小，分别填充适当的颜色，效果如图 2-72 所示。

图 2-71　　　　　　　　　　　图 2-72

STEP 4 按 Ctrl+S 组合键，弹出"存储为"对话框，将其命名为"宣传卡"，保存为 Indd 格式，单击"保存"按钮，将图像保存。

2.8 文字转换

在 Photoshop、Illustrator、CorelDRAW 和 InDesign 中输入文字时，都需要选择文字的字体。文字的

字体文件安装在计算机、打印机或照排机中。字体就是文字的外在形态，当设计师选择的字体与输出中心的字体不匹配时，或者根本就没有设计师选择的字体时，出来的胶片上的文字就不是设计师选择的字体，也可能出现乱码。下面将讲解如何在这 4 个软件中将文字进行转换，以避免出现这样的问题。

2.8.1　在 Photoshop 中转换文字

打开资源包中的"Ch02 > 效果 > 宣传卡底图"文件，选择"横排文字"工具 T，在页面中分别输入需要的文字，将输入的文字选取，在属性栏中选择合适的字体和文字大小，在"图层"控制面板中生成文字图层。

选中需要的文字图层，单击鼠标右键，在弹出的菜单中选择"栅格化文字"命令，如图 2-73 所示。将文字图层转换为普通图层，就是将文字转换为图像，如图 2-74 所示。在图像窗口中的文字效果如图 2-75 所示。转换为普通图层后，出片文件将不会出现字体的匹配问题。

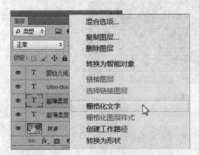  

图 2-73　　　　　　　　　　　图 2-74　　　　　　　　　　　图 2-75

2.8.2　在 Illustrator 中转换文字

打开资源包中的"Ch02 > 效果 > 宣传卡.ai"文件，选中需要的文本，如图 2-76 所示。选择"文字 > 创建轮廓"命令，或按 Shift+Ctrl+O 组合键，创建文本轮廓，如图 2-77 所示。文本转化为轮廓后，可以对文本进行渐变填充，还可以对文本应用效果，如图 2-78 所示。

图 2-76　　　　　　　　　　　图 2-77　　　　　　　　　　　图 2-78

 提示

文本转化为轮廓后，将不再具有文本的一些属性，这就需要在文本转化成轮廓之前先按需要调整文本的字体大小。而且将文本转化为轮廓时，会把文本块中的文本全部转化为路径。不能在一行文本内转化单个文字，要想转化一个单独的文字为轮廓时，可以创建只包括该字的文本，然后再进行转化。

2.8.3　在 CorelDRAW 中转换文字

打开资源包中的"Ch02 > 效果 > 宣传卡.cdr"文件，选择"选择"工具，选取需要的文字，如图 2-79 所示。选择"排列 > 转换为曲线"命令，将文字转换为曲线，如图 2-80 所示。

图 2-79　　　　　　　　　　　　　　　图 2-80

2.8.4　在 InDesign 中转换文字

选择"选择"工具 ，选取需要的文本框，如图 2-81 所示。选择"文字 > 创建轮廓"命令，或按 Ctrl+Shift+O 组合键，文本会转化为轮廓，效果如图 2-82 所示。将文本转化为轮廓后，可以对其进行像图形一样的编辑和操作。

图 2-81　　　　　　　　　　　　　　　图 2-82

2.9　印前检查

2.9.1　在 Illustrator 中的印前检查

在 Illustrator 中，用户可以对设计制作好的宣传卡在印刷前进行常规的检查。

打开资源包中的"Ch02 > 效果 > 宣传卡.ai"文件，效果如图 2-83 所示。选择"窗口 > 文档信息"命令，弹出"文档信息"面板，如图 2-84 所示。单击右上方的 图标，在弹出的下拉菜单中可查看各个项目，如图 2-85 所示。

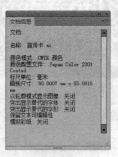

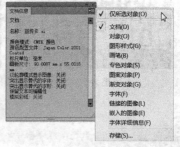

图 2-83　　　　　　　　　　图 2-84　　　　　　　　　图 2-85

在"文档信息"面板中无法反映图片丢失、修改后未更新、有多余的通道或路径的问题。选择"窗口 > 链接"命令，弹出"链接"面板，可以警告丢图或未更新，如图 2-86 所示。

在"文档信息"中发现的不适合出片的字体，如果要改成别的字体，可通过"文字 > 查找字体"命令，弹出"查找字体"对话框来操作，如图 2-87 所示。

图 2-86　　　　　　　　　　　　　　　图 2-87

 提示

在 Illustrator 中，如果已经将设计作品中的文字转成轮廓，那么在"查找字体"对话框中将无任何可替换字体。

2.9.2　在 CorelDRAW 中的印前检查

在 CorelDRAW 中，可以对设计制作好的宣传卡进行印前的常规检查。

打开资源包中的"Ch02 > 效果 > 宣传卡.cdr"文件，效果如图 2-88 所示。选择"文件 > 文档属性"命令，在弹出的对话框中可查看文件、文档、颜色、图形对象、文本统计、位图对象、样式、效果、填充、轮廓等多方面的信息，如图 2-89 所示。

图 2-88　　　　　　　　　　　　　　　图 2-89

在"文件"信息组中可查看文件的名称和位置、大小、创建和修改日期、属性等信息。

在"文档"信息组中可查看文件的页码、图层、页面大小、方向及分辨率等信息。

在"颜色"信息组中可查看 RGB 预置文件、CMYK 预置文件、灰度的预置文件、原色模式和匹配类型等信息。

在"图形对象"信息组中可查看对象的数目、点数、群组、曲线等信息。

在"文本统计"信息组中可查看文档中的文本对象信息。

在"位图对象"信息组中可查看文档中导入位图的色彩模式、文件大小等信息。

在"样式"信息组中可查看文档中图形的样式等信息。

在"效果"信息组中可查看文档中图形的效果等信息。

在"填充"信息组中可查看未填充、均匀、对象和颜色模型等信息。

在"轮廓"信息组中可查看无轮廓、均匀、按图像大小缩放、对象和颜色模型等信息。

提示

在 CorelDRAW 中，如果已经将设计作品中的文字转成曲线，那么在"文本统计"信息组中，将显示"文档中无文本对象"信息。

2.9.3 在 InDesign 中的印前检查

在 InDesign 中，可以对设计制作好的宣传卡进行印前的常规检查。

打开资源包中的"Ch02 > 效果 > 宣传卡.Indd"文件，效果如图 2-90 所示。选择"窗口 > 输出 > 印前检查"命令，弹出"印前检查"面板，如图 2-91 所示。默认情况下左上方的"开"复选框为勾选状态，若文档中有错误，在"错误"框中会显示错误内容及相关页面，左下角也会亮出红灯显示错误。若文档中没有错误，则左下角显示绿灯。

图 2-90

图 2-91

2.10 小样

在设计制作完成客户的任务后，可以方便地给客户看设计完成稿的小样。一般给客户观看的作品小样都导出为 JPG 格式。JPG 格式的图像压缩比例大、文件量小，有利于通过电子邮件的方式发给客户观看。下面讲解小样电子文件的导出方法。

2.10.1 在 Illustrator 中出小样

1. 带出血的小样

STEP 1 打开资源包中的"Ch02 > 效果 > 宣传卡.ai"文件，效果如图 2-92 所示。选择"文件 >

导出"命令，弹出"导出"对话框，将其命名为"宣传卡-ai"，导出为 JPG 格式，如图 2-93 所示，单击
"保存"按钮。弹出"JPEG 选项"对话框，选项的设置如图 2-94 所示，单击"确定"按钮，导出图片。

STEP 2 导出图片的图标如图 2-95 所示。可以通过电子邮件的方式把导出的 JPG 格式小样发给
客户观看，客户可以在看图软件中打开观看，效果如图 2-96 所示。

图 2-92

图 2-93

图 2-94

宣传卡-ai.jpg

图 2-95

图 2-96

2. 成品尺寸的小样

STEP 1 打开资源包中的"Ch02 > 效果 > 宣传卡.ai"文件，效果如图 2-97 所示。选择"选择"
工具，按 Ctrl+A 组合键，将页面中的所有图形同时选取；按 Ctrl+G 组合键，将其群组，效果如图 2-98
所示。

图 2-97

图 2-98

STEP 2 选择"矩形"工具 ▣，绘制一个与页面大小相等的矩形，绘制的矩形的大小就是宣传卡成品尺寸的大小，如图 2-99 所示。选择"选择"工具 ▶，将矩形和群组后的图形同时选取，按 Ctrl+7 组合键，创建剪切蒙版，效果如图 2-100 所示。

图 2-99   图 2-100

STEP 3 选择"文件 > 导出"命令，弹出"导出"对话框，将其命名为"宣传卡–ai–成品尺寸"，导出为 JPG 格式，如图 2-101 所示。单击"保存"按钮，系统弹出"JPEG 选项"对话框，选项的设置如图 2-102 所示，单击"确定"按钮，导出成品尺寸的宣传卡图像。

STEP 4 可以通过电子邮件的方式把导出的 JPG 格式小样发给客户，客户可以在看图软件中打开观看，效果如图 2-103 所示。

图 2-101

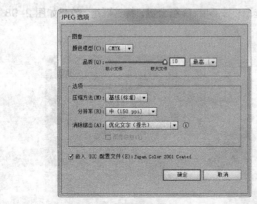

图 2-102

图 2-103

2.10.2 在 CorelDRAW 中出小样

1. 带出血的小样

STEP 1 打开资源包中的"Ch02 > 效果 > 宣传卡.cdr"文件，如图 2-104 所示。选择"文件 > 导出"命令，弹出"导出"对话框，将其命名为"宣传卡-cdr"，导出为 JPG 格式，如图 2-105 所示。单击"导出"按钮，弹出"导出到 JPEG"对话框，设置如图 2-106 所示，单击"确定"按钮，导出图片。

STEP 2 导出图形的图标如图 2-107 所示。可以通过电子邮件的方式把导出的 JPG 格式小样发给客户，客户可以在看图软件中打开观看，效果如图 2-108 所示。

图 2-104

图 2-105

图 2-106

宣传卡-cdr.jpg

图 2-107

图 2-108

2. 成品尺寸的小样

STEP 1 打开资源包中的"Ch02 > 效果 > 宣传卡.cdr"文件，如图 2-109 所示。双击"选择"工具，将页面中的所有图形同时选取，按 Ctrl+G 组合键将其群组，效果如图 2-110 所示。

图 2-109

图 2-110

STEP 2 双击"矩形"工具 ，系统自动绘制一个与页面大小相等的矩形，绘制的矩形的大小就是宣传卡成品尺寸的大小。按 Shift+PageUp 组合键，将其置于最上层，效果如图 2-111 所示。选择"选择"工具 ，选取群组后的图形，如图 2-112 所示。

图 2-111   图 2-112

STEP 3 选择"效果 > 图框精确剪裁 > 置于图文框内部"命令，鼠标指针变为黑色箭头形状，在矩形框上单击鼠标左键，如图 2-113 所示。将宣传卡置入矩形中，并去掉矩形的轮廓线，效果如图 2-114 所示。

图 2-113   图 2-114

STEP 4 选择"文件 > 导出"命令，弹出"导出"对话框，将其命名为"宣传卡-cdr-成品尺寸"，导出为 JPG 格式，如图 2-115 所示。单击"导出"按钮，弹出"导出到 JPEG"对话框，选项的设置如图 2-116 所示，单击"确定"按钮，导出成品尺寸的宣传卡图像。可以通过电子邮件的方式把导出的 JPG 格式小样发给客户，客户可以在看图软件中打开观看，效果如图 2-117 所示。

图 2-115   图 2-116

图 2-117

2.10.3　在 InDesign 中出小样

1．带出血的小样

STEP⬇1 打开资源包中的"Ch02 > 效果 > 宣传卡.indd"文件，如图 2-118 所示。选择"文件 > 导出"命令，弹出"导出"对话框，将其命名为"宣传卡-Indd"，导出为 JPG 格式，如图 2-119 所示。单击"保存"按钮，系统弹出"导出 JPEG"对话框，勾选"使用文档出血设置"复选框，其他选项的设置如图 2-120 所示，单击"导出"按钮，导出图形。

STEP⬇2 导出图形的图标如图 2-121 所示。可以通过电子邮件的方式把导出的 JPG 格式小样发给客户，客户可以在看图软件中打开观看，效果如图 2-122 所示。

图 2-118

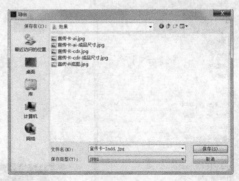

图 2-119

图 2-120

宣传卡-Indd.jpg

图 2-121

图 2-122

2. 成品尺寸的小样

STEP⬆1 打开资源包中的"Ch02 > 效果 > 宣传卡.indd"文件，如图 2-123 所示。选择"文件 > 导出"命令，弹出"导出"对话框，将其命名为"宣传卡-Indd-成品尺寸"，导出为 JPG 格式，如图 2-124 所示，单击"保存"按钮。弹出"导出 JPEG"对话框，取消勾选"使用文档出血设置"复选框，其他选项的设置如图 2-125 所示，单击"导出"按钮，导出图形。

STEP⬆2 导出图形的图标如图 2-126 所示。可以通过电子邮件的方式把导出的 JPG 格式小样发给客户，客户可以在看图软件中打开观看，效果如图 2-127 所示。

图 2-123

图 2-124

图 2-125

宣传卡-Indd-成品尺寸.jpg

图 2-126

图 2-127

3. PDF 的小样

由于 InDesign 软件的特殊性，一般的排版文件会导出为带出血和印刷标记的 PDF 文件，具体的操作方法如下。

STEP⬆1 打开资源包中的"Ch02 > 效果 > 宣传卡.Indd"文件，如图 2-128 所示。选择"文件 > Adobe PDF 预设"命令下的预设选项导出文件，此例以"高质量打印"为例进行讲解。弹出"导出"对话框，将其命名为"宣传卡-PDF"，导出为 PDF 格式，如图 2-129 所示，单击"保存"按钮。

图 2-128

图 2-129

STEP 2 弹出"导出 Adobe PDF"对话框，如图 2-130 所示。单击左侧的"标记和出血"选项，勾选需要的复选框，如图 2-131 所示，单击"导出"按钮，导出图片。

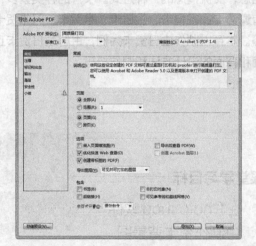

图 2-130

图 2-131

STEP 3 导出图形的图标如图 2-132 所示。可以通过电子邮件的方式把导出的 PDF 格式小样发给客户，客户可以在看图软件中打开观看，效果如图 2-133 所示。

宣传卡-PDF.pdf

图 2-132

图 2-133

Chapter
3

第 3 章
卡片设计

卡片，是人们增进交流的一种载体，是传递信息，交流情感的一种方式。卡片的种类繁多，有邀请卡、祝福卡、生日卡、圣诞卡、新年贺卡等。本章以制作生日贺卡为例，讲解生日贺卡正面和背面的设计方法和制作技巧。

课堂学习目标

- 在 Photoshop 软件中制作贺卡背景图
- 在 CorelDRAW 软件中添加生日贺卡相关信息

3.1　制作生日贺卡

案例学习目标

　　在 Photoshop 中，学习使用椭圆工具、定义图案命令和图案填充命令制作背景底图；在 CorelDRAW 中，学习使用导入命令、绘图工具、文本工具和交互式工具添加生日贺卡相关信息。

案例知识要点

　　在 Photoshop 中，使用椭圆工具与定义图案命令定义图案，使用图案填充命令填充定义的图案；在 CorelDRAW 中，使用贝塞尔工具、轮廓笔工具和填充工具绘制装饰图形，使用导入命令导入图片，使用阴影工具为图片添加阴影效果，使用文本工具、旋转角度命令和立体化工具添加并编辑主题文字，使用贝塞尔工具、星形工具和文本工具绘制彩旗，使用多种绘图工具、变形工具和填充工具绘制花朵，使用文本工具、文本属性命令制作内页文字。生日贺卡效果如图 3-1 所示。

效果所在位置

　　资源包 > Ch03 > 效果 > 制作生日贺卡 > 生日贺卡.cdr。

图 3-1

Photoshop 应用

3.1.1　制作背景图

STEP 1 打开 Photoshop CS6 软件，按 Ctrl+N 组合键，新建一个文件，宽度为 22.6cm，高度为 11.6cm，分辨率为 300 像素/英寸，颜色模式为 RGB，背景内容为白色，单击"确定"按钮。

制作生日贺卡 1

STEP 2 选择"视图 > 新建参考线"命令，弹出"新建参考线"对话框，设置如图 3-2 所示，单击"确定"按钮，如图 3-3 所示。用相同的方法，在 11.3cm 处新建一条水平参考线，如图 3-4 所示。

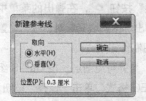

图 3-2

图 3-3

图 3-4

STEP▲3 选择"视图 > 新建参考线"命令，弹出"新建参考线"对话框，设置如图 3-5 所示；单击"确定"按钮，如图 3-6 所示。用相同的方法，在 22.3cm 处新建一条垂直参考线，如图 3-7 所示。

图 3-5   图 3-6   图 3-7

STEP▲4 将前景色设为浅绿色（其 R、G、B 的值分别为 240、243、199），按 Alt+Delete 组合键，用前景色填充"背景"图层，效果如图 3-8 所示。

STEP▲5 新建图层生成"图层 1"。将前景色设为白色。选择"椭圆"工具 ⬤，按住 Shift 键的同时，在背景上分别绘制两个圆形，效果如图 3-9 所示。

图 3-8   图 3-9

STEP▲6 选择"矩形选框"工具 ▦，按住 Shift 键的同时，绘制选区，如图 3-10 所示。按住 Alt 键的同时，单击"图层 1"左侧的眼睛图标 👁，隐藏"图层 1"以外的所有图层。

STEP▲7 选择"编辑 > 定义图案"命令，弹出"图案名称"对话框，选项的设置如图 3-11 所示，单击"确定"按钮。将"图层 1"删除，按 Ctrl+D 组合键，取消选区。并将其他所有隐藏的图层全部显示。

图 3-10   图 3-11

STEP▲8 单击"图层"控制面板下方的"创建新的填充或调整图层"按钮 ⬤，在弹出的菜单中选择"图案"命令，在"图层"控制面板中生成"图案填充 1"图层，同时弹出"图案填充"对话框，设置如图 3-12 所示；单击"确定"按钮，效果如图 3-13 所示。生日贺卡背景图制作完成。

STEP▲9 按 Ctrl+; 组合键，隐藏参考线。按 Shift+Ctrl+E 组合键，合并可见图层。按 Ctrl+S 组合键，弹出"存储为"对话框，将其命名为"生日贺卡背景图"，保存为 JPEG 格式，单击"保存"按钮，弹出"JPEG 选项"对话框，单击"确定"按钮，将图像保存。

图 3-12

图 3-13

CoreIDRAW 应用

3.1.2 绘制装饰图形

STEP 1 打开 CoreIDRAW X6 软件，按 Ctrl+N 组合键，新建一个页面。在属性栏中的"页面度量"选项中分别设置宽度为 220mm，高度为 110mm，按 Enter 键，页面尺寸显示为设置的大小。选择"视图 > 显示 > 出血"命令，显示出血线。

STEP 2 按 Ctrl+I 组合键，弹出"导入"对话框，选择资源包中的"Ch03 > 效果 > 制作生日贺卡 > 生日贺卡背景图"文件，单击"导入"按钮，在页面中单击导入图片，如图 3-14 所示。按 P 键，图片在页面中居中对齐，效果如图 3-15 所示。

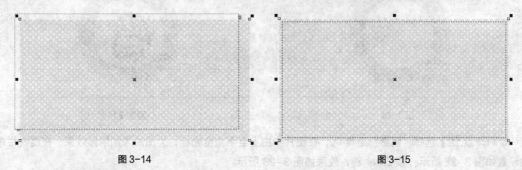

图 3-14　　　　　　　　　　　　　　图 3-15

STEP 3 选择"贝塞尔"工具，在适当的位置绘制一个不规则图形。按 F12 键，弹出"轮廓笔"对话框，在"颜色"选项中设置轮廓线颜色为"宝石红"，其他选项的设置如图 3-16 所示；单击"确定"按钮，效果如图 3-17 所示。

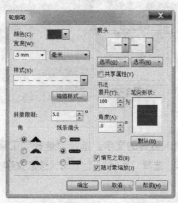

图 3-16

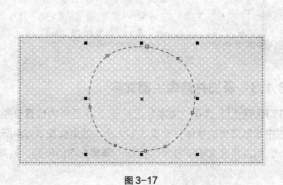

图 3-17

STEP★4 选择"贝塞尔"工具，在适当的位置绘制一个不规则图形，如图 3-18 所示。在"CMYK 调色板"中的"酒绿"色块上单击鼠标左键，填充图形，在"无填充"按钮上单击鼠标右键，去除图形的轮廓线，效果如图 3-19 所示。

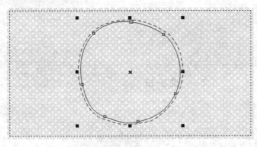

图 3-18

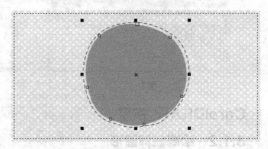

图 3-19

STEP★5 使用相同方法制作其他图形和虚线，效果如图 3-20 所示。按 Ctrl+I 组合键，弹出"导入"对话框，选择资源包中的"Ch03 > 素材 > 制作生日贺卡 > 01"文件，单击"导入"按钮，在页面中单击导入图片，将其拖曳到适当的位置并调整其大小，效果如图 3-21 所示。

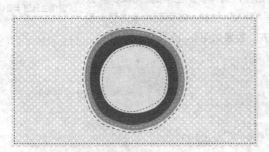

图 3-20

图 3-21

STEP★6 选择"阴影"工具，在图片中由上至下拖曳光标，为图片添加阴影效果，在属性栏中的设置如图 3-22 所示；按 Enter 键，效果如图 3-23 所示。

图 3-22

图 3-23

3.1.3　添加并编辑主题文字

STEP★1 选择"文本"工具，在适当的位置分别输入需要的文字，选择"选择"工具，在属性栏中选取适当的字体并设置文字大小，效果如图 3-24 所示。选择"形状"工具，选取文字"BIRTH DAY"，向左拖曳文字下方的图标，调整文字的间距，效果如图 3-25 所示。

图 3-24　　　　　　　　　　　　　　　　图 3-25

STEP　2 选择"形状"工具，选取文字"HAPPY"，向左拖曳文字下方的▮▶图标，调整文字的间距，效果如图 3-26 所示。选择"选择"工具，在属性栏中的"旋转角度" 框中设置数值为9.7，按 Enter 键，效果如图 3-27 所示。

图 3-26　　　　　　　　　　　　　　　　图 3-27

STEP　3 选择"选择"工具，按住 Shift 键的同时，将输入的文字同时选取，按 Ctrl+G 组合键，将其群组，效果如图 3-28 所示。设置文字颜色的 CMYK 值为 30、12、100、0，填充文字，效果如图 3-29所示。

图 3-28　　　　　　　　　　　　　　　　图 3-29

STEP　4 选择"立体化"工具，由文字中心向下方拖曳光标，在属性栏中单击"立体化颜色"按钮，在弹出的下拉列表中单击"使用纯色"按钮，将立体色设为黑色，其他选项的设置如图 3-30所示；按 Enter 键，效果如图 3-31 所示。

STEP　5 按 Ctrl+I 组合键，弹出"导入"对话框，选择资源包中的"Ch03 > 素材 > 制作生日贺卡 > 02"文件，单击"导入"按钮，在页面中单击导入图片，将其拖曳到适当的位置并调整其大小，效果如图 3-32 所示。在属性栏中的"旋转角度" 框中设置数值为-36.7，按 Enter 键，效果如图 3-33 所示。

图 3-30

图 3-31

图 3-32

图 3-33

3.1.4　绘制彩旗

STEP 1 选择"贝塞尔"工具 ，在适当的位置绘制一条曲线，如图 3-34 所示。在属性栏中的"轮廓宽度" 框中设置数值为 0.5mm，按 Enter 键，效果如图 3-35 所示。

图 3-34

图 3-35

STEP 2 选择"星形"工具 ，在属性栏中的设置如图 3-36 所示；按住 Ctrl 键的同时，在适当的位置绘制一个三角形，如图 3-37 所示。

图 3-36

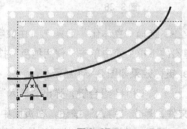

图 3-37

STEP 3 选择"选择"工具 ，在"CMYK 调色板"中的"橘红"色块上单击鼠标左键，填充图形，效果如图 3-38 所示。在属性栏中的"旋转角度" 框中设置数值为 186，按 Enter 键，效果如

图 3-39 所示。按 Ctrl+PageDown 组合键，将三角形向后移一层，效果如图 3-40 所示。

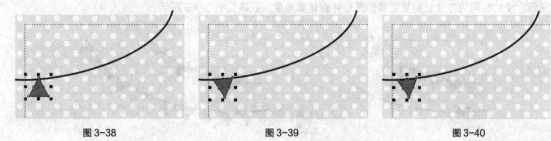

图 3-38   图 3-39   图 3-40

STEP 4 选择"选择"工具 ，按数字键盘上的+键，复制三角形，向右拖曳复制的三角形到适当的位置，效果如图 3-41 所示。在"CMYK 调色板"中的"霓虹粉"色块上单击鼠标左键，填充图形，效果如图 3-42 所示。在属性栏中的"旋转角度" 框中设置数值为 193，按 Enter 键，效果如图 3-43 所示。

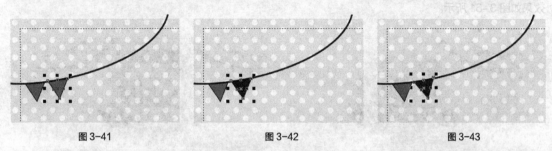

图 3-41   图 3-42   图 3-43

STEP 5 使用相同的方法制作其他图形，填充相应的颜色并旋转其角度，效果如图 3-44 所示。选择"贝塞尔"工具 ，在适当的位置绘制一条曲线，在属性栏中的"轮廓宽度" 框中设置数值为 0.5mm，按 Enter 键，效果如图 3-45 所示。

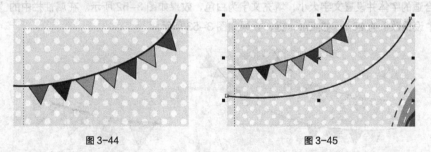

图 3-44   图 3-45

STEP 6 选择"选择"工具 ，选取需要的三角形，如图 3-46 所示。按数字键盘上的+键，复制一个三角形，向下拖曳复制的三角形到适当的位置，效果如图 3-47 所示。

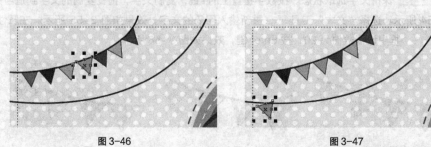

图 3-46   图 3-47

STEP ☑7 在属性栏中的"旋转角度" ⟳.⁰ 框中设置数值为176.7，按 Enter 键，效果如图 3-48
所示。使用相同的方法分别复制其他图形并旋转其角度，效果如图 3-49 所示。

图 3-48

图 3-49

STEP ☑8 选择"选择"工具 �，用圈选的方法将刚绘制的图形全部选取，如图 3-50 所示。按数
字键盘上的+键，复制图形。单击属性栏中的"水平镜像"按钮 ⬄，镜像图形并将其拖曳到适当的位置，
效果如图 3-51 所示。

图 3-50

图 3-51

STEP ☑9 选择"文本"工具 字，在适当的位置输入需要的文字。选择"选择"工具 ▷，在属性
栏中选择合适的字体并设置文字大小，填充文字为白色，效果如图 3-52 所示。在属性栏中的"旋转角度"
⟳.⁰ 框中设置数值为 26.5，按 Enter 键，效果如图 3-53 所示。

图 3-52

图 3-53

STEP ☑10 保持文字选取状态。按数字键盘上的+键，复制文字，拖曳复制的文字到适当的位置，
效果如图 3-54 所示。选择"文本"工具 字，重新输入需要的文字，效果如图 3-55 所示。在属性栏中的
"旋转角度" ⟳.⁰ 框中设置数值为 20，按 Enter 键，效果如图 3-56 所示。

图 3-54

图 3-55

图 3-56

STEP 11 使用相同方法制作其他文字，并旋转其角度，效果如图 3-57 所示。

图 3-57

3.1.5 绘制花朵

STEP 1 选择"椭圆形"工具 ○，在页面空白处分别绘制多个椭圆形，如图 3-58 所示。选择"选择"工具 ⬚，用圈选的方法将多个椭圆形全部选取，单击属性栏中的"合并"按钮 ⬚，将图形合并，效果如图 3-59 所示。

制作生日贺卡 3

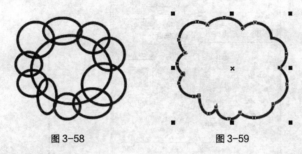

图 3-58   图 3-59

STEP 2 按 F12 键，弹出"轮廓笔"对话框，在"颜色"选项中设置轮廓线颜色的 CMYK 值为 56、20、82、0，其他选项的设置如图 3-60 所示；单击"确定"按钮，效果如图 3-61 所示。设置图形颜色的 CMYK 值为 33、0、74、0，填充图形，效果如图 3-62 所示。

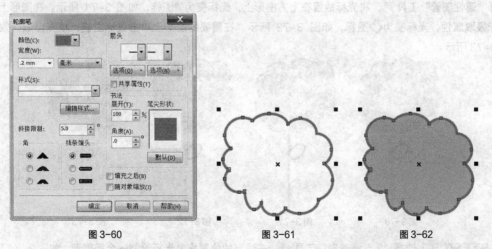

图 3-60   图 3-61   图 3-62

STEP 3 选择"椭圆形"工具 ○，按住 Ctrl 键的同时，在适当的位置绘制一个圆形，如图 3-63 所示。设置轮廓线颜色的 CMYK 值为 56、20、82、0，填充图形的轮廓线，效果如图 3-64 所示。设置图形颜色的 CMYK 值为 11、0、16、0，填充图形，效果如图 3-65 所示。

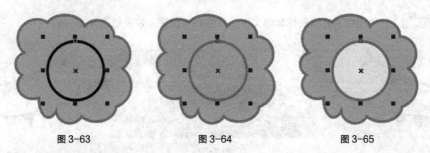

图 3-63   图 3-64   图 3-65

STEP 4 选择"手绘"工具 ，按住 Ctrl 键的同时，在适当的位置绘制一条竖线，如图 3-66 所示。按 F12 键，弹出"轮廓笔"对话框，在"颜色"选项中设置轮廓线颜色的 CMYK 值为 56、20、82、0，其他选项的设置如图 3-67 所示。单击"确定"按钮，效果如图 3-68 所示。连续按 Ctrl+PageDown 组合键，将竖线向后移动到适当的位置，效果如图 3-69 所示。

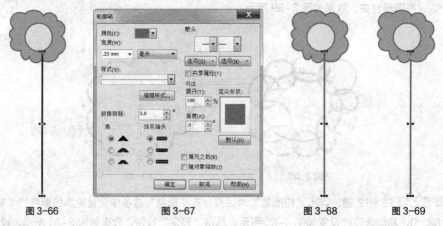

图 3-66   图 3-67   图 3-68   图 3-69

STEP 5 选择"3 点椭圆形"工具 ，在适当的位置拖曳光标绘制一个椭圆形，如图 3-70 所示。选择"属性滴管"工具 ，将光标放置在上方图形上，光标变为 图标，如图 3-71 所示。在图形上单击鼠标吸取属性，光标变为 图标，如图 3-72 所示。在需要的图形上单击鼠标左键，填充图形，效果如图 3-73 所示。

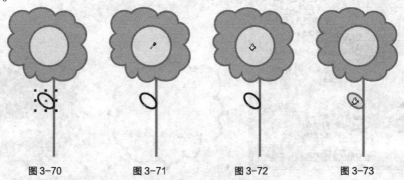

图 3-70   图 3-71   图 3-72   图 3-73

STEP 6 选择"3 点椭圆形"工具 ，在适当的位置拖曳光标绘制一个椭圆形，如图 3-74 所示。选择"属性滴管"工具 ，将光标放置在上方图形上，光标变为 图标，如图 3-75 所示。在图形上单击鼠标吸取属性，光标变为 图标，如图 3-76 所示。在需要的图形上单击鼠标左键，填充图形，效果如图 3-77 所示。

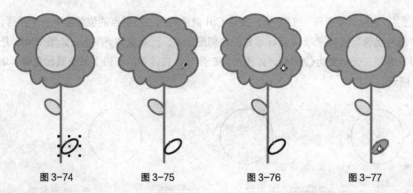

图 3-74　　　　　图 3-75　　　　　图 3-76　　　　　图 3-77

STEP 7 使用相同方法绘制其他椭圆形，分别吸取并填充相应属性，效果如图 3-78 所示。选择"选择"工具 ，用圈选的方法选取需要的图形，如图 3-79 所示。按数字键盘上的+键，复制图形。按住 Shift 键的同时，水平向右拖曳复制的图形到适当的位置，效果如图 3-80 所示。

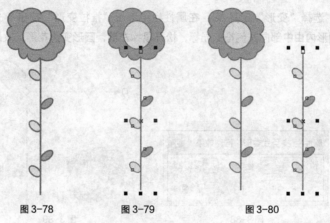

图 3-78　　　　　　　　图 3-79　　　　　　　　图 3-80

STEP 8 选择"选择"工具 ，选取竖线，拖曳上方中间的控制手柄到适当的位置，调整其大小，效果如图 3-81 所示。用圈选的方法选取需要的图形，如图 3-82 所示。按数字键盘上的+键，复制图形。按住 Shift 键的同时，垂直向上拖曳复制的图形到适当的位置，效果如图 3-83 所示。

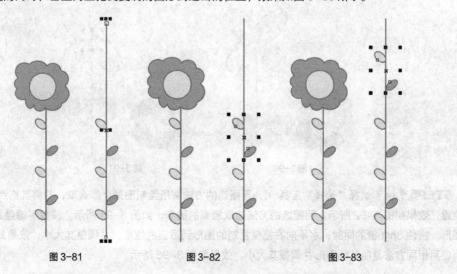

图 3-81　　　　　　　　图 3-82　　　　　　　　图 3-83

STEP 9 选择"椭圆形"工具 ⬭，按住 Ctrl 键的同时，在适当的位置绘制一个圆形，如图 3-84 所示。选择"属性滴管"工具 🖋，将光标放置在左侧图形上，光标变为 🖋 图标，如图 3-85 所示。在图形上单击鼠标吸取属性，光标变为 🔖 图标，如图 3-86 所示。在需要的图形上单击鼠标左键，填充图形，效果如图 3-87 所示。

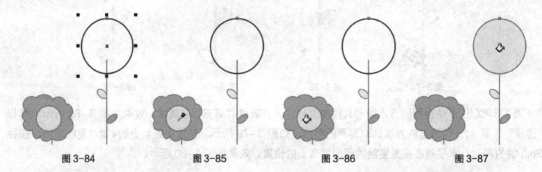

图 3-84   图 3-85   图 3-86   图 3-87

STEP 10 选择"变形"工具 🔄，在属性栏中单击"推拉变形"按钮 ⊠，其他选项的设置如图 3-88 所示。在圆形内由中部向左侧拖曳光标，松开鼠标左键，圆形变为花形，效果如图 3-89 所示。

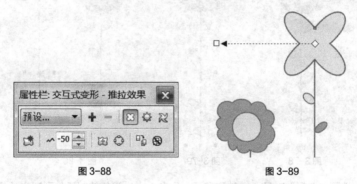

图 3-88   图 3-89

STEP 11 选择"选择"工具 ▶，选取左侧的圆形，如图 3-90 所示，按数字键盘上的+键，复制图形。向上拖曳复制的图形到适当的位置并调整其大小，效果如图 3-91 所示。

图 3-90   图 3-91

STEP 12 选择"选择"工具 ▶，用圈选的方法将所绘制图形全部选取，并将其拖到页面中适当的位置，效果如图 3-92 所示。用圈选的方法选取需要的图形，如图 3-93 所示。按数字键盘上的+键，复制图形。按住 Shift 键的同时，水平向右拖曳复制的图形到适当的位置，并调整其大小，效果如图 3-94 所示。使用相同方法复制其他图形并调整其大小，效果如图 3-95 所示。

图 3-92　　　　　　　　　　　　　图 3-93

图 3-94　　　　　　　　　　　　　图 3-95

STEP 13 选择"选择"工具 ，按住 Shift 键的同时，依次单击选取需要的图形，如图 3-96 所示。按数字键盘上的+键，复制图形。向左拖曳复制的图形到适当的位置，效果如图 3-97 所示。

图 3-96　　　　　　　　　　　　　图 3-97

STEP 14 选择"基本形状"工具 ，单击属性栏中的"完美形状"按钮 ，在弹出的下拉列表中选择需要的形状，如图 3-98 所示。在适当的位置拖曳光标绘制图形，如图 3-99 所示。

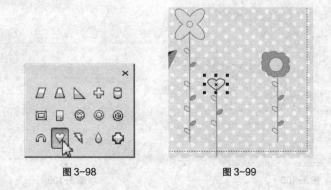

图 3-98　　　　　　　　　　　　　图 3-99

STEP 15 选择"属性滴管"工具 ，将光标放置在右侧圆形上，光标变为 图标，如图 3-100 所示。在圆形上单击鼠标吸取属性，光标变为 图标，如图 3-101 所示。在需要的图形上单击鼠标左键，填充图形，效果如图 3-102 所示。

图 3-100   图 3-101   图 3-102

STEP 16 选择"矩形"工具 ，在页面下方绘制一个矩形，如图 3-103 所示。设置矩形颜色的 CMYK 值为 56、20、82、0，填充图形，并去除图形的轮廓线，效果如图 3-104 所示。

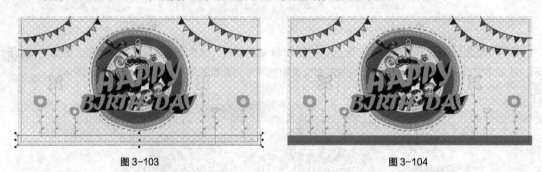

图 3-103   图 3-104

3.1.6 制作贺卡内页

STEP 1 选择"布局 > 插入页面"命令，弹出"插入页面"对话框，选项的设置如图 3-105 所示，单击"确定"按钮，插入页面。按 Ctrl+I 组合键，弹出"导入"对话框，选择资源包中的"Ch03 > 效果 > 制作生日贺卡 > 生日贺卡背景图"文件，单击"导入"按钮，在页面中单击导入图片，按 P 键，图片在页面中居中对齐，效果如图 3-106 所示。

图 3-105

图 3-106

STEP 2 按 Ctrl+I 组合键，弹出"导入"对话框，选择资源包中的"Ch03 > 素材 > 制作生日贺卡 > 01、03"文件，单击"导入"按钮，在页面中分别单击导入图片，分别将其拖曳到适当的位置并调整其大小，效果如图 3-107 所示。

STEP 3 选择"阴影"工具 □，在图片中由上至下拖曳光标，为图片添加阴影效果，在属性栏中的设置如图 3-108 所示；按 Enter 键，效果如图 3-109 所示。

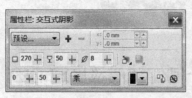

图 3-107　　　　　　　　　　图 3-108　　　　　　　　　　图 3-109

STEP 4 选择"文本"工具 字，在适当的位置分别输入需要的文字，选择"选择"工具 ▶，在属性栏中选取适当的字体并设置文字大小，效果如图 3-110 所示。将输入的文字同时选取，设置文字颜色的 CMYK 值为 60、77、100、40，填充文字，效果如图 3-111 所示。

图 3-110　　　　　　　　　　　　　　　　图 3-111

STEP 5 选择"选择"工具 ▶，选取需要的文字，选择"文本 > 文本属性"命令，在弹出的面板中进行设置，如图 3-112 所示；按 Enter 键，效果如图 3-113 所示。选取需要的文字，选择"文本属性"面板，选项的设置如图 3-114 所示；按 Enter 键，效果如图 3-115 所示。

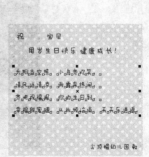

图 3-112　　　　　　图 3-113　　　　　　图 3-114　　　　　　图 3-115

STEP 6 生日贺卡制作完成，效果如图 3-116 所示。按 Ctrl+S 组合键，弹出"保存绘图"对话框，将制作好的图像命名为"生日贺卡"，保存为 CDR 格式，单击"保存"按钮，保存图像。

图 3-116

3.2 课后习题——制作钻戒巡展邀请函

习题知识要点

在 Photoshop 中，使用新建参考线命令分割页面，使用画笔命令和图层蒙版命令制作人物效果，使用变换命令、图层样式和不透明度选项制作邀请函立体效果；在 Illustrator 中，使用文字工具添加邀请函信息，使用直线工具绘制直线。钻戒巡展邀请函效果如图 3-117 所示。

效果所在位置

资源包 > Ch03 > 效果 > 制作钻戒巡展邀请函 > 钻戒巡展邀请函.ai、钻戒巡展邀请函立体效果.psd。

图 3-117

制作钻戒巡展邀请函 1

制作钻戒巡展邀请函 2

制作钻戒巡展邀请函 3

制作钻戒巡展邀请函 4

Chapter

4

第 4 章
宣传单设计

宣传单是直销广告的一种，对宣传活动和促销商品有重要的作用。通过派送、邮递等形式，宣传单可以有效地将信息传达给目标受众。众多的企业和商家都希望通过宣传单来宣传自己的产品，传播自己的文化。本章以制作旅游宣传单为例，讲解宣传单的设计方法和制作技巧。

课堂学习目标

- 在 Photoshop 软件中制作宣传单底图

- 在 Illustrator 软件中添加宣传语及相关信息

Photoshop+Illustrator+CorelDRAW+InDesign

4.1 制作旅游宣传单

⊕ 案例学习目标

在 Photoshop 中，学习使用图层控制面板、画笔工具和属性面板制作宣传单底图；在 Illustrator 中，学习使用置入命令、绘图工具、变换命令、投影命令、路径查找器命令、文字工具和制表符命令添加宣传语及相关信息。

⊕ 案例知识要点

在 Photoshop 中，使用添加图层蒙版按钮和画笔工具制作图片渐隐效果，使用照片滤镜命令、色阶命令、曲线命令和自然饱和度命令调整图片的色调；在 Illustrator 中，使用文字工具、字符控制面板和填充工具添加宣传语及相关信息，使用钢笔工具、直接选择工具和建立剪切蒙版命令制作图片的剪切蒙版，使用置入命令和透明度面板制作半透明效果，使用椭圆工具、圆角矩形工具、矩形工具、缩放命令和路径查找器面板制作装饰图形和图标，使用投影命令为图形添加投影效果，使用文字工具、制表符命令添加介绍性文字。旅游宣传单效果如图 4-1 所示。

⊕ 效果所在位置

资源包 > Ch04 > 效果 > 制作旅游宣传单 > 旅游宣传单.ai。

图 4-1

Photoshop 应用

4.1.1 制作宣传单底图

STEP⏫1 打开 Photoshop CS6 软件，按 Ctrl+O 组合键，打开资源包中的"Ch04 > 素材 > 制作旅游宣传单 > 01、02"文件，如图 4-2 所示。选择"移动"工具 ，将 02 建筑图片拖曳到 01 图像窗口中适当的位置，效果如图 4-3 所示，在"图层"控制面板中生成新的图层并将其命名为"建筑 1"。

制作旅游宣传单 1

STEP⏫2 按 Ctrl+O 组合键，打开资源包中的"Ch04 > 素材 > 制作旅游宣传单 >03"文件，选择"移动"工具 ，将建筑图片拖曳到图像窗口中适当的位置，效果如图 4-4 所示，在"图层"控制面板中生成新的图层并将其命名为"建筑 2"。单击"图层"控制面板下方的"添加图层蒙版"按钮 ，为"建筑 2"图层添加图层蒙版，如图 4-5 所示。

图 4-2

图 4-3

图 4-4

图 4-5

STEP 3 将前景色设为黑色。选择"画笔"工具 ，在属性栏中单击"画笔"选项右侧的按钮 ，在弹出的画笔面板中选择需要的画笔形状，如图 4-6 所示；在图像窗口中进行涂抹，擦除不需要的部分，效果如图 4-7 所示。

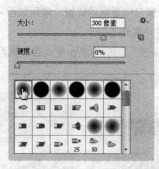

图 4-6

图 4-7

STEP 4 单击"图层"控制面板下方的"创建新的填充或调整图层"按钮 ，在弹出的菜单中选择"照片滤镜"命令，在"图层"控制面板中生成"照片滤镜 1"图层，同时弹出"照片滤镜"面板，将照片滤镜颜色设为黄色（其 R、G、B 的值分别为 255、210、0），其他选项的设置如图 4-8 所示；按 Enter 键确认操作，图像效果如图 4-9 所示。

图 4-8

图 4-9

STEP 5 按 Ctrl+O 组合键，打开资源包中的"Ch04 > 素材 > 制作旅游宣传单 > 04"文件，选择"移动"工具 ，将地球图片拖曳到图像窗口中适当的位置，效果如图 4-10 所示，在"图层"控制面板中生成新的图层并将其命名为"地球"。

STEP 6 单击"图层"控制面板下方的"添加图层蒙版"按钮 ▣，为"地球"图层添加图层蒙版，如图 4-11 所示。选择"画笔"工具 ✎，在图像窗口中进行涂抹，擦除不需要的部分，效果如图 4-12 所示。

图 4-10　　　　　　　　　　图 4-11　　　　　　　　　　图 4-12

STEP 7 按 Ctrl+O 组合键，打开资源包中的"Ch04 > 素材 > 制作旅游宣传单 > 05、06"文件，选择"移动"工具 ▸⊕，分别将图片拖曳到图像窗口中适当的位置，效果如图 4-13 所示，在"图层"控制面板中分别生成新的图层并将其命名为"云 1""高光"。

STEP 8 在"图层"控制面板上方，将"高光"图层的混合模式选项设为"滤色"，如图 4-14 所示，图像效果如图 4-15 所示。

图 4-13　　　　　　　　　　图 4-14　　　　　　　　　　图 4-15

STEP 9 按 Ctrl+O 组合键，打开资源包中的"Ch04 > 素材 > 制作旅游宣传单 > 07、08"文件，选择"移动"工具 ▸⊕，分别将图片拖曳到图像窗口中适当的位置，效果如图 4-16 所示，在"图层"控制面板中分别生成新的图层并将其命名为"云 2""船"。

STEP 10 单击"图层"控制面板下方的"创建新的填充或调整图层"按钮 ◉.，在弹出的菜单中选择"色阶"命令，在"图层"控制面板中生成"色阶 1"图层，同时弹出"色阶"面板，单击"此调整影响下面所有图层"按钮 ↓▣ 使其显示为"此调整剪切到此图层"按钮 ↵▣，其他选项设置如图 4-17 所示；按 Enter 键确认操作，图像效果如图 4-18 所示。

STEP 11 按 Ctrl+O 组合键，打开资源包中的"Ch04 > 素材 > 制作旅游宣传单 > 09、10、11"文件，选择"移动"工具 ▸⊕，分别将图片拖曳到图像窗口中适当的位置，效果如图 4-19 所示，在"图层"控制面板中分别生成新的图层并将其命名为"飞机""人物"和"装饰 1"。

STEP 12 在"图层"控制面板上方，将"装饰 1"图层的混合模式选项设为"正片叠底"，如图 4-20 所示，图像效果如图 4-21 所示。

图 4-16　　　　　　　图 4-17　　　　　　　图 4-18

图 4-19　　　　　　　图 4-20　　　　　　　图 4-21

STEP 13 单击"图层"控制面板下方的"创建新的填充或调整图层"按钮 ，在弹出的菜单中
选择"曲线"命令，在"图层"控制面板中生成"曲线 1"图层，同时弹出"曲线"面板，在曲线上单击鼠
标添加控制点，将"输入"选项设为 142，"输出"选项设为 126，如图 4-22 所示；按 Enter 键确认操作，
图像效果如图 4-23 所示。

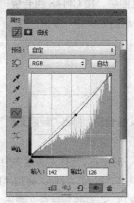

图 4-22　　　　　　　　　图 4-23

STEP 14 单击"图层"控制面板下方的"创建新的填充或调整图层"按钮 ，在弹出的菜单中
选择"自然饱和度"命令，在"图层"控制面板中生成"自然饱和度 1"图层，同时在弹出的"自然饱和度"
面板中进行设置，如图 4-24 所示；按 Enter 键确认操作，图像效果如图 4-25 所示。

图 4-24   图 4-25

STEP 15] 按 Ctrl+O 组合键，打开资源包中的"Ch04 > 素材 > 制作旅游宣传单 > 12"文件，选择"移动"工具 ，将光线图片拖曳到图像窗口中适当的位置，效果如图 4-26 所示，在"图层"控制面板中生成新的图层并将其命名为"光线"。

STEP 16] 在"图层"控制面板上方，将"光线"图层的混合模式选项设为"滤色"，如图 4-27 所示，图像效果如图 4-28 所示。旅游宣传单底图制作完成。

图 4-26   图 4-27   图 4-28

STEP 17] 按 Shift+Ctrl+E 组合键，合并可见图层。按 Ctrl+S 组合键，弹出"存储为"对话框，将其命名为"旅游宣传单底图"，保存为 JPEG 格式，单击"保存"按钮，弹出"JPEG 选项"对话框，单击"确定"按钮，将图像保存。

Illustrator 应用

4.1.2 添加宣传语

STEP 1] 打开 Illustrator CS6 软件，按 Ctrl+N 组合键，弹出"新建文档"对话框，选项的设置如图 4-29 所示，单击"确定"按钮，新建一个文档。

STEP 2] 选择"文件 > 置入"命令，弹出"置入"对话框，选择资源包中的"Ch04 > 效果 > 制作旅游宣传单 > 旅游宣传单底图"文件，单击"置入"按钮，将图片置入页面中。在属性中单击"嵌入"按钮，嵌入图片。选择"窗口 > 对齐"命令，弹出"对齐"控制面板，将对齐方式设为"对齐画板"，如图 4-30 所示。分别单击"水平居中对齐"按钮 和"垂直居中对齐"按钮 ，图片与页面居中对齐，效果如图 4-31 所示。

制作旅游宣传单 2

STEP 3] 选择"文字"工具 ，在页面中分别输入需要的文字，选择"选择"工具 ，在属性栏中选择合适的字体并设置文字大小，效果如图 4-32 所示。

图 4-29 图 4-30

图 4-31 图 4-32

STEP 4 选择"选择"工具 🔺，选取文字"洲"，按 Ctrl+T 组合键，弹出"字符"控制面板，将"水平缩放" 🔳 选项设为 127%，其他选项的设置如图 4-33 所示；按 Enter 键确认操作，效果如图 4-34 所示。

图 4-33 图 4-34

STEP 5 选择"选择"工具 🔺，按 Shift 键的同时，依次单击选取需要的文字，设置文字填充颜色为红色（其 CMYK 的值分别为 0、100、100、30），填充文字，效果如图 4-35 所示。

STEP 6 选择"文字"工具 **T**，在适当的位置输入需要的文字，选择"选择"工具 🔺，在属性栏中选择合适的字体并设置文字大小，效果如图 4-36 所示。

STEP 7 选择"矩形"工具 🔳，在适当的位置绘制一个距形，如图 4-37 所示。选择"窗口 > 描边"命令，弹出"描边"控制面板，勾选"虚线"选项，数值被激活，各选项的设置如图 4-38 所示；按 Enter 键确认操作，效果如图 4-39 所示。

图 4-35   图 4-36

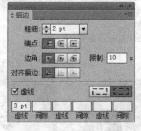

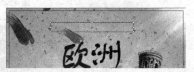

图 4-37   图 4-38   图 4-39

STEP 8 选择"文字"工具 T，在适当的位置输入需要的文字，选择"选择"工具 ，在属性栏中选择合适的字体并设置文字大小，效果如图 4-40 所示。选择"字符"控制面板，将"设置所选字符的字距调整" 选项设为 520，其他选项的设置如图 4-41 所示；按 Enter 键确认操作，效果如图 4-42 所示。

图 4-40   图 4-41   图 4-42

STEP 9 选择"文字"工具 T，单击属性栏中的"居中对齐"按钮 ，在适当的位置输入需要的文字，选择"选择"工具 ，在属性栏中选择合适的字体并设置文字大小，效果如图 4-43 所示。选择"字符"控制面板，将"设置行距" 选项设为 18pt，其他选项的设置如图 4-44 所示；按 Enter 键确认操作，效果如图 4-45 所示。

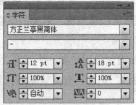

图 4-43   图 4-44   图 4-45

4.1.3 制作宣传单内页底图

STEP 1 选择"窗口 > 图层"命令，弹出"图层"控制面板，单击面板下方的"创建新图层"按钮，得到一个"图层 2"。单击"图层 1"图层左侧的眼睛图标，将"图层 1"图层隐藏，如图 4-46 所示。

STEP 2 选择"矩形"工具，绘制一个与页面大小相等的矩形，设置图形填充颜色为浅灰色（其 CMYK 的值分别为 0、0、11、12），填充图形，并设置描边色为无，效果如图 4-47 所示。

STEP 3 选择"钢笔"工具，在适当的位置绘制一个不规则图形。设置图形填充颜色为朱红色（其 CMYK 值分别为 52、85、100、30），填充图形，并设置描边色为无，效果如图 4-48 所示。

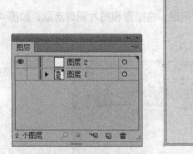

图 4-46    图 4-47   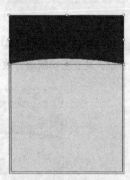 图 4-48

STEP 4 选择"选择"工具，按住 Alt+Shift 组合键的同时，垂直向上拖曳图形到适当的位置，复制图形，效果如图 4-49 所示。选择"直接选择"工具，用圈选的方法选取需要的节点，将其拖曳到适当的位置，效果如图 4-50 所示。设置图形填充颜色为黄色（其 CMYK 值分别为 0、20、100、0），填充图形，效果如图 4-51 所示。

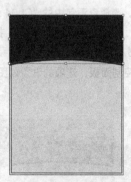  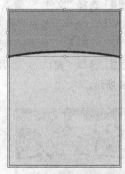

图 4-49   图 4-50   图 4-51

STEP 5 使用相同的方法再制作一个图形，效果如图 4-52 所示。选择"文件 > 置入"命令，弹出"置入"对话框，选择资源包中的"Ch04 > 素材 > 制作旅游宣传单 > 13"文件，单击"置入"按钮，将图片置入页面中，在属性中单击"嵌入"按钮，嵌入图片。选择"选择"工具，拖曳图片到适当的位置，调整其大小并旋转到适当的角度，效果如图 4-53 所示。

STEP 6 选择"选择"工具，选取下方黄色图形，按 Ctrl+C 组合键，复制图形，按 Ctrl+F 组合键，将复制的图形粘贴在前面。按 Ctrl+Shift+] 组合键，将图形置于顶层，效果如图 4-54 所示。按住 Alt 键的同时，向右拖曳图形到页面外，复制图形（此图形作为备用）。

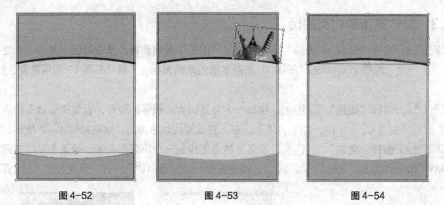

图 4-52　　　　　　　图 4-53　　　　　　　图 4-54

STEP✦7 选择"选择"工具 ，按住 Shift 键的同时，将图形和图片同时选取，如图 4-55 所示。
按 Ctrl+7 组合键，建立剪切蒙版，效果如图 4-56 所示。

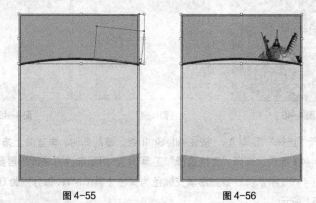

图 4-55　　　　　　　图 4-56

STEP✦8 选择"文件 > 置入"命令，弹出"置入"对话框，选择资源包中的"Ch04 > 素材 > 制
作旅游宣传单 > 14"文件，单击"置入"按钮，将图片置入页面中，在属性中单击"嵌入"按钮，嵌入图
片。选择"选择"工具 ，拖曳图片到适当的位置，效果如图 4-57 所示。

STEP✦9 选择"窗口 > 透明度"命令，弹出"透明度"控制面板，选项的设置如图 4-58 所示，
效果如图 4-59 所示。

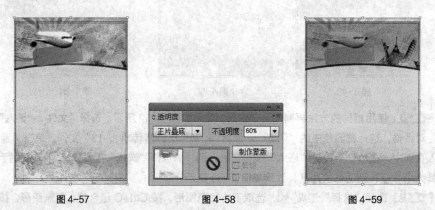

图 4-57　　　　　　　图 4-58　　　　　　　图 4-59

STEP✦10 选择"选择"工具 ，将页面外的黄色图形拖曳到适当的位置，如图 4-60 所示。按

住 Shift 键的同时，单击下方图片将其同时选取，按 Ctrl+7 组合键，建立剪切蒙版，效果如图 4-61 所示。使用相同的方法制作其他剪切蒙版效果，如图 4-62 所示。

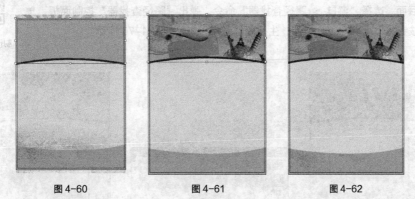

图 4-60　　　　　　　图 4-61　　　　　　　图 4-62

4.1.4　绘制装饰图形

STEP 1 选择"圆角矩形"工具，在页面中单击鼠标左键，弹出"圆角矩形"对话框，选项的设置如图 4-63 所示，单击"确定"按钮，出现一个圆角矩形。选择"选择"工具，拖曳圆角矩形到适当的位置，效果如图 4-64 所示。

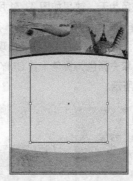

图 4-63　　　　　　　　　　　　图 4-64

STEP 2 选择"椭圆"工具，按住 Shift 键的同时，在适当的位置绘制一个圆形，效果如图 4-65 所示。选择"选择"工具，按住 Alt+Shift 组合键的同时，水平向右拖曳圆形到适当的位置，复制圆形，效果如图 4-66 所示。按 Ctrl+D 组合键，再复制出一个圆形，效果如图 4-67 所示。

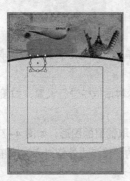

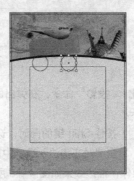

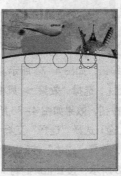

图 4-65　　　　　　　图 4-66　　　　　　　图 4-67

STEP 3 选择"选择"工具 ▶，按住 Shift 键的同时，依次单击将所绘制的图形同时选取，如图 4-68 所示。按 Ctrl+C 组合键，复制图形，按 Ctrl+B 组合键，将复制的图形粘贴在后面。选择"窗口 > 路径查找器"命令，弹出"路径查找器"控制面板，单击"联集"按钮 ⬚，如图 4-69 所示；生成新的对象，效果如图 4-70 所示。

制作旅游宣传单 3

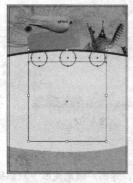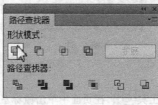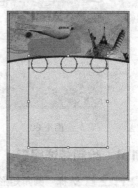

图 4-68　　　　　　图 4-69　　　　　　图 4-70

STEP 4 保持图形选取状态，设置图形填充颜色为黄色（其 CMYK 值分别为 0、20、100、0），填充图形，并设置描边色为无，效果如图 4-71 所示。

STEP 5 选择"圆角矩形"工具 ▢，在页面中单击鼠标左键，弹出"圆角矩形"对话框，选项的设置如图 4-72 所示，单击"确定"按钮，出现一个圆角矩形。选择"选择"工具 ▶，拖曳圆角矩形到适当的位置，设置图形填充颜色为黄色（其 CMYK 值分别为 0、20、100、0），填充图形，并设置描边色为无，效果如图 4-73 所示。

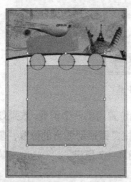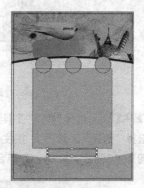

图 4-71　　　　　　图 4-72　　　　　　图 4-73

STEP 6 选择"选择"工具 ▶，按住 Shift 键的同时，单击上方图形将其同时选取，按 Ctrl+G 组合键，将其编组，如图 4-74 所示。

STEP 7 选择"效果 > 风格化 > 投影"命令，在弹出的对话框中进行设置，如图 4-75 所示；单击"确定"按钮，效果如图 4-76 所示。

STEP 8 选择"选择"工具 ▶，按住 Shift 键的同时，选取需要的图形，如图 4-77 所示。设置描边色为白色，选择"描边"控制面板，单击"对齐描边"选项中的"使描边外侧对齐"按钮 ⬚，其他选项的如图 4-78 所示；按 Enter 键确认操作，描边效果如图 4-79 所示。

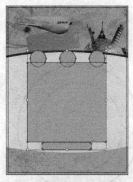
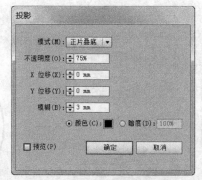
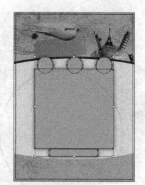

图 4-74　　　　　　　　　图 4-75　　　　　　　　　图 4-76

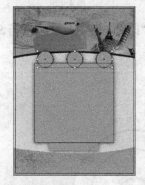

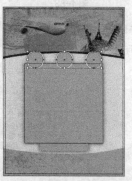

图 4-77　　　　　　　　　图 4-78　　　　　　　　　图 4-79

STEP⌐9 保持图形选取状态。设置图形填充颜色为黄色（其 CMYK 值分别为 0、20、100、0），填充图形，效果如图 4-80 所示。选取下方圆角矩形，选择"吸管"工具 🖉，将光标放置在上方图形上单击鼠标吸取颜色，效果如图 4-81 所示。按 Shift+X 组合键，互换填色和描边，效果如图 4-82 所示。

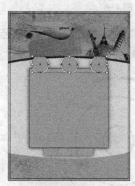
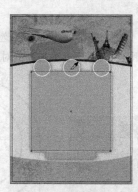
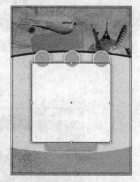

图 4-80　　　　　　　　　图 4-81　　　　　　　　　图 4-82

4.1.5　绘制图标图形

STEP⌐1 选择"椭圆"工具 ⬭，按住 Shift 键的同时，在适当的位置绘制一个圆形，如图 4-83 所示。选择"对象 > 变换 > 缩放"命令，在弹出的"比例缩放"对话框中进行设置，如图 4-84 所示；单击"复制"按钮，效果如图 4-85 所示。

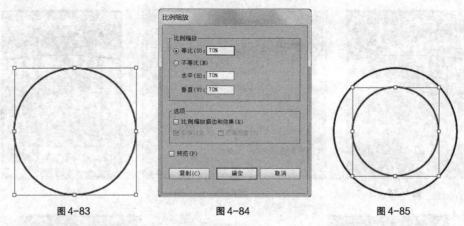

图 4-83　　　　　　图 4-84　　　　　　图 4-85

STEP 2 选择"对象 > 变换 > 缩放"命令，在弹出的"比例缩放"对话框中进行设置，如图 4-86 所示；单击"复制"按钮，效果如图 4-87 所示。

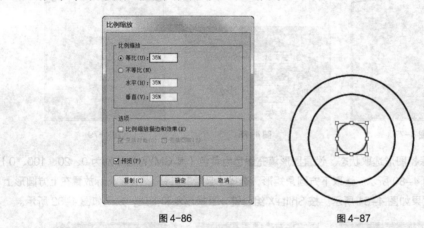

图 4-86　　　　　　图 4-87

STEP 3 选择"选择"工具，按住 Shift 键的同时，选取需要的圆形，选择"路径查找器"控制面板，单击"减去顶层"按钮，如图 4-88 所示；生成新的对象，效果如图 4-89 所示。

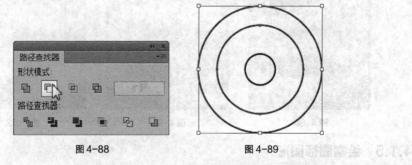

图 4-88　　　　　　图 4-89

STEP 4 选择"矩形"工具，在适当的位置拖曳鼠标绘制一个矩形，如图 4-90 所示。双击"旋转"工具，弹出"旋转"对话框，选项的设置如图 4-91 所示；单击"确定"按钮，效果如图 4-92 所示。

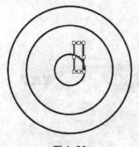

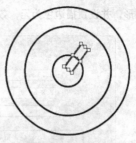

图 4-90   图 4-91   图 4-92

STEP 5 使用相同方法绘制其他矩形并旋转到适当的角度，效果如图 4-93 所示。选择"圆角矩形"工具 ▣，在页面中单击鼠标左键，弹出"圆角矩形"对话框，选项的设置如图 4-94 所示，单击"确定"按钮，出现一个圆角矩形。选择"选择"工具 ▶，拖曳圆角矩形到适当的位置，效果如图 4-95 所示。

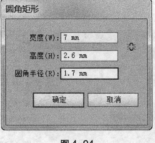

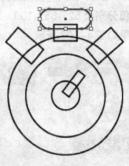

图 4-93   图 4-94   图 4-95

STEP 6 选择"选择"工具 ▶，用圈选的方法将所绘制的图形同时选取，按 Ctrl+G 组合键，将其编组，填充图形为白色，并设置描边色为无，拖曳编组图形到页面中适当的位置，效果如图 4-96 所示。选择"效果 > 风格化 > 投影"命令，在弹出的对话框中进行设置，如图 4-97 所示；单击"确定"按钮，效果如图 4-98 所示。

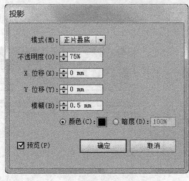

图 4-96   图 4-97   图 4-98

STEP 7 选择"圆角矩形"工具 ▣，在页面中单击鼠标左键，弹出"圆角矩形"对话框，选项的设置如图 4-99 所示，单击"确定"按钮，出现一个圆角矩形。选择"选择"工具 ▶，拖曳圆角矩形到适当的位置，效果如图 4-100 所示。

STEP 8 保持图形选取状态。设置图形填充颜色为黄色（其 CMYK 值分别为 0、20、100、0），填充图形，并设置描边色为无，效果如图 4-101 所示。

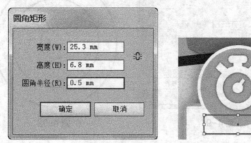

图 4-99　　　　　　　　图 4-100　　　　　　　　图 4-101

STEP 9 选择"文字"工具 T，单击属性栏中的"左对齐"按钮，在适当的位置输入需要的文字，选择"选择"工具，在属性栏中选择合适的字体并设置文字大小。设置文字填充颜色为朱红色（其 CMYK 的值分别为 52、85、100、30），填充文字，效果如图 4-102 所示。使用相同方法制作其他图标和文字，效果如图 4-103 所示。

图 4-102　　　　　　　　　　　　　图 4-103

4.1.6　添加介绍性文字

STEP 1 选择"文字"工具 T，在页面外适当的位置按住鼠标左键不放，拖曳出一个文本框，在属性栏中选择合适的字体并设置文字大小，如图 4-104 所示。选择"窗口 > 文字 > 制表符"命令，弹出"制表符"控制面板，如图 4-105 所示。

制作旅游宣传单 4

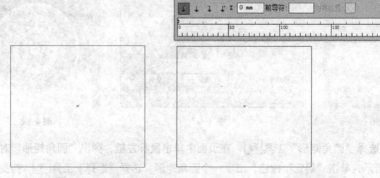

图 4-104　　　　　　　　　　　图 4-105

STEP 2 在"制表符"控制面板中单击"居中对齐制表符"按钮，在标尺上添加一个制表符，将"X"选项设置数值为65cm，如图4-106所示。在标尺上再添加一个制表符，将"X"选项设置数值为130cm，单击"右对齐制表符"按钮↓，如图4-107所示。

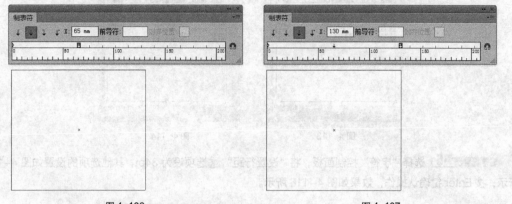

图 4-106   图 4-107

STEP 3 将光标置于段落文本框中，输入文字"4月01日"，如图4-108所示。按Tab键，光标跳到下一个制表位处，输入文字"巨石阵巴斯一日游"，效果如图4-109所示。再按Tab键，光标跳到下一个制表位处，输入文字"158元"，效果如图4-110所示。

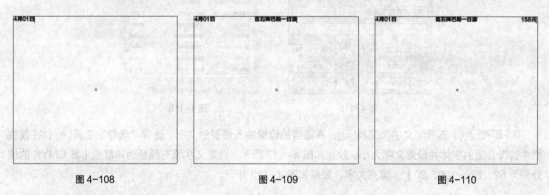

图 4-108   图 4-109   图 4-110

STEP 4 按Enter键，将光标换到下一行，输入需要的文字，如图4-111所示。用相同的方法依次输入其他需要的文字，效果如图4-112所示。

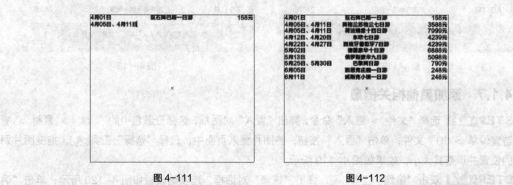

图 4-111   图 4-112

STEP 5 选择"选择"工具 ▶，拖曳文字到页面中适当的位置，如图4-113所示。设置文字填充颜色为朱红色（其CMYK的值分别为52、85、100、30），填充文字，效果如图4-114所示。

图 4-113

图 4-114

STEP 6 选择"字符"控制面板，将"设置行距" $^{A}_{A}$ 选项设为 34pt，其他选项的设置如图 4-115 所示；按 Enter 键确认操作，效果如图 4-116 所示。

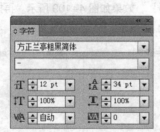

图 4-115

图 4-116

STEP 7 选择"文字"工具 T，在适当的位置输入需要的文字，选择"选择"工具 ，在属性栏中选择合适的字体并设置文字大小，效果如图 4-117 所示。设置文字填充颜色为朱红色（其 CMYK 的值分别为 52、85、100、30），填充文字，效果如图 4-118 所示。

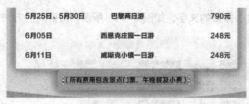

图 4-117

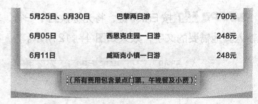

图 4-118

4.1.7 添加其他相关信息

STEP 1 选择"文件 > 置入"命令，弹出"置入"对话框，选择资源包中的"Ch04 > 素材 > 制作旅游宣传单 > 10"文件，单击"置入"按钮，将图片置入页面中，选择"选择"工具 ，拖曳图片到适当的位置并调整其大小，效果如图 4-119 所示。

STEP 2 双击"镜像"工具 ，弹出"镜像"对话框，选项的设置如图 4-120 所示；单击"确定"按钮，镜像图片，效果如图 4-121 所示。

图 4-119　　　　　　　　　图 4-120　　　　　　　　　图 4-121

STEP3 选择"文字"工具 T，在适当的位置分别输入需要的文字，选择"选择"工具，在属性栏中分别选择合适的字体并设置文字大小，效果如图 4-122 所示。将输入的文字同时选取，设置文字填充颜色为深棕色（其 CMYK 的值分别为 46、100、100、88），填充文字，效果如图 4-123 所示。

图 4-122　　　　　　　　　　　　　　图 4-123

STEP4 选取需要的文字，选择"字符"控制面板，将"设置行距"选项设为 21pt，其他选项的设置如图 4-124 所示；按 Enter 键确认操作，效果如图 4-125 所示。

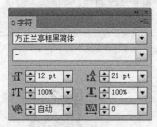

图 4-124　　　　　　　　　　　　　　图 4-125

STEP5 选择"圆角矩形"工具，在页面中单击鼠标左键，弹出"圆角矩形"对话框，选项的设置如图 4-126 所示，单击"确定"按钮，出现一个圆角矩形。选择"选择"工具，拖曳圆角矩形到适当的位置，设置描边色为深棕色（其 CMYK 的值分别为 46、100、100、88），填充描边，效果如图 4-127 所示。

STEP6 旅游宣传单制作完成，效果如图 4-128 所示。按 Ctrl+S 组合键，弹出"存储为"对话框，将其命名为"旅游宣传单"，保存为 AI 格式，单击"保存"按钮，将文件保存。

图 4-126

图 4-127

图 4-128

4.2 课后习题——制作食品宣传单

🔍 习题知识要点

在 Photoshop 中，使用渐变工具和图层混合模式选项为图片添加合成效果，使用添加图层样式命令为图片添加阴影效果，使用高斯模糊滤镜命令制作月亮的模糊效果，使用色相/饱和度调整月饼图像；在 CorelDRAW 中，使用导入命令、文本工具和形状工具制作标题文字，使用阴影工具、矩形工具和手绘工具添加装饰图形，使用文本工具添加产品信息。食品宣传单效果如图 4-129 所示。

🔍 效果所在位置

资源包 > Ch04 > 效果 > 制作食品宣传单 > 食品宣传单.ai。

图 4-129

制作食品宣传单 1

制作食品宣传单 2

制作食品宣传单 3

Chapter

5

第 5 章
广告设计

广告以多样的形式出现在城市中，通过电视、报纸和霓虹灯等媒介来发布，是城市商业发展的写照。广告是重要的宣传媒体之一，具有实效性强、受众广泛、宣传力度大的特点。好的广告要强化视觉冲击力，抓住观众的视线。本章以制作房地产广告为例，讲解广告的设计方法和制作技巧。

课堂学习目标

● 在 Photoshop 软件中制作背景效果

● 在 Illustrator 软件中添加广告信息及介绍性文字

5.1 制作房地产广告

案例学习目标

在 Photoshop 中，学习使用新建参考线命令添加参考线，使用图层控制面板、画笔工具、渐变工具、变换命令和调整图层命令制作背景效果；在 Illustrator 中，学习使用置入命令、绘图工具、填充工具、文字工具和字符控制面板添加广告信息及介绍性文字。

案例知识要点

在 Photoshop 中，使用图层控制面板、画笔工具和渐变工具制作图片叠加效果，使用色相/饱和度命令、色阶命令、渐变映射命令和照片滤镜命令调整图片的色调，使用垂直翻转命令翻转图片；在 Illustrator 中，使用置入命令置入素材图片，使用文字工具、字符控制面板和填充工具添加并编辑内容信息，使用钢笔工具绘制装饰图形，使用直线段工具、描边控制面板绘制并编辑直线，使用镜像工具镜像图形，使用插入字形命令添加需要的字形。房地产广告效果如图 5-1 所示。

效果所在位置

资源包 > Ch05 > 效果 > 制作房地产广告 > 房地产广告.ai。

图 5-1

Photoshop 应用

5.1.1 制作背景效果

STEP↘1 打开 Photoshop CS6 软件，按 Ctrl+N 组合键，新建一个文件，宽度为 21.6cm，高度为 29.1cm，分辨率为 150 像素/英寸，颜色模式为 RGB，背景内容为白色，单击"确定"按钮。

制作房地产广告 1

STEP↘2 选择"视图 > 新建参考线"命令，弹出"新建参考线"对话框，设置如图 5-2 所示；单击"确定"按钮，如图 5-3 所示。用相同的方法，在 28.8cm 处新建一条水平参考线，如图 5-4 所示。

STEP↘3 选择"视图 > 新建参考线"命令，弹出"新建参考线"对话框，设置如图 5-5 所示；单击"确定"按钮，如图 5-6 所示。用相同的方法，在 21.3cm 处新建一条垂直参考线，如图 5-7 所示。

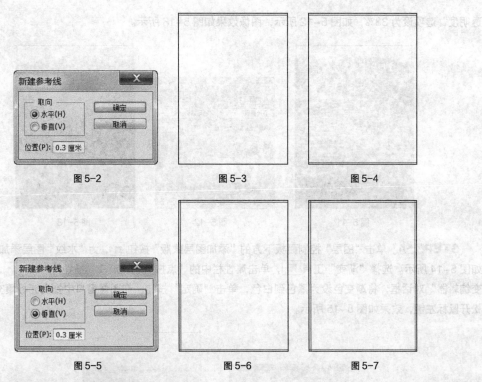

图 5-2   图 5-3   图 5-4

图 5-5   图 5-6   图 5-7

STEP 4 按 Ctrl+O 组合键，打开资源包中的"Ch05 > 素材 > 制作房地产广告 > 01"文件，选择"移动"工具 ，将湖水图片拖曳到图像窗口中适当的位置，效果如图 5-8 所示，在"图层"控制面板中生成新的图层并将其命名为"湖水 1"。

STEP 5 单击"图层"控制面板下方的"创建新的填充或调整图层"按钮 ，在弹出的菜单中选择"色相/饱和度"命令，在"图层"控制面板中生成"色相/饱和度 1"图层，同时在弹出的"色相/饱和度"面板中进行设置，如图 5-9 所示；按 Enter 键确认操作，图像效果如图 5-10 所示。

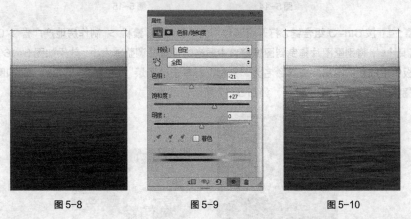

图 5-8   图 5-9   图 5-10

STEP 6 按 Ctrl+O 组合键，打开资源包中的"Ch05 > 素材 > 制作房地产广告 > 02"文件，选择"移动"工具 ，将水纹图片拖曳到图像窗口中适当的位置，效果如图 5-11 所示，在"图层"控制面板中生成新的图层并将其命名为"水纹"。

STEP 7 在"图层"控制面板上方，将"水纹"图层的混合模式选项设为"正片叠底"，将"不透明度"选项设为 33%，如图 5-12 所示，图像效果如图 5-13 所示。

图 5-11

图 5-12

图 5-13

STEP⬆8 单击"图层"控制面板下方的"添加图层蒙版"按钮 ，为"水纹"图层添加图层蒙版，如图 5-14 所示。选择"渐变"工具 ，单击属性栏中的"点按可编辑渐变"按钮 ▼，弹出"渐变编辑器"对话框，将渐变色设为黑色到白色，单击"确定"按钮。在图像窗口中拖曳光标填充渐变色，松开鼠标左键，效果如图 5-15 所示。

图 5-14

图 5-15

STEP⬆9 按 Ctrl+O 组合键，打开资源包中的"Ch05 > 素材 > 制作房地产广告 > 03"文件，选择"移动"工具 ，将别墅图片拖曳到图像窗口中适当的位置并调整其大小，效果如图 5-16 所示，在"图层"控制面板中生成新的图层并将其命名为"别墅"。单击"图层"控制面板下方的"添加图层蒙版"按钮 ，为"别墅"图层添加图层蒙版，如图 5-17 所示。

图 5-16

图 5-17

STEP 10 将前景色设为黑色。选择 "画笔" 工具 ✐，在属性栏中单击 "画笔" 选项右侧的按钮 ▾，在弹出的画笔面板中选择需要的画笔形状，如图 5-18 所示；在图像窗口中进行涂抹，擦除不需要的部分，效果如图 5-19 所示。

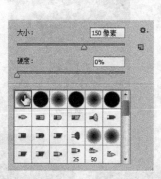 

图 5-18   图 5-19

STEP 11 按 Ctrl+J 组合键，复制 "别墅" 图层，生成新的图层 "别墅 副本"。选中 "别墅" 图层，重新命名为 "别墅倒影"，按 Ctrl+T 组合键，在图像周围出现变换框，单击鼠标右键，在弹出的菜单中选择 "垂直翻转" 命令，垂直翻转图像。并向下拖曳翻转图像到适当的位置，按 Enter 键确认操作，效果如图 5-20 所示。

STEP 12 在 "图层" 控制面板上方，将 "别墅倒影" 图层的混合模式选项设为 "正片叠底"，"不透明度" 选项设为 61%，如图 5-21 所示，图像效果如图 5-22 所示。

图 5-20   图 5-21   图 5-22

STEP 13 单击 "别墅倒影" 图层蒙版缩览图。选择 "画笔" 工具 ✐，在属性栏中单击 "画笔" 选项右侧的按钮 ▾，在弹出的画笔面板中选择需要的画笔形状，如图 5-23 所示。在属性栏中将 "不透明度" 选项设为 80%，在图像窗口中进行涂抹，擦除不需要的部分，效果如图 5-24 所示。

STEP 14 按 Ctrl+O 组合键，打开资源包中的 "Ch05 > 素材 > 制作房地产广告 > 04" 文件，选择 "移动" 工具 ⊕，将装饰图片拖曳到图像窗口中适当的位置，效果如图 5-25 所示，在 "图层" 控制面板中生成新的图层并将其命名为 "装饰光"。

STEP 15 在 "图层" 控制面板上方，将 "装饰光" 图层的混合模式选项设为 "滤色"，"不透明度" 选项设为 65%，如图 5-26 所示，图像效果如图 5-27 所示。

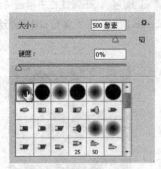

图 5-23   图 5-24

图 5-25   图 5-26   图 5-27

STEP 16 按 Ctrl+O 组合键，打开资源包中的"Ch05 > 素材 > 制作房地产广告 > 05"文件，选择"移动"工具，将湖水图片拖曳到图像窗口中适当的位置，效果如图 5-28 所示，在"图层"控制面板中生成新的图层并将其命名为"湖水 2"。

STEP 17 在"图层"控制面板上方，将"湖水 2"图层的混合模式选项设为"正片叠底"，如图 5-29 所示，图像效果如图 5-30 所示。

图 5-28   图 5-29   图 5-30

STEP 18 单击"图层"控制面板下方的"添加图层蒙版"按钮，为"湖水 2"图层添加图层蒙版，如图 5-31 所示。选择"画笔"工具，在图像窗口中进行涂抹，擦除不需要的部分，效果如图 5-32 所示。

图 5-31　　　　　　　　　　图 5-32

STEP 19 按 Ctrl+O 组合键，打开资源包中的"Ch05 > 素材 > 制作房地产广告 > 06、07、08"
文件，选择"移动"工具 ，分别将图片拖曳到图像窗口中适当的位置，效果如图 5-33 所示，在"图层"
控制面板中分别生成新的图层并将其命名为"花草""城墙"和"小船"。

STEP 20 新建图层并将其命名为"黑条"。选择"矩形"工具 ，在属性栏的"选择工具模式"
选项中选择"像素"，在图像窗口中绘制一个矩形，效果如图 5-34 所示。

图 5-33　　　　　　　　　　图 5-34

STEP 21 单击"图层"控制面板下方的"添加图层蒙版"按钮 ，为"黑条"图层添加图层蒙
版，如图 5-35 所示。选择"渐变"工具 ，在图像窗口中拖曳光标填充渐变色，松开鼠标左键，效果如
图 5-36 所示。

图 5-35　　　　　　　　　　图 5-36

STEP 22 单击"图层"控制面板下方的"创建新的填充或调整图层"按钮 ，在弹出的菜单中
选择"色阶"命令，在"图层"控制面板中生成"色阶 1"图层，同时在弹出的"色阶"面板中进行设置，

如图 5-37 所示；按 Enter 键确认操作，图像效果如图 5-38 所示。

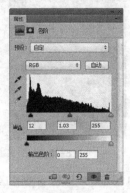

图 5-37　　　　　　　　图 5-38

STEP 23 单击"图层"控制面板下方的"创建新的填充或调整图层"按钮，在弹出的菜单中选择"渐变映射"命令，在"图层"控制面板中生成"渐变映射 1"图层，同时弹出"渐变映射"面板，单击"点按可编辑渐变"按钮，弹出"渐变编辑器"对话框，在"预设"选项组中选择"紫，橙渐变"，如图 5-39 所示。单击"确定"按钮，返回到"渐变映射"面板，其他选项的设置如图 5-40 所示，效果如图 5-41 所示。

图 5-39　　　　　　图 5-40　　　　　　图 5-41

STEP 24 在"图层"控制面板上方，将"渐变映射 1"图层的混合模式选项设为"正片叠底"，将"不透明度"选项设为 9%，如图 5-42 所示，图像效果如图 5-43 所示。

图 5-42　　　　　　　　图 5-43

STEP 25 单击"图层"控制面板下方的"创建新的填充或调整图层"按钮 ◢，在弹出的菜单中选择"照片滤镜"命令，在"图层"控制面板中生成"照片滤镜 1"图层，同时在弹出的"照片滤镜"面板中进行设置，如图 5-44 所示；按 Enter 键确认操作，图像效果如图 5-45 所示。房地产广告底图制作完成。

图 5-44   图 5-45

STEP 26 按 Ctrl+；组合键，隐藏参考线。按 Shift+Ctrl+E 组合键，合并可见图层。按 Ctrl+S 组合键，弹出"存储为"对话框，将其命名为"房地产广告底图"，保存为 JPEG 格式，单击"保存"按钮，弹出"JPEG 选项"对话框，单击"确定"按钮，将图像保存。

Illustrator 应用

5.1.2 添加文字和装饰图形

STEP 1 打开 Illustrator CS6 软件，按 Ctrl+N 组合键，新建一个文档：宽度为 210mm，高度为 285mm，取向为竖向，颜色模式为 CMYK，单击"确定"按钮。

STEP 2 选择"文件 > 置入"命令，弹出"置入"对话框，选择资源包中的"Ch05 > 效果 > 制作房地产广告 > 房地产广告底图"义件，单击"置入"按钮，将图片置入页面中，在属性中单击"嵌入"按钮，嵌入图片。选择"选择"工具 ▶，拖曳图片到页面中适当的位置，效果如图 5-46 所示。

制作房地产广告 2

STEP 3 选择"文字"工具 T，单击属性栏中的"居中对齐"按钮 ≡，在页面中分别输入需要的文字，选择"选择"工具 ▶，在属性栏中选择合适的字体并设置文字大小，将输入的文字同时选取，填充文字为白色，取消文字选取状态，效果如图 5-47 所示。

图 5-46   图 5-47

STEP 4 选择"选择"工具 ▶，选取需要的文字，按 Ctrl+T 组合键，弹出"字符"控制面板，将"设置行距" 选项设为14pt，其他选项的设置如图5-48所示；按Enter键确认操作，效果如图5-49所示。

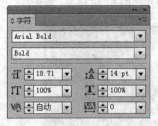

图 5-48　　　　　　　　　　　　　　　图 5-49

STEP 5 选择"文字"工具，选取需要的文字，在属性栏中设置适当文字大小，效果如图5-50所示。选择"选择"工具，选取需要的文字，设置文字填充颜色为灰色（其CMYK的值分别为0、0、0、50），填充文字，效果如图5-51所示。

STEP 6 选择"字符"控制面板，将"设置行距" 选项设为10pt，其他选项的设置如图5-52所示；按Enter键确认操作，效果如图5-53所示。

图 5-50

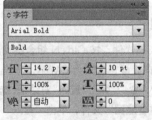

图 5-51　　　　　　　　　　图 5-52　　　　　　　　　　图 5-53

STEP 7 按Ctrl+O组合键，打开资源包中的"Ch05 > 素材 > 制作房地产广告 > 09"文件，选择"选择"工具，选取需要的图形，按Ctrl+C组合键，复制图形。选择正在编辑的页面，按Ctrl+V组合键，将其粘贴到页面中，并拖曳复制的图形到适当的位置，效果如图5-54所示。

STEP 8 双击"镜像"工具，弹出"镜像"对话框，选项的设置如图5-55所示，单击"复制"按钮，复制并镜像图形。按住Shift键的同时，水平向右拖曳复制图形到适当的位置，效果如图5-56所示。

图 5-54　　　　　　　　　　图 5-55　　　　　　　　　　图 5-56

STEP 9 选择"直线段"工具 ，按 Shift 键的同时，在适当的位置绘制一条直线。设置描边色为白色，选择"窗口 > 描边"命令，弹出"描边"控制面板，单击"端点"选项中的"圆头端点"按钮 ，其他选项的设置如图 5-57 所示；按 Enter 键确认操作，描边效果如图 5-58 所示。

图 5-57

图 5-58

STEP 10 选择"钢笔"工具 ，在适当的位置分别绘制不规则图形，如图 5-59 所示。选择"选择"工具 ，按 Shift 键的同时，将所绘制的图形同时选取，填充图形为白色，并设置描边色为无，效果如图 5-60 所示。

STEP 11 选择"选择"工具 ，选取上方直线，按住 Alt+Shift 组合键的同时，垂直向下拖曳直线到适当的位置，复制直线，效果如图 5-61 所示。

图 5-59　　　　　　　　　　图 5-60　　　　　　　　　　图 5-61

STEP 12 保持直线选取状态。按 Ctrl+C 组合键，复制直线，按 Ctrl+F 组合键，将复制的直线粘贴在前面。向左拖曳右侧中间的控制手柄到适当的位置，调整直线长度，效果如图 5-62 所示。选取下方直线，向右拖曳左侧中间的控制手柄到适当的位置，调整直线长度，效果如图 5-63 所示。

图 5-62　　　　　　　　　　　　　图 5-63

5.1.3　添加介绍性文字

STEP 1 选择"文字"工具 ，单击属性栏中的"左对齐"按钮 ，在页面中分别输入需要的文字，选择"选择"工具 ，在属性栏中选择合适的字体并设置文字大小，将输入的文字同时选取，填充文字为白色，取消文字选取状态，效果如图 5-64 所示。

STEP 2 选择"选择"工具 ，按 Shift 键的同时，依次单击选取需要的文字，设置文字填充颜色为黄色（其 CMYK 的值分别为 0、14、100、0），填充文字，效果如图 5-65 所示。

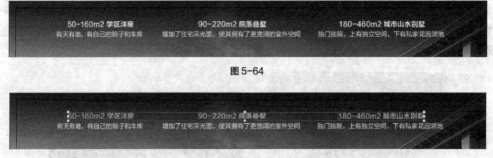

图 5-64

图 5-65

STEP　3 选择"文字"工具 T，选取数字"2"，如图 5-66 所示；选择"字符"控制面板，单击"上标"按钮 T，其他选项的设置如图 5-67 所示；按 Enter 键确认操作，效果如图 5-68 所示。使用相同方法制作其他文字上标效果，如图 5-69 所示。

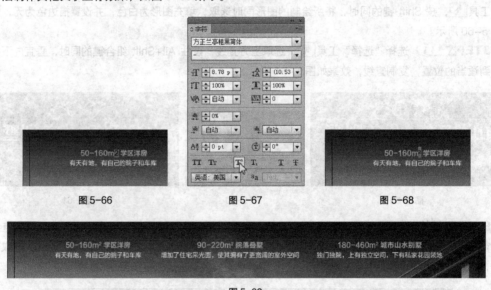

图 5-66　　　　　　　　　　图 5-67　　　　　　　　　　图 5-68

图 5-69

STEP　4 选择"直线段"工具 ∕，按 Shift 键的同时，在适当的位置绘制一条竖线，设置描边色为黄色（其 CMYK 的值分别为 0、14、100、0），填充描边。选择"描边"控制面板，单击"端点"选项中的"平头端点"按钮 ，其他选项的设置如图 5-70 所示；按 Enter 键确认操作，描边效果如图 5-71 所示。

STEP　5 选择"选择"工具 ，按住 Alt+Shift 组合键的同时，水平向右拖曳竖线到适当的位置，复制竖线，效果如图 5-72 所示。连续 2 次按 Ctrl+D 组合键，按需要再复制出两条竖线，并分别调整到适当的位置，效果如图 5-73 所示。

图 5-70　　　　　　　　　　图 5-71　　　　　　　　　　图 5-72

图 5-73

STEP 6 按 Ctrl+O 组合键，打开资源包中的"Ch05 > 素材 > 制作房地产广告 > 10"文件，选择"选择"工具，选取需要的图形，按 Ctrl+C 组合键，复制图形。选择正在编辑的页面，按 Ctrl+V 组合键，将其粘贴到页面中，并拖曳复制的图形到适当的位置，效果如图 5-74 所示。

STEP 7 选择"文字"工具，在适当的位置输入需要的文字，选择"选择"工具，在属性栏中选择合适的字体并设置文字大小。设置文字填充颜色为红色（其 CMYK 的值分别为 0、100、100、0），填充文字，效果如图 5-75 所示。

图 5-74

图 5-75

STEP 8 选择"字符"控制面板，将"设置所选字符的字距调整"选项设为-75，其他选项的设置如图 5-76 所示；按 Enter 键确认操作，效果如图 5-77 所示。

图 5-76

图 5-77

STEP 9 选择"文字"工具，单击属性栏中的"居中对齐"按钮，在适当的位置输入需要的文字，选择"选择"工具，在属性栏中选择合适的字体并设置文字大小，将输入的文字同时选取，填充文字为白色，效果如图 5-78 所示。

图 5-78

STEP 10 选择"字符"控制面板，将"设置行距"选项设为 18pt，其他选项的设置如图 5-79

所示;按 Enter 键确认操作,效果如图 5-80 所示。

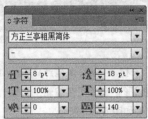

图 5-79

图 5-80

STEP 11 选择"文字"工具 T,在适当的位置单击插入光标,如图 5-81 所示。选择"文字 >
字形"命令,在弹出的"字形"面板中按需要进行设置并选择需要的字形,如图 5-82 所示;双击鼠标左
键插入字形,效果如图 5-83 所示。

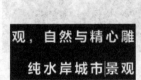

图 5-81

图 5-82

图 5-83

STEP 12 选择"直线段"工具 /,按 Shift 键的同时,在适当的位置绘制一条直线,填充描边
为白色,效果如图 5-84 所示。选择"描边"控制面板,勾选"虚线"选项,数值被激活,各选项的设置
如图 5-85 所示;按 Enter 键确认操作,效果如图 5-86 所示。

图 5-84

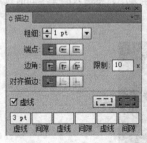

图 5-85

图 5-86

STEP 13 按 Ctrl+O 组合键,打开资源包中的"Ch05 > 素材 > 制作房地产广告 > 11"文件,
选择"选择"工具 ,选取需要的图形,按 Ctrl+C 组合键,复制图形。选择正在编辑的页面,按 Ctrl+V

组合键，将其粘贴到页面中，并拖曳复制的图形到适当的位置，效果如图 5-87 所示。

STEP⤴14 房地产广告制作完成，效果如图 5-88 所示。按 Ctrl+S 组合键，弹出"存储为"对话框，将其命名为"房地产广告"，保存为 AI 格式，单击"保存"按钮，将文件保存。

图 5-87　　　　　　　　　　　　　　　　图 5-88

5.2　课后习题——制作汽车广告

习题知识要点

在 Photoshop 中，使用蒙版命令和渐变工具为背景和图片添加渐隐效果，使用钢笔工具、羽化命令和高斯模糊命令制作阴影效果，使用光晕滤镜命令制作光晕效果；在 Illustrator 中，使用椭圆工具、文字工具、星形工具、倾斜工具、渐变工具、路径查找器面板制作汽车标志，使用文字工具添加需要的文字，使用剪贴蒙版命令编辑图片。汽车广告效果如图 5-89 所示。

效果所在位置

资源包 > Ch05 > 效果 > 制作汽车广告 > 汽车广告.ai。

图 5-89

制作汽车广告 1

制作汽车广告 2

制作汽车广告 3

Photoshop+Illustrator+CorelDRAW+InDesign

Chapter

6

第 6 章
海报设计

海报是广告艺术中的一种大众化载体，又称为"招贴"或"宣传画"。由于海报具有尺寸大、远视性强、艺术性高的特点，因此它在宣传媒介中占有重要的位置。本章以制作茶艺海报为例，讲解海报的设计方法和制作技巧。

课堂学习目标

● 在 Photoshop 软件中制作海报背景图

● 在 CorelDRAW 软件中添加宣传语及相关信息

6.1 制作茶艺海报

　　在 Photoshop 中，学习使用新建参考线命令添加参考线，使用图层控制面板、画笔工具、渐变工具和调整图层命令制作海报背景；在 CorelDRAW 中，学习使用导入命令、图框精确剪裁命令、绘图工具、文本工具和使文本适合路径命令添加产品相关信息。

　　在 Photoshop 中，使用添加图层蒙版按钮、画笔工具和渐变工具制作图片渐隐效果，使用图层混合模式选项、不透明度选项制作图片叠加效果，使用色阶命令和曲线命令调整图片的颜色，使用颜色叠加命令为图片叠加颜色；在 CorelDRAW 中，使用导入命令、图框精确剪裁命令添加宣传语，使用插入符号字符命令插入需要的字符图形，使用贝塞尔工具、移除前面对象按钮，合并按钮、椭圆形工具、文本工具和使文本适合路径命令添加展览标志图形，使用文本工具、文本属性面板添加介绍性文字及活动信息。茶艺海报效果如图 6-1 所示。

　　资源包 > Ch06 > 效果 > 制作茶艺海报 > 茶艺海报.cdr。

图 6-1

Photoshop 应用

6.1.1　制作背景图像

STEP🔄1 打开 Photoshop CS6 软件，按 Ctrl+N 组合键，新建一个文件，宽度为 50.6cm，高度为 70.6cm，分辨率为 150 像素/英寸，颜色模式为 RGB，背景内容为白色，单击"确定"按钮。

制作茶艺海报 1

STEP🔄2 选择"视图 > 新建参考线"命令，弹出"新建参考线"对话框，设置如图 6-2 所示；单击"确定"按钮，如图 6-3 所示。用相同的方法，在 70.3cm 处新建一条水平参考线，如图 6-4 所示。

STEP🔄3 选择"视图 > 新建参考线"命令，弹出"新建参考线"对话框，设置如图 6-5 所示；

单击"确定"按钮，如图6-6所示。用相同的方法，在50.3cm处新建一条垂直参考线，如图6-7所示。

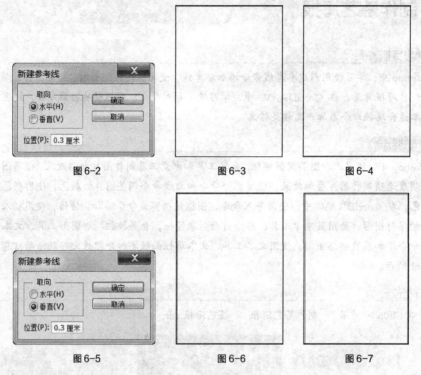

图6-2　　　　　　　　图6-3　　　　　　　　图6-4

图6-5　　　　　　　　图6-6　　　　　　　　图6-7

STEP 4 按Ctrl+O组合键，打开资源包中的"Ch06 > 素材 > 制作茶艺海报 > 01"文件，选择"移动"工具 ，将图片拖曳到图像窗口中适当的位置，效果如图6-8所示，在"图层"控制面板中生成新的图层并将其命名为"图片1"。

STEP 5 单击"图层"控制面板下方的"添加图层蒙版"按钮 ，为"图片1"图层添加图层蒙版，如图6-9所示。选择"渐变"工具 ，单击属性栏中的"点按可编辑渐变"按钮 ，弹出"渐变编辑器"对话框，将渐变色设为黑色到白色，单击"确定"按钮。在图像窗口中拖曳光标填充渐变色，松开鼠标左键，效果如图6-10所示。

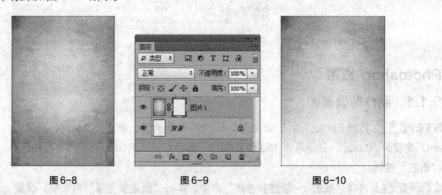

图6-8　　　　　　　　图6-9　　　　　　　　图6-10

STEP 6 按Ctrl+O组合键，打开资源包中的"Ch06 > 素材 > 制作茶艺海报 > 02"文件，选择"移动"工具 ，将文字图片拖曳到图像窗口中适当的位置，效果如图6-11所示，在"图层"控制面板中生成新的图层并将其命名为"文字"。

STEP 7 在"图层"控制面板上方，将"文字"图层的混合模式选项设为"正片叠底"，将"不透明度"选项设为 43%，如图 6-12 所示，图像效果如图 6-13 所示。

　　　　图 6-11　　　　　　　　　　图 6-12　　　　　　　　　　图 6-13

STEP 8 按 Ctrl+O 组合键，打开资源包中的"Ch06 > 素材 > 制作茶艺海报 > 03"文件，选择"移动"工具，将图片拖曳到图像窗口中适当的位置，效果如图 6-14 所示，在"图层"控制面板中生成新的图层并将其命名为"图片 2"。

STEP 9 在"图层"控制面板上方，将"图片 2"图层的混合模式选项设为"线性加深"，"不透明度"选项设为 52%，如图 6-15 所示，图像效果如图 6-16 所示。

　　　　图 6-14　　　　　　　　　　图 6-15　　　　　　　　　　图 6-16

STEP 10 单击"图层"控制面板下方的"添加图层蒙版"按钮，为"图片 2"图层添加图层蒙版，如图 6-17 所示。将前景色设为黑色。选择"画笔"工具，在属性栏中单击"画笔"选项右侧的按钮，在弹出的画笔面板中选择需要的画笔形状，如图 6-18 所示。在属性栏中将"不透明度"选项设为50%，在图像窗口中进行涂抹，擦除不需要的部分，效果如图 6-19 所示。

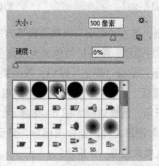

　　　　图 6-17　　　　　　　　　　图 6-18　　　　　　　　　　图 6-19

STEP 11 新建图层并将其命名为"颜色"。将前景色设为苹果绿（其 R、G、B 的值分别为 60、255、0）。按 Alt+Delete 组合键，用前景色填充"颜色"图层，效果如图 6-20 所示。

STEP 12 在"图层"控制面板上方，将"颜色"图层的混合模式选项设为"颜色"，"不透明度"选项设为 15%，如图 6-21 所示，图像效果如图 6-22 所示。

图 6-20　　　　　　　　图 6-21　　　　　　　　图 6-22

6.1.2 添加并编辑图片

STEP 1 按 Ctrl+O 组合键，打开资源包中的"Ch06 > 素材 > 制作茶艺海报 > 04"文件，选择"移动"工具 ，将墨迹图片拖曳到图像窗口中适当的位置，效果如图 6-23 所示，在"图层"控制面板中生成新的图层并将其命名为"墨迹"。

STEP 2 按 Ctrl+J 组合键，复制"墨迹"图层，生成新的图层"墨迹 副本"。单击"墨迹 副本"图层左侧的眼睛图标 ，将"墨迹 副本"图层隐藏，如图 6-24 所示。

图 6-23　　　　　　　　　　　　图 6-24

STEP 3 选中"墨迹"图层，单击"图层"控制面板下方的"添加图层样式"按钮 ，在弹出的菜单中选择"颜色叠加"命令，弹出对话框，将叠加颜色设为浅黄色（其 R、G、B 的值分别为 255、228、0），其他选项的设置如图 6-25 所示；单击"确定"按钮，效果如图 6-26 所示。

STEP 4 在"图层"控制面板上方，将"墨迹"图层的混合模式选项设为"正片叠底"，"不透明度"选项设为 44%，如图 6-27 所示，图像效果如图 6-28 所示。

STEP 5 单击"墨迹 副本"图层左侧的空白图标 ，显示该图层。选择"移动"工具 ，在图像窗口中拖曳图片到适当的位置，效果如图 6-29 所示。

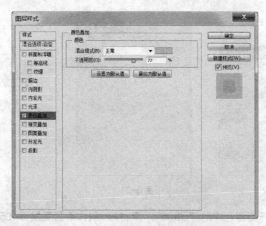

图 6-25　　　　　　　　　　　　　　图 6-26

图 6-27　　　　　　图 6-28　　　　　　图 6-29

STEP 6 单击"图层"控制面板下方的"添加图层样式"按钮 **fx.**，在弹出的菜单中选择"颜色叠加"命令，弹出对话框，将叠加颜色设为浅绿色（其 R、G、B 的值分别为 24、255、0），其他选项的设置如图 6-30 所示；单击"确定"按钮，效果如图 6-31 所示。

图 6-30　　　　　　　　　　　　　　图 6-31

STEP 7 在"图层"控制面板上方，将"墨迹 副本"图层的混合模式选项设为"颜色加深"，"不透明度"选项设为 42%，如图 6-32 所示，图像效果如图 6-33 所示。

图 6-32   图 6-33

STEP 8 按 Ctrl+O 组合键，打开资源包中的"Ch06 > 素材 > 制作茶艺海报 > 05、06、07"文件，选择"移动"工具，分别将图片拖曳到图像窗口中适当的位置，效果如图 6-34 所示。在"图层"控制面板中生成新的图层并将其命名为"竹子""竹子 1"和"竹子 2"，如图 6-35 所示。

图 6-34   图 6-35

STEP 9 在"图层"控制面板上方，将"竹子"图层的"不透明度"选项设为 9%，如图 6-36 所示，图像效果如图 6-37 所示。

图 6-36   图 6-37

STEP 10 在"图层"控制面板上方，将"竹子 2"图层的混合模式选项设为"正片叠底"，如图 6-38 所示，图像效果如图 6-39 所示。

STEP 11 按 Ctrl+O 组合键，打开资源包中的"Ch06 > 素材 > 制作茶艺海报 > 08"文件，选择"移动"工具，将茶壶图片拖曳到图像窗口中适当的位置，效果如图 6-40 所示，在"图层"控制面板中生成新的图层并将其命名为"茶壶"。

图 6-38   图 6-39   图 6-40

STEP 12 单击"图层"控制面板下方的"添加图层蒙版"按钮 ，为"茶壶"图层添加图层蒙版，如图 6-41 所示。将前景色设为黑色。选择"画笔"工具 ，在属性栏中将"不透明度"选项设为 100%，在图像窗口中进行涂抹，擦除不需要的部分，效果如图 6-42 所示。

图 6-41   图 6-42

STEP 13 单击"图层"控制面板下方的"创建新的填充或调整图层"按钮 ，在弹出的菜单中选择"色阶"命令，在"图层"控制面板中生成"色阶 1"图层，同时在弹出的"色阶"面板中进行设置，如图 6-43 所示；按 Enter 键确认操作，图像效果如图 6-44 所示。

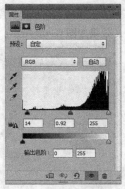

图 6-43   图 6-44

STEP 14 按 Ctrl+O 组合键，打开资源包中的"Ch06 > 素材 > 制作茶艺海报 > 09"文件，选择"移动"工具 [+]，将茶叶图片拖曳到图像窗口中适当的位置，效果如图 6-45 所示，在"图层"控制面板中生成新的图层并将其命名为"茶叶"。

STEP 15 单击"图层"控制面板下方的"创建新的填充或调整图层"按钮 [◐]，在弹出的菜单中选择"曲线"命令，在"图层"控制面板中生成"曲线 1"图层，同时弹出"曲线"面板，在曲线上单击鼠标添加控制点，将"输入"选项设为 125，"输出"选项设为 73，并单击"此调整影响下面所有图层"按钮 [↓□] 使其显示为"此调整剪切到此图层"按钮 [↵□]，其他选项的设置如图 6-46 所示。按 Enter 键确认操作，图像效果如图 6-47 所示。茶艺海报背景图制作完成。

图 6-45

图 6-46

图 6-47

STEP 16 按 Ctrl+; 组合键，隐藏参考线。按 Shift+Ctrl+E 组合键，合并可见图层。按 Ctrl+S 组合键，弹出"存储为"对话框，将其命名为"茶艺海报背景图"，保存为 JPEG 格式，单击"保存"按钮，弹出"JPEG 选项"对话框，单击"确定"按钮，将图像保存。

CorelDRAW 应用

6.1.3 导入并编辑宣传语

STEP 1 打开 CorelDRAW X6 软件，按 Ctrl+N 组合键，新建一个页面。在属性栏中的"页面度量"选项中分别设置宽度为 500mm，高度为 700mm，按 Enter 键，页面尺寸显示为设置的大小。选择"视图 > 显示 > 出血"命令，显示出血线。

制作茶艺海报 2

STEP 2 按 Ctrl+I 组合键，弹出"导入"对话框，选择资源包中的"Ch06 > 效果 > 制作茶艺海报 > 茶艺海报背景图"文件，单击"导入"按钮，在页面中单击导入图片，如图 6-48 所示。按 P 键，图片在页面中居中对齐，效果如图 6-49 所示。

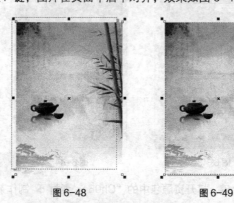
图 6-48　　　　图 6-49

STEP⬆3 按 Ctrl+I 组合键,弹出"导入"对话框,选择资源包中的"Ch06 > 素材 > 制作茶艺海报 > 10、11"文件,单击"导入"按钮,在页面中分别单击导入图片,分别拖曳到适当的位置并调整其大小,效果如图 6-50 所示。

STEP⬆4 选择"选择"工具 ,选取下方图片,按数字键盘上的+键,复制图片,按住 Shift 键的同时,垂直向上拖曳复制的图片到适当的位置,效果如图 6-51 所示。

STEP⬆5 选择"选择"工具 ,按住 Shift 键的同时,单击原图片将其同时选取,如图 6-52 所示。选择"效果 > 图框精确剪裁 > 置于图文框内部"命令,鼠标的光标变为黑色箭头形状,在文字上单击鼠标左键,如图 6-53 所示。将图片置入到文字中,效果如图 6-54 所示。

图 6-50

图 6-51 　 图 6-52 　 图 6-53 　 图 6-54

STEP⬆6 按 F12 键,弹出"轮廓笔"对话框,在"颜色"选项中设置轮廓线颜色的 CMYK 值为 40、0、100、0,其他选项的设置如图 6-55 所示;单击"确定"按钮,效果如图 6-56 所示。

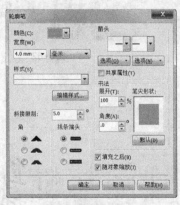

图 6-55

图 6-56

6.1.4　添加介绍性文字

STEP⬆1 按 Ctrl+I 组合键,弹出"导入"对话框,选择资源包中的"Ch06 > 素材 > 制作茶艺海报 > 11、12、13"文件,单击"导入"按钮,在页面中分别单击导入图片,分别拖曳到适当的位置并调整其大小,效果如图 6-57 所示。

STEP 2 选择"文本"工具 字，单击属性栏中的"将文本更改为垂直方向"按钮 ⊞，在适当的位置分别输入需要的文字，选择"选择"工具 ，在属性栏中分别选取适当的字体并设置文字大小，效果如图6-58所示。

STEP 3 选择"选择"工具 ，选取需要的文字，选择"文本 > 文本属性"命令，在弹出的面板中进行设置，如图6-59所示；按Enter键，效果如图6-60所示。

图6-57　　　　图6-58　　　　图6-59　　　　图6-60

STEP 4 选择"文本"工具 字，在适当的位置拖曳出一个文本框，如图6-61所示。在属性栏中选取适当的字体并设置文字大小，在文本框内输入需要的文字，效果如图6-62所示。选择"文本属性"面板，选项的设置如图6-63所示；按Enter键，效果如图6-64所示。

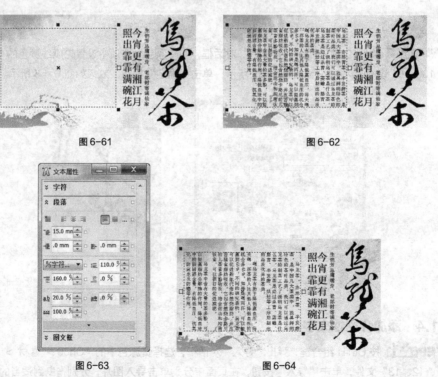

图6-61　　　　　　　　　　　　　图6-62

图6-63　　　　　　　　　　　　　图6-64

STEP 5 选择"文本"工具 字，单击属性栏中的"将文本更改为水平方向"按钮 ☰，在适当的位置分别输入需要的文字。选择“选择”工具，在属性栏中选取适当的字体并设置文字大小，效果如图 6-65 所示。

STEP 6 选择“文本 > 插入符号字符”命令，弹出“插入字符”面板，选择需要的字符，其他选项的设置如图 6-66 所示。拖曳字符到页面中适当的位置并调整其大小，效果如图 6-67 所示。

今宵更有湘江月
照出霏霏满碗花
弘扬传统茶文化
加强茶文化交流与合作
图 6-65

插入字符
字体(F): Wingdings 2
代码页(C): 所有字符
键击: Alt+ #:
字符大小(S): 50.8 mm
插入(I)
图 6-66

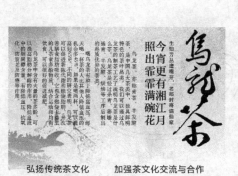

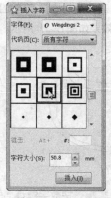

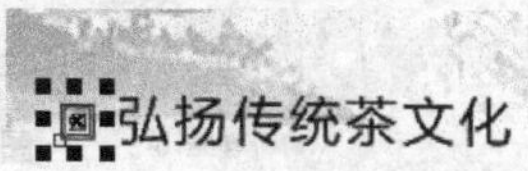

弘扬传统茶文化
图 6-67

STEP 7 选择“选择”工具，选取字符图形，设置字符颜色的 CMYK 值为 0、100、100、10，填充字符，效果如图 6-68 所示。按数字键盘上的 + 键，复制字符图形，按住 Shift 键的同时，水平向右拖曳复制的字符图形到适当的位置，效果如图 6-69 所示。

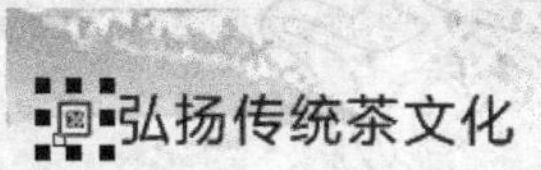

弘扬传统茶文化
图 6-68

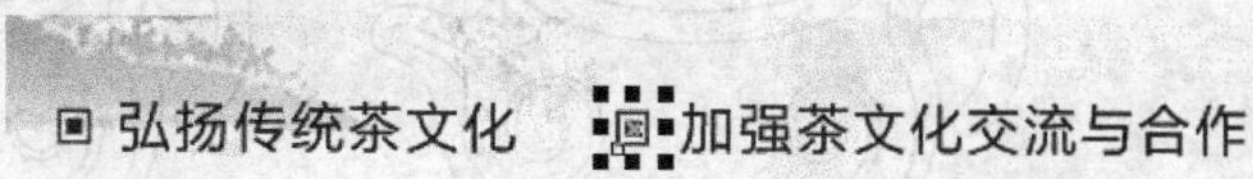

弘扬传统茶文化
加强茶文化交流与合作
图 6-69

6.1.5 制作展览标志图形

STEP 1 选择“椭圆形”工具，在页面外分别绘制两个椭圆形，如图 6-70 所示。选择“选择”工具，按住 Shift 键的同时，单击另一个椭圆形，将其同时选取，如图 6-71 所示。单击属性栏中的“移除前面对象”按钮，将多个图形剪切为一个图形，效果如图 6-72 所示。

制作茶艺海报 3

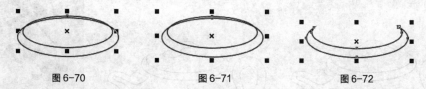

图 6-70

图 6-71

图 6-72

STEP 2 选择“3 点椭圆形”工具，在适当的位置分别绘制两个椭圆形，如图 6-73 所示。选择“贝塞尔”工具，在椭圆形上方绘制一个不规则图形，如图 6-74 所示。

STEP 3 选择“选择”工具，用圈选的方法将椭圆形和不规则图形同时选取，如图 6-75 所示。单击属性栏中的“合并”按钮，将多个图形合并成一个图形，效果如图 6-76 所示。

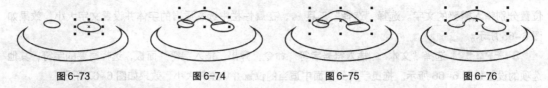

图 6-73   图 6-74   图 6-75   图 6-76

STEP 4 选择"贝塞尔"工具 ，在适当的位置绘制一个不规则图形，如图 6-77 所示。使用相同的方法再绘制一个不规则图形，效果如图 6-78 所示。

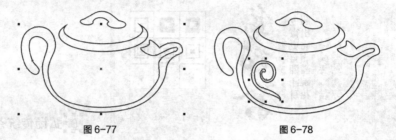

图 6-77   图 6-78

STEP 5 选择"选择"工具 ，按数字键盘上的+键，复制不规则图形。按住 Shift 键的同时，水平向右拖曳复制的图形到适当的位置，如图 6-79 所示。单击属性栏中的"水平镜像"按钮 ，水平翻转复制的图形，效果如图 6-80 所示。

图 6-79   图 6-80

STEP 6 选择"文本"工具 ，在适当的位置输入需要的文字，选择"选择"工具 ，在属性栏中选取适当的字体并设置文字大小，效果如图 6-81 所示。用圈选的方法将所绘制的图形全部选取，按 Ctrl+G 组合键，将其群组，效果如图 6-82 所示。拖曳群组图形到页面中适当的位置，填充图形为白色，并去除图形的轮廓线，效果如图 6-83 所示。

图 6-81   图 6-82   图 6-83

STEP 7 选择"椭圆形"工具 ，按住 Ctrl 键的同时，在茶壶图形上绘制一个圆形，设置图形颜色的 CMYK 值为 0、100、100、50，填充图形；设置轮廓线颜色的 CMYK 值为 0、100、100、40，
填充图形轮廓线；在属性栏中的"轮廓宽度" 框中设置数值为 1mm，按 Enter 键，效果如
图 6-84 所示。

STEP 8 按 Ctrl+PageDown 组合键，将图形向后移动一层，如图 6-85 所示。选择"选择"工具
，按住 Shift 键的同时，单击茶壶图形，将其同时选取，按 C 键垂直居中对齐，效果如图 6-86 所示。

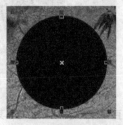

图 6-84

图 6-85

图 6-86

STEP 9 选择"椭圆形"工具 ，按住 Ctrl 键的同时，在适当的位置绘制一个圆形，设置轮廓线
颜色的 CMYK 值为 0、100、100、40，在属性栏中的"轮廓宽度" 框中设置数值为 1mm，按
Enter 键，效果如图 6-87 所示。

STEP 10 选择"文本"工具 ，在页面中输入需要的文字。选择"选择"工具 ，在属性栏中
选取适当的字体并设置文字大小，效果如图 6-88 所示。

STEP 11 保持文字的选取状态，选择"文本 > 使文本适合路径"命令，将光标置于圆形轮廓线
上，如图 6-89 所示，单击鼠标左键，文本自动绕路径排列，效果如图 6-90 所示。在属性栏中的设置如
图 6-91 所示，按 Enter 键确认操作，效果如图 6-92 所示。

图 6-87

图 6-88

图 6-89

图 6-90

图 6-91

图 6-92

STEP 12 选择"文本"工具 ，在页面中输入需要的英文。选择"选择"工具 ，在属性栏中
选取适当的字体并设置文字大小，效果如图 6-93 所示。

STEP 13 选择"文本 > 使文本适合路径"命令，将光标置于圆形轮廓线适当的位置，如图6-94所示；单击鼠标左键，文本自动绕路径排列，效果如图6-95所示。

图6-93　　　　　　　　　　图6-94　　　　　　　　　　图6-95

STEP 14 在属性栏中单击"水平镜像文本"按钮和"垂直镜像文本"按钮，其他选项的设置如图6-96所示；按Enter键确认操作，效果如图6-97所示。选择"形状"工具，向右拖曳文字下方的 图标，调整文字的间距，效果如图6-98所示。

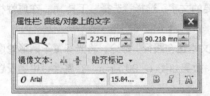

图6-96　　　　　　　　　　图6-97　　　　　　　　　　图6-98

6.1.6　添加活动信息

STEP 1 选择"文本"工具，单击属性栏中的"将文本更改为垂直方向"按钮，在适当的位置分别输入需要的文字，选择"选择"工具，在属性栏中选取适当的字体并设置文字大小，效果如图6-99所示。

STEP 2 选择"文本"工具，在适当的位置按住鼠标左键不放，拖曳出一个文本框，如图6-100所示。输入需要的文字，选择"选择"工具，在属性栏中选取适当的字体并设置文字大小，效果如图6-101所示。

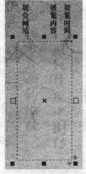

图6-99　　　　　　　　　　图6-100　　　　　　　　　　图6-101

STEP3 选择"文本属性"面板，选项的设置如图 6-102 所示；按 Enter 键，效果如图 6-103 所示。茶艺海报制作完成，效果如图 6-104 所示。

STEP4 按 Ctrl+S 组合键，弹出"保存绘图"对话框，将制作好的图像命名为"茶艺海报"，保存为 CDR 格式，单击"保存"按钮，保存图像。

图 6-102   图 6-103   图 6-104

6.2 课后习题——制作派对海报

习题知识要点

在 Photoshop 中，使用图层蒙版按钮、渐变工具、图层混合模式选项和不透明度选项为图片添加合成效果，使用色阶命令调整图片颜色；在 CorelDRAW 中，使用导入命令添加背景图片，使用文本工具、封套工具和渐变工具制作标题文字，使用立体化工具为标题文字添加立体化效果，使用椭圆形工具、转换为位图命令和高斯模糊命令制作图形模糊效果，使用文本工具添加其他相关信息。派对海报效果如图 6-105 所示。

效果所在位置

资源包 > Ch06 > 效果 > 制作派对海报 > 派对海报.cdr。

图 6-105

制作派对海报 1   制作派对海报 2

Chapter

7

第 7 章
包装设计

　　包装代表着一个商品的品牌形象，包装可以起到保护、美化商品及传达商品信息的作用。好的包装可以让商品在同类产品中脱颖而出，吸引消费者的注意力并引发其购买行为；好的包装更可以极大地提高商品的价值。本章以制作披萨包装为例，讲解包装的设计方法和制作技巧。

课堂学习目标

● 在 Photoshop 软件中制作包装背景图和立体效果图

● 在 CorelDRAW 软件中制作包装平面展开图

7.1 制作披萨包装

案例学习目标

在 Photoshop 中，学习使用新建参考线命令添加参考线，使用添加图层蒙版按钮、添加图层样式按钮、创建新的填充或调整图层命令制作背景底图；在 CorelDRAW 中，学习使用导入命令、绘图工具、文本工具和交互式工具添加包装的相关信息。

案例知识要点

在 Photoshop 中，使用添加图层蒙版按钮和画笔工具制作背景效果，使用添加图层样式按钮和创建新的填充或调整图层命令制作披萨封面效果，使用变换命令制作披萨立体包装效果；在 CorelDRAW 中，使用矩形工具、椭圆形工具、钢笔工具、形状工具、贝塞尔工具和合并命令绘制披萨包装盒展开图，使用图框精确剪裁命令添加产品图片，使用文本工具、封套工具制作文字效果，使用描摹位图命令和移除前面对象命令制作产品名称。披萨包装展开图和立体效果如图 7-1 所示。

效果所在位置

资源包 > Ch07 > 效果 > 制作披萨包装 > 披萨包装展开图.cdr、披萨包装立体效果.psd。

图 7-1

Photoshop 应用

7.1.1 制作披萨包装底图

STEP 1 打开 Photoshop CS6 软件，按 Ctrl+N 组合键，新建一个文件，宽度为 31cm，高度为 31cm，分辨率为 150 像素/英寸，颜色模式为 RGB，背景内容为白色，单击"确定"按钮。

STEP 2 按 Ctrl + O 组合键，打开资源包中的"Ch07 > 素材 > 制作披萨包装 > 01"文件，选择"移动"工具 ，将图片拖曳到图像窗口中适当的位置，效果如图 7-2 所示，在"图层"控制面板中生成新的图层并将其命名为"底色"。

制作披萨包装 1

STEP 3 按 Ctrl + O 组合键，打开资源包中的"Ch07 > 素材 > 制作披萨包装 > 02"文件，选择"移动"工具 ，将图片拖曳到图像窗口中适当的位置，效果如图 7-3 所示，在"图层"控制面板中生成新的图层并将其命名为"图片"。在"图层"控制面板上方，将"图片"图层的混合模式选项设为"正片叠底"，将"不透明度"选项设为 71%，如图 7-4 所示，图像效果如图 7-5 所示。

图 7-2   图 7-3   图 7-4   图 7-5

STEP☆4 单击"图层"控制面板下方的"添加图层蒙版"按钮 ◻ ，为"图片"图层添加图层蒙版，如图7-6所示。将前景色设为黑色。选择"画笔"工具 ✎ ，在属性栏中单击"画笔"选项右侧的按钮 ⏷ ，在弹出的面板中选择需要的画笔形状，如图7-7所示。在属性栏中将"不透明度"选项设为80%，在图像窗口中拖曳鼠标擦除不需要的图像，效果如图7-8所示。

图 7-6   图 7-7   图 7-8

STEP☆5 按 Ctrl + O 组合键，打开资源包中的"Ch07 > 素材 > 制作披萨包装 > 03"文件，选择"移动"工具 ⊕ ，将图片拖曳到图像窗口中适当的位置，效果如图 7-9 所示，在"图层"控制面板中生成新的图层并将其命名为"披萨"。

STEP☆6 单击"图层"控制面板下方的"添加图层样式"按钮 fx ，在弹出的菜单中选择"投影"命令，弹出对话框，将投影颜色设为黑色，其他选项的设置如图 7-10 所示；选择"光泽"选项，切换到相应的对话框，将光泽的效果颜色设为黄色（其 R、G、B 的值分别为 255、192、0），其他选项的设置如图 7-11 所示；单击"确定"按钮，效果如图 7-12 所示。

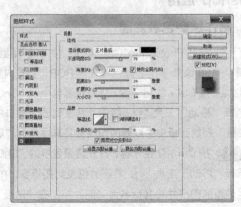

图 7-9   图 7-10

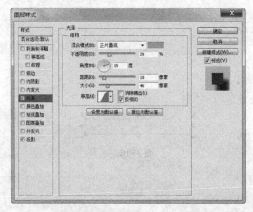

图 7-11

图 7-12

STEP 7 单击"图层"控制面板下方的"创建新的填充或调整图层"按钮 ⊘ ，在弹出的菜单中选择"色阶"命令，在"图层"控制面板中生成"色阶 1"图层，同时在弹出的"色阶"面板中进行设置，如图 7-13 所示。按 Enter 键确认操作，图像效果如图 7-14 所示。

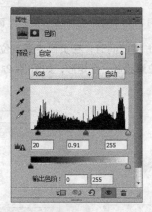

图 7-13

图 7-14

STEP 8 按 Ctrl+S 组合键，弹出"存储为"对话框，将制作好的图像命名为"披萨包装底图"，保存为 JPEG 格式。单击"保存"按钮，弹出"JPEG 选项"对话框，再单击"确定"按钮将图像保存。

CorelDRAW 应用

7.1.2 制作披萨包装展开图

STEP 1 打开 CorelDRAW X6 软件，按 Ctrl+N 组合键，新建一个页面。在属性栏中的"页面度量"选项中分别设置宽度为 400mm，高度为 810mm，按 Enter 键，页面尺寸显示为设置的大小。

制作披萨包装 2

STEP 2 选择"矩形"工具 □ ，在页面中适当位置绘制一个矩形，如图 7-15 所示。用相同的方法绘制其他矩形，如图 7-16 所示。单击属性栏中"转换为曲线"按钮 ○ ，将矩形转换为曲线。选择"形状"工具 ⬚ ，在适当的位置双击鼠标添加节点，如图 7-17 所示。选取需要的节点并将其拖曳到适当的位置，松开鼠标左键，如图 7-18 所示。用相同的方法编辑其他节点，效果如图 7-19 所示。

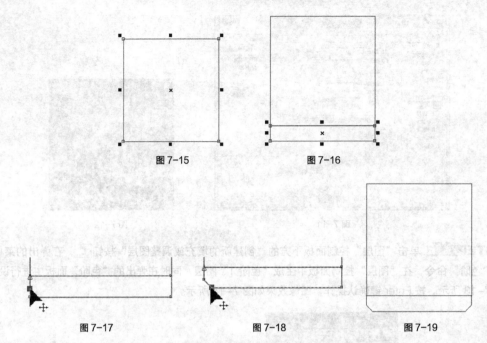

图 7-15   图 7-16

图 7-17   图 7-18   图 7-19

STEP 3〕 选择"椭圆形"工具 ⊙，按住 Ctrl 键的同时，在页面中适当位置绘制一个圆形，如图 7-20 所示。选择"矩形"工具 ▢，在页面中适当位置绘制一个矩形，如图 7-21 所示。用相同的方法绘制其他矩形，如图 7-22 所示。

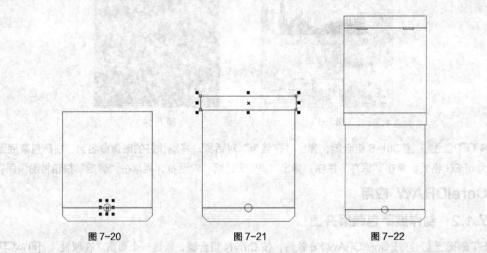

图 7-20   图 7-21   图 7-22

STEP 4〕 选择"矩形"工具 ▢，在页面中适当位置绘制一个矩形，如图 7-23 所示。单击属性栏中"转换为曲线"按钮 ⟲，将矩形转换为曲线，选择"形状"工具 ⬚，在适当的位置双击鼠标添加节点，如图 7-24 所示。选取需要的节点并将其拖曳到适当的位置，松开鼠标左键，如图 7-25 所示。用相同方法添加其他图形，并调整节点，如图 7-26 所示。

STEP 5〕 选择"矩形"工具 ▢，按住 Ctrl 键的同时，在页面中适当位置绘制一个正方形，如图 7-27 所示。单击属性栏中"转换为曲线"按钮 ⟲，将矩形转换为曲线，选择"形状"工具 ⬚，选取需要的节点，如图 7-28 所示。按 Delete 键将其删除，如图 7-29 所示。

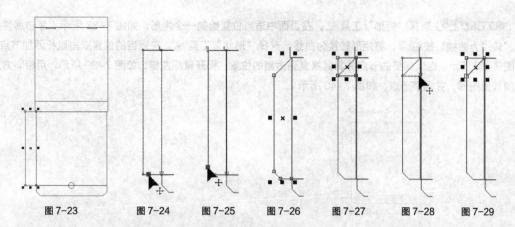

图 7-23　图 7-24　图 7-25　图 7-26　图 7-27　图 7-28　图 7-29

STEP 6 选择"矩形"工具□，在页面中适当位置绘制一个矩形，如图 7-30 所示。单击属性栏中"转换为曲线"按钮○，将矩形转换为曲线，选择"形状"工具，在适当的位置双击鼠标添加节点，如图 7-31 所示。选取需要的节点并将其拖曳到适当的位置，松开鼠标左键，如图 7-32 所示。用相同方法添加其他图形，并调整节点，如图 7-33 所示。

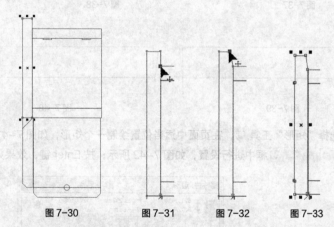

图 7-30　　　图 7-31　　　图 7-32　　　图 7-33

STEP 7 选择"选择"工具，圈选需要的图形，如图 7-34 所示。按数字键盘上的+键，复制图形，按住 Shift 键的同时，将其水平向右拖曳到适当位置，效果如图 7-35 所示。单击属性栏中的"水平"镜像按钮，水平翻转复制的图形，效果如图 7-36 所示。

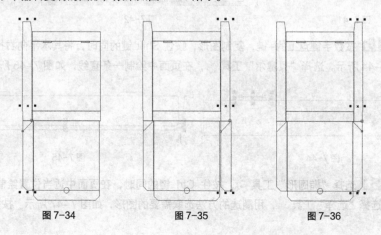

图 7-34　　　　　图 7-35　　　　　图 7-36

STEP 8 选择"矩形"工具 □，在页面中适当位置绘制一个矩形，如图 7-37 所示。单击属性栏中"转换为曲线"按钮 ⊙，将矩形转换为曲线，选择"形状"工具 ⬙，在适当的位置双击鼠标添加节点，如图 7-38 所示。选取需要的节点并将其拖曳到适当的位置，松开鼠标左键，如图 7-39 所示。用相同方法添加其他图形，并调整节点，如图 7-40 所示。

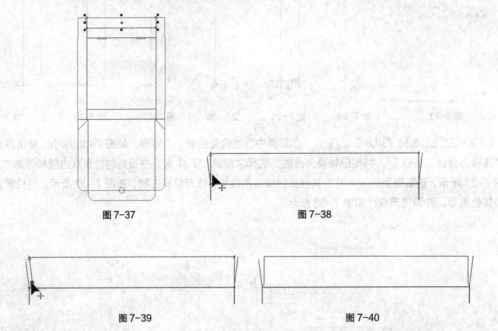

图 7-37   图 7-38

图 7-39   图 7-40

STEP 9 选择"矩形"工具 □，在页面中适当位置绘制一个矩形，如图 7-41 所示。在属性栏中的"圆角半径" 框中进行设置，如图 7-42 所示；按 Enter 键，效果如图 7-43 所示。

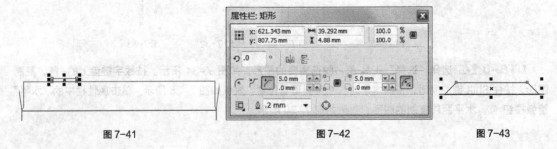

图 7-41   图 7-42   图 7-43

STEP 10 按数字键盘上的+键，复制图形，按住 Shift 键的同时，将其水平向右拖曳到适当的位置，效果如图 7-44 所示。选择"贝塞尔"工具 ⬉，在页面中绘制一条直线，如图 7-45 所示。

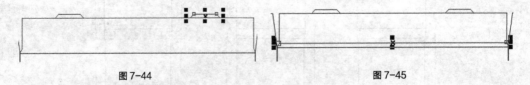

图 7-44   图 7-45

STEP 11 选择"椭圆形"工具 ○，按住 Ctrl 键的同时，在页面中适当位置绘制一个圆形，如图 7-46 所示。选择"选择"工具 ⬙，用圈选的方法选取需要的图形，如图 7-47 所示。按数字键盘上的+

键，复制图形，单击属性栏中的"合并"按钮 ，将所选图形合并为一个图形，效果如图 7-48 所示。

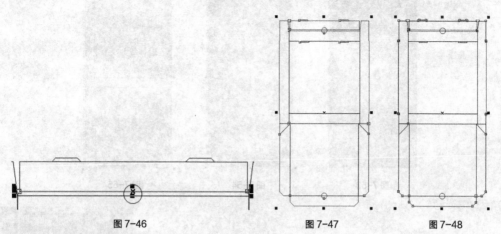

图 7-46   图 7-47   图 7-48

7.1.3 制作产品名称

STEP 1 按 Ctrl+I 组合键，弹出"导入"对话框，选择资源包中的"Ch07 > 素材 > 制作披萨包装 > 01"文件，单击"导入"按钮，在页面中单击导入图片，如图 7-49 所示。调整图片的大小，如图 7-50 所示。

STEP 2 单击属性栏中的"水平镜像"按钮 ，将图片水平翻转并拖曳至适当位置，如图 7-51 所示。按 Ctrl+PageDown 组合键，将图片向后移动一层，如图 7-52 所示。

制作披萨包装 3

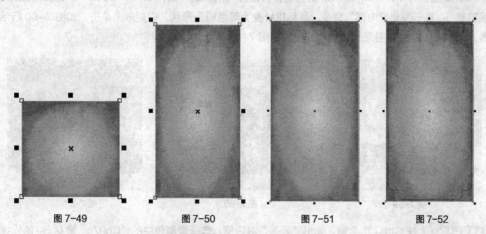

图 7-49   图 7-50   图 7-51   图 7-52

STEP 3 选择"效果 > 图框精确剪裁 > 置于图文框内部"命令，鼠标指针变为黑色箭头形状，在图形上单击，如图 7-53 所示。将图片置入图形中，并去掉图形的轮廓线，效果如图 7-54 所示。按 Ctrl+PageDown 组合键，将图片向后移动一层，如图 7-55 所示。

STEP 4 选择"选择"工具 ，按住 Shift 键的同时，依次单击需要的图形，将其同时选取，如图 7-56 所示。填充图形为白色，效果如图 7-57 所示。

STEP 5 按 Ctrl+I 组合键，弹出"导入"对话框，选择资源包中的"Ch07 > 效果 > 制作披萨包装 > 制作披萨包装底图"文件，单击"导入"按钮，在页面中单击导入图片，如图 7-58 所示。

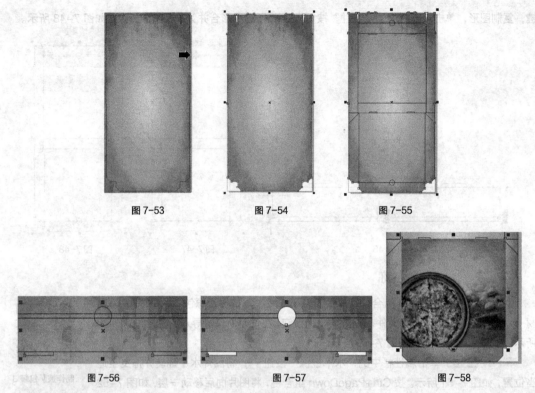

图 7-53　　　　　　　图 7-54　　　　　　　图 7-55

图 7-56　　　　　　　图 7-57　　　　　　　图 7-58

STEP 6 按 Ctrl+PageDown 组合键，将图片向后移动一层，如图 7-59 所示。选择"效果 > 图框精确剪裁 > 置于图文框内部"命令，鼠标指针变为黑色箭头形状，在矩形上单击，如图 7-60 所示。将图片置入图形中，并去掉图形的轮廓线，效果如图 7-61 所示。

图 7-59　　　　　　　图 7-60　　　　　　　图 7-61

STEP 7 按 Ctrl+I 组合键，弹出"导入"对话框，选择资源包中的"Ch07 > 素材 > 制作披萨包装 > 04"文件，单击"导入"按钮，在页面中单击导入图片，如图 7-62 所示。

STEP 8 选择"文本"工具 字，在适当的位置输入需要的文字。选择"选择"工具 ，在属性栏中选择适当的字体并设置文字大小，填充文字为黑色，效果如图 7-63 所示。

STEP 9 选择"封套"工具 ，文字的编辑状态如图 7-64 所示；在属性栏中单击"非强制模式"按钮 ，按住鼠标左键，拖曳控制线的节点到适当的位置，封套效果如图 7-65 所示。

STEP 10 选择"贝塞尔"工具 ，在页面中绘制一个不规则图形，设置图形颜色的 CMYK 值为 0、100、100、50，填充图形，并去除图形的轮廓线，效果如图 7-66 所示。

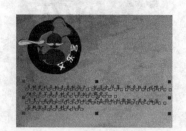

图 7-62   图 7-63

图 7-64   图 7-65   图 7-66

STEP 11 选择"阴影"工具 ，在对象上从中至下拖曳光标，为对象添加阴影效果。在属性栏
中进行设置，如图 7-67 所示。按 Enter 键确定操作，效果如图 7-68 所示。

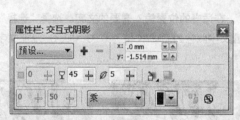

图 7-67   图 7-68

STEP 12 按 Ctrl+I 组合键，弹出"导入"对话框，选择资源包中的"Ch07 > 效果 > 制作披萨
包装 > 05"文件，单击"导入"按钮，在页面中单击导入图片，如图 7-69 所示。单击属性栏中"描摹位
图"命令，在弹出的下拉列表中选择"快速描摹"命令，如图 7-70 所示，效果如图 7-71 所示。

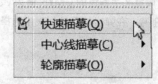

图 7-69   图 7-70   图 7-71

STEP 13 选择"选择"工具 ，选取描摹的位图，将其拖曳到适当的位置并调整其大小，如
图 7-72 所示。选取素材 05，按 Delete 键将其删除。按 Ctrl+U 组合键，取消群组，选取白色背景图，按
Delete 键将其删除，效果如图 7-73 所示。

图 7-72

图 7-73

STEP 14 选择"选择"工具 ，按住 Shift 键的同时，依次单击需要的图形，将其同时选取，如图 7-74 所示。单击属性栏中的"移除前面对象"按钮 ，修剪图形，效果如图 7-75 所示。用相同方法制作其他图形，效果如图 7-76 所示。

图 7-74

图 7-75

图 7-76

STEP 15 选择"选择"工具 ，全选需要的文字图形，单击属性栏中的"合并"按钮 ，将文字图形合并，效果如图 7-77 所示。设置文字颜色的 CMYK 值为 0、0、40、0，填充文字图形，并去除文字图形的轮廓线，效果如图 7-78 所示。

STEP 16 选择"文本"工具 ，在适当的位置输入需要的文字。选择"选择"工具 ，在属性栏中选择适当的字体并设置文字大小，设置文字颜色的 CMYK 值为 0、0、40、0，填充文字，效果如图 7-79 所示。

图 7-77

图 7-78

图 7-79

STEP 17 选择"文本"工具 ，在适当的位置输入需要的文字。选择"选择"工具 ，在属性栏中选择适当的字体并设置文字大小，设置文字颜色的 CMYK 值为 0、0、60、0，填充文字，效果如图 7-80 所示。单击属性栏中"文本对齐"按钮 ，在弹出的下拉列表中选择"居中"命令，如图 7-81 所示，效果如图 7-82 所示。

图 7-80

图 7-81

图 7-82

STEP 18 选择"文本"工具 字，在适当的位置输入需要的文字。选择"选择"工具 ，在属性栏中选择适当的字体并设置文字大小，设置文字颜色的 CMYK 值为 0、0、40、0，填充文字，效果如图 7-83 所示。

STEP 19 选择"椭圆形"工具 ，按住 Ctrl 键的同时，在页面中适当位置绘制一个圆形，设置圆形颜色的 CMYK 值为 80、0、100、20，填充圆形，在属性栏中的"轮廓宽度" 框中设置数值为 1mm，并设置轮廓线颜色的 CMYK 值为 40、0、100、0，填充轮廓线，效果如图 7-84 所示。

制作披萨包装 4

图 7-83

图 7-84

STEP 20 选择"贝塞尔"工具 ，在页面中绘制一个不规则图形，设置图形颜色的 CMYK 值为 0、100、100、50，填充图形，并去除图形的轮廓线，效果如图 7-85 所示。

STEP 21 选择"轮廓图"工具 ，在属性栏中将"填充色"选项颜色的 CMYK 值设为 0、100、100、30，其他选项的设置如图 7-86 所示；按 Enter 键确认操作，效果如图 7-87 所示。

图 7-85

图 7-86

图 7-87

STEP 22 选择"文本"工具 字，在适当的位置输入需要的文字。选择"选择"工具 ，在属性栏中选择适当的字体并设置文字大小，设置文字颜色的 CMYK 值为 0、0、40、0，填充文字，效果如图 7-88 所示。

STEP 23 选择"封套"工具 ，文字的编辑状态如图 7-89 所示。在属性栏中单击"非强制模式"按钮 ，按住鼠标左键，拖曳控制线的节点到适当的位置，封套效果如图 7-90 所示。

图 7-88

图 7-89

图 7-90

7.1.4 添加其他相关信息

STEP 1 按 Ctrl+I 组合键，弹出"导入"对话框，选择资源包中的"Ch07 > 素材 > 制作披萨包装 > 06"文件，单击"导入"按钮，在页面中单击导入图形，如图 7-91 所示。

STEP 2 选择"文本"工具 字，在适当的位置输入需要的文字。选择"选择"工具 ，在属性栏中选择适当的字体并设置文字大小，设置文字颜色的 CMYK 值为 0、100、100、50，填充文字，效果如图 7-92 所示。

STEP 3 按 Ctrl+I 组合键，弹出"导入"对话框，选择资源包中的"Ch07 > 素材 > 制作披萨包装 > 07"文件，单击"导入"按钮，在页面中单击导入图形，如图 7-93 所示。

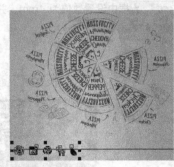

图 7-91　　　　　　　　　图 7-92　　　　　　　　　图 7-93

STEP 4 选择"文本"工具 字，在适当的位置输入需要的文字。选择"选择"工具 ，在属性栏中选择适当的字体并设置文字大小，设置文字颜色的 CMYK 值为 0、100、100、50，填充文字，效果如图 7-94 所示。用相同方法添加其他文字，效果如图 7-95 所示。

图 7-94　　　　　　　　　　　图 7-95

STEP 5 选择"两点线"工具 ，在适当位置绘制直线，在属性栏中的"轮廓宽度" .2 mm 框中设置数值为 0.35mm，设置轮廓线颜色的 CMYK 值为 0、100、100、50，填充轮廓线，效果如图 7-96 所示。

STEP 6 选择"椭圆形"工具 ，按住 Ctrl 键的同时，在页面中适当位置绘制一个圆形，设置圆形颜色的 CMYK 值为 0、100、100、50，填充圆形，并去除图形的轮廓线，效果如图 7-97 所示。

图 7-96　　　　　　　　　　　　　　　　图 7-97

STEP 7 选择"文本"工具 字，在适当的位置输入需要的文字。选择"选择"工具 ，在属性栏中选择适当的字体并设置文字大小，效果如图 7-98 所示。按住 Shift 键的同时，单击需要的圆形，将文字和圆形同时选取，如图 7-99 所示。单击属性栏中的"移除前面对象"按钮 ，将图形和文字剪切为一个图形，如图 7-100 所示。

STEP 8 选择"选择"工具 ，按数字键盘上的+键，复制图形，按住 Shift 键的同时，将其垂直向下拖曳到适当位置，效果如图 7-101 所示。

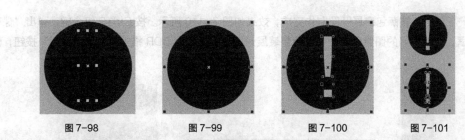

图 7-98   图 7-99   图 7-100   图 7-101

STEP9 选择"文本"工具 字，在适当的位置输入需要的文字。选择"选择"工具 ，在属性栏中选择适当的字体并设置文字大小，设置文字颜色的 CMYK 值为 0、100、100、50，填充文字，效果如图 7-102 所示。

STEP10 选择"选择"工具 ，全选绘制的图形和文字，按 Ctrl+G 组合键，将其群组，效果如图 7-103 所示。在属性栏中的"旋转角度" 框中设置数值为 180，按 Enter 键，效果如图 7-104 所示。

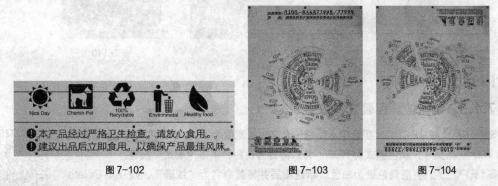

图 7-102   图 7-103   图 7-104

STEP11 按 Ctrl+I 组合键，弹出"导入"对话框，选择资源包中的"Ch07 > 素材 > 制作披萨包装 > 08"文件，单击"导入"按钮，在页面中单击导入图形，如图 7-105 所示。选择"文本"工具 字，在适当的位置输入需要的文字。选择"选择"工具 ，在属性栏中选择适当的字体并设置文字大小，设置文字颜色的 CMYK 值为 0、100、100、50，填充文字，效果如图 7-106 所示。用相同的方法添加其他文字，效果如图 7-107 所示。

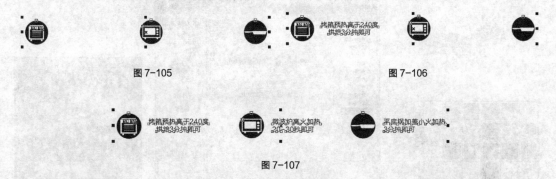

图 7-105   图 7-106

图 7-107

STEP12 选择"选择"工具 ，全选需要的图形和文字，按 Ctrl+G 组合键，将其群组。在属性栏中的"旋转角度" 框中设置数值为 90，按 Enter 键，将图形旋转并拖曳到适当位置，效果如图 7-108 所示。按数字键盘上的+键，复制图形和文字，在属性栏中的"旋转角度" 框中设置数值为 270，按 Enter 键，将图形旋转并拖曳到适当位置，效果如图 7-109 所示。

STEP 13 披萨包装展开图制作完成，效果如图 7-110 所示。按 Ctrl+S 组合键，弹出"保存绘图"对话框，将制作好的图像命名为"披萨包装展开图"，保存为 CDR 格式，单击"保存"按钮，保存图像。

图 7-108   图 7-109   图 7-110

Photoshop 应用

7.1.5 制作披萨包装立体效果

STEP 1 按 Ctrl+N 组合键，新建一个文件，宽度为 15cm，高度为 15cm，分辨率为 150 像素/英寸，颜色模式为 RGB，背景内容为白色，单击"确定"按钮。

STEP 2 将前景色设为白色。新建图层并将其命名为"纹理"，按 Alt+Delete

制作披萨包装 5

组合键，用前景色填充"纹理"图层。单击"图层"控制面板下方的"添加图层样式"按钮 fx，在弹出的菜单中选择"图案叠加"命令，弹出对话框，在对话框中单击"图案"选项右侧的按钮，弹出图案选项面板，单击"选项"面板右侧的按钮，在弹出的下拉列表中选择"彩色纸"命令，在弹出的对话框中单击"确定"按钮。在"图案"选项面板选取需要的图案，如图 7-111 所示。其他选项的设置如图如图 7-112 所示；单击"确定"按钮，效果如图 7-113 所示。

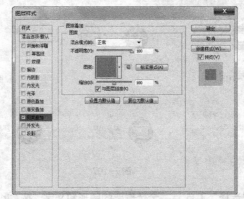

图 7-111   图 7-112   图 7-113

STEP 3 单击"图层"控制面板下方的"创建新的填充或调整图层"按钮，在弹出的菜单中选择"色阶"命令，在"图层"控制面板中生成"色阶 1"图层，同时弹出"色阶"面板，设置如图 7-114

所示；按 Enter 键确认操作，图像效果如图 7–115 所示。

STEP 4 按 Ctrl＋O 组合键，打开资源包中的"Ch07 > 素材 > 制作披萨包装 > 09"文件，选择"移动"工具 ，将图片拖曳到图像窗口中适当的位置，效果如图 7–116 所示，在"图层"控制面板中生成新的图层并将其命名为"包装盒"。

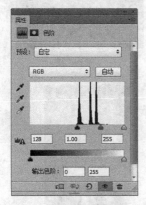

图 7–114　　　　　　　　　　　图 7–115　　　　　　　　　　　图 7–116

STEP 5 单击"图层"控制面板下方的"添加图层样式"按钮 ，在弹出的菜单中选择"投影"命令，弹出对话框，将阴影颜色设为黑色，其他选项的设置如图 7–117 所示；单击"确定"按钮，效果如图 7–118 所示。

STEP 6 按 Ctrl＋O 组合键，打开资源包中的"Ch07 > 素材 > 制作披萨包装 > 01"文件，选择"移动"工具 ，将图片拖曳到图像窗口中适当的位置，效果如图 7–119 所示，在"图层"控制面板中生成新的图层并将其命名为"底色"。

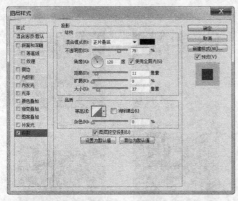

图 7–117　　　　　　　　　　　图 7–118　　　　　　　　　　　图 7–119

STEP 7 在"图层"控制面板上方，将"底色"图层的混合模式选项设为"正片叠底"，如图 7–120 所示，图像效果如图 7–121 所示。按 Ctrl＋Alt+G 组合键，创建剪贴蒙版，图像效果如图 7–122 所示。

STEP 8 按 Ctrl＋O 组合键，打开资源包中的"Ch07 > 效果 > 制作披萨包装 > 披萨包装展开图"文件。选择"视图 > 新建参考线"命令，弹出"新建参考线"对话框，选项的设置如图 7–123 所示；单击"确定"按钮，效果如图 7–124 所示。用相同的方法在 49.5mm、354mm、358.5mm 处分别新建垂直参考线，效果如图 7–125 所示。

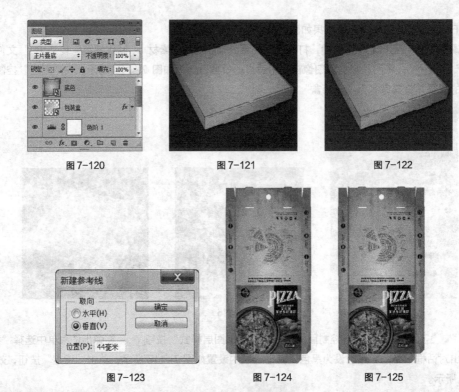

图 7-120　　　　　　　　图 7-121　　　　　　　　图 7-122

图 7-123　　　　　　　　图 7-124　　　　　　　　图 7-125

STEP 9 选择"视图 > 新建参考线"命令，弹出"新建参考线"对话框，选项的设置如图 7-126 所示；单击"确定"按钮，效果如图 7-127 所示。用相同的方法在 408mm、452.5mm、766mm 处分别新建垂直参考线，效果如图 7-128 所示。选择"矩形选框"工具，在图像窗口中绘制出需要的选区，如图 7-129 所示。

图 7-126　　　　　　图 7-127　　　　　　图 7-128　　　　　　图 7-129

STEP 10 选择"移动"工具，将选区中的图像拖曳到新建的图像窗口中，在"图层"控制面板中生成新的图层并将其命名为"顶面"，按 Ctrl+T 组合键，图像周围出现控制手柄，拖曳控制手柄改变图像的大小，如图 7-130 所示。

STEP 11 按 Ctrl+Shift 组合键的同时，分别拖曳图像周围的控制手柄到适当的位置，如图 7-131 所示。按 Enter 键确认操作，效果如图 7-132 所示。按 Ctrl + Alt+G 组合键，为"顶面"图层创建剪贴蒙版，图像效果如图 7-133 所示。

图 7-130

图 7-131

图 7-132

图 7-133

STEP⤵12 选择"矩形选框"工具 □，在图像窗口中绘制出需要的选区，如图 7-134 所示。选择"移动"工具 ▶+，将选区中的图像拖曳到新建的图像窗口中，在"图层"控制面板中生成新的图层并将其命名为"侧面"，按 Ctrl+T 组合键，图像周围出现控制手柄，拖曳控制手柄改变图像的大小，如图 7-135 所示。按住 Ctrl+Shift 组合键的同时，分别拖曳图像周围的控制手柄到适当的位置，如图 7-136 所示。按 Enter 键确认操作，效果如图 7-137 所示。

图 7-134

图 7-135

图 7-136

图 7-137

STEP⤵13 按 Ctrl+Alt+G 组合键，为"侧面"图层创建剪贴蒙版，图像效果如图 7-138 所示。选择"矩形选框"工具 □，在图像窗口中绘制出需要的选区，如图 7-139 所示。选择"移动"工具 ▶+，将选区中的图像拖曳到新建的图像窗口中，在"图层"控制面板中生成新的图层并将其命名为"正面"，按 Ctrl+T 组合键，图像周围出现控制手柄，拖曳控制手柄改变图像的大小，如图 7-140 所示。

图 7-138

图 7-139

图 7-140

STEP⤵14 按住 Ctrl+Shift 组合键的同时，分别拖曳图像周围的控制手柄到适当的位置，如

图 7-141 所示。按 Enter 键确认操作，效果如图 7-142 所示。按 Ctrl + Alt+G 组合键，为"正面"图层创建剪贴蒙版，图像效果如图 7-143 所示。

图 7-141   图 7-142   图 7-143

STEP↘15 披萨包装制作完成。选择"图像 > 模式 > CMYK 颜色"命令，弹出提示对话框，单击"合并"按钮，拼合图像。按 Ctrl + S 组合键，弹出"存储为"对话框，将制作好的图像命名为"披萨包装立体效果"，保存为 PSD 格式。单击"保存"按钮，弹出"PSD 选项"对话框，再单击"确定"按钮将图像保存。

7.2 课后习题——制作薯片包装

⊕ 习题知识要点

　　在 Photoshop 中，使用矩形工具和渐变工具制作背景效果，使用艺术笔滤镜命令、图层的混合模式和不透明度选项制作图片融合效果，使用椭圆工具和高斯模糊命令制作高光，使用钢笔工具、渐变工具和图层样式命令制作背面效果，使用矩形选框工具和剪贴蒙版命令制作立体效果，使用图层蒙版和渐变工具制作立体投影；在 Illustrator 中，使用矩形工具和创建剪贴蒙版命令添加食物图片，使用文字工具、钢笔工具、变形命令和高斯模糊命令制作文字效果，使用纹理化命令制作标志底图，使用矩形网格工具、文字工具和字符面板添加说明表格和文字。薯片包装效果如图 7-144 所示。

⊕ 效果所在位置

　　资源包 > Ch07 > 效果 > 制作薯片包装 > 薯片包装展开图.ai、薯片包装立体展示图.psd。

图 7-144

制作薯片包装 1   制作薯片包装 2   制作薯片包装 3

制作薯片包装 4   制作薯片包装 5   制作薯片包装 6   制作薯片包装 7

Chapter

8

第 8 章

唱片设计

唱片封面设计是应用设计的一个重要门类。唱片封面是音乐的"外貌",不仅要体现出唱片的内容和性质,还要体现出音乐的美感。本章以小提琴唱片的封面、盘面、内页设计为例,讲解唱片封面、盘面、内页的设计方法和制作技巧。

课堂学习目标

● 在 Photoshop 软件中制作封面底图

● 在 Illustrator 软件中制作封面及盘面

● 在 CorelDRAW 软件中制作条形码

● 在 InDesign 软件中制作唱片内页

8.1 制作小提琴唱片

+ 案例学习目标

在 Photoshop 中，学习使用图层控制面板、画笔工具、变换命令、滤镜命令和调整图层命令制作唱片封面底图；在 Illustrator 中，学习使用置入命令、绘图工具、变换命令、路径查找器命令、文字工具、矩形网格工具和制表符命令制作唱片封面及盘面；在 CorelDRAW 中，学习使用插入条码命令制作条形码；在 InDesign 中，学习使用置入命令、绘图工具、效果面板、文字工具和段落样式面板制作唱片内页。

+ 案例知识要点

在 Photoshop 中，使用新建参考线命令添加参考线，使用图层控制面板和画笔工具制作图片叠加效果，使用色相/饱和度命令调整图片的色调，使用横排文字工具、斜切命令制作变形文字，使用高斯模糊滤镜命令为图片添加模糊效果；在 Illustrator 中，使用圆角矩形工具、钢笔工具和文字工具添加唱片相关信息，使用文字工具、制表符命令和字符控制面板添加歌曲文字，使用矩形网格工具绘制需要的网格，使用椭圆工具、缩放命令、减去顶层命令和文字工具制作盘面；在 CorelDRAW 中，使用插入条码命令插入条形码；在 InDesign 中，使用置入命令、选择工具添加并裁剪图片，使用文字工具、段落样式面板添加标题及介绍性文字，使用混合模式、不透明度选项制作图片半透明效果，使用矩形工具、删除锚点工具、贴入内部命令制作图片剪切效果。唱片封面、盘面、内页效果如图 8-1 所示。

+ 效果所在位置

资源包 > Ch08 > 效果 > 制作小提琴唱片 > 唱片封面设计.ai、唱片盘面设计.ai、唱片内页设计.indd。

图 8-1

Photoshop 应用

8.1.1 制作唱片封面底图

STEP 1 打开 Photoshop CS6 软件，按 Ctrl+N 组合键，新建一个文件，宽度为
30.45cm，高度为 13.2cm，分辨率为 300 像素/英寸，颜色模式为 RGB，背景内容为白色，
单击"确定"按钮。

制作小提琴唱片 1

STEP 2 选择"视图 > 新建参考线"命令，弹出"新建参考线"对话框，设置
如图 8-2 所示；单击"确定"按钮，如图 8-3 所示。用相同的方法，在 12.9cm 处新建一
条水平参考线，如图 8-4 所示。

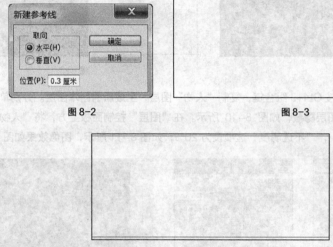

图 8-2　　　　　　　　　　图 8-3

图 8-4

STEP 3 选择"视图 > 新建参考线"命令，弹出"新建参考线"对话框，设置如图 8-5 所示；
单击"确定"按钮，如图 8-6 所示。用相同的方法，分别在 14.6cm、15.85cm、30.15cm 处新建垂直参
考线，如图 8-7 所示。

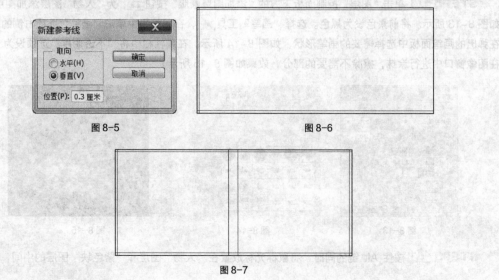

图 8-5　　　　　　　　　　图 8-6

图 8-7

STEP 4 新建图层并将其命名为"紫色块"。将前景色设为紫色（其 R、G、B 的值分别为 84、4、159），选择"矩形"工具 ■，在属性栏的"选择工具模式"选项中选择"像素"，在图像窗口中绘制一个矩形，效果如图 8-8 所示。

STEP 5 按 Ctrl+O 组合键，打开资源包中的"Ch08 > 素材 > 制作小提琴唱片 > 01"文件，选择"移动"工具 ▶╋，将人物图片拖曳到图像窗口中适当的位置，效果如图 8-9 所示，在"图层"控制面板中生成新的图层并将其命名为"人物"。

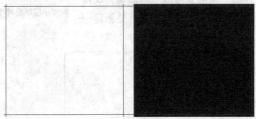

图 8-8 图 8-9

STEP 6 连续两次按 Ctrl+J 组合键，复制"人物"图层，生成新的副本图层。分别单击副本图层左侧的眼睛图标 ●，将副本图层隐藏，如图 8-10 所示。在"图层"控制面板上方，将"人物"图层的混合模式选项设为"正片叠底"，"不透明度"选项设为 20%，如图 8-11 所示，图像效果如图 8-12 所示。

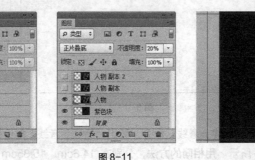

图 8-10 图 8-11 图 8-12

STEP 7 单击"图层"控制面板下方的"添加图层蒙版"按钮 ■，为"人物"图层添加图层蒙版，如图 8-13 所示。将前景色设为黑色。选择"画笔"工具 ✎，在属性栏中单击"画笔"选项右侧的按钮 ▾，在弹出的画笔面板中选择需要的画笔形状，如图 8-14 所示。在属性栏中将"不透明度"选项设为 50%，在图像窗口中进行涂抹，擦除不需要的部分，效果如图 8-15 所示。

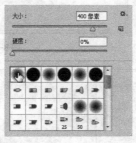

图 8-13 图 8-14 图 8-15

STEP 8 按住 Alt 键的同时，将鼠标光标放置在"人物"图层和"紫色块"图层的中间，鼠标光

标变为 ↓□ 图标，如图 8-16 所示；单击鼠标左键，创建剪贴蒙版，图像效果如图 8-17 所示。

图 8-16　　　　　　　　　　　图 8-17

STEP 9 将前景色设为白色。选择"横排文字"工具 T，在适当的位置输入需要的文字并选取文字，在属性栏中选择合适的字体并设置大小，效果如图 8-18 所示，在"图层"控制面板中生成新的文字图层。

STEP 10 选取英文"VIOLET"，按 Ctrl+T 组合键，在弹出的"字符"面板中单击"仿粗体"按钮 T，将文字加粗，其他选项的设置如图 8-19 所示；按 Enter 键确认操作，效果如图 8-20 所示。

图 8-18　　　　　　　　图 8-19　　　　　　　　　　　图 8-20

STEP 11 选择"移动"工具 ⊕，按 Ctrl+T 组合键，图像周围出现变换框，分别拖曳控制手柄，调整文字大小，效果如图 8-21 所示。在变换框中单击鼠标右键，在弹出的菜单中选择"斜切"命令，拖曳左侧中间的控制手柄到适当的位置，将文字倾斜，按 Enter 键确认操作，效果如图 8-22 所示。

图 8-21　　　　　　　　　　　图 8-22

STEP 12 分别单击副本图层左侧的空白图标 □，显示副本图层，如图 8-23 所示。在"图层"控制面板中，按住 Ctrl 键的同时，选择"人物 副本"和"人物 副本 2"，按 Ctrl+Alt+G 组合键，为副本图层创建剪贴蒙版，图像效果如图 8-24 所示。

图 8-23　　　　　　　　　　　　图 8-24

STEP 13 在"图层"控制面板上方，将"人物　副本 2"图层的混合模式选项设为"叠加"，"不透明度"选项设为 70%，如图 8-25 所示，图像效果如图 8-26 所示。

图 8-25　　　　　　　　　　　　图 8-26

STEP 14 选择"滤镜 > 模糊 > 高斯模糊"命令，在弹出的对话框中进行设置，如图 8-27 所示；单击"确定"按钮，效果如图 8-28 所示。

图 8-27　　　　　　　　　　　　图 8-28

STEP 15 新建图层并将其命名为"画笔"。将前景色设为黑色。选择"画笔"工具 ✐，在属性栏中单击"画笔"选项右侧的按钮，在弹出的画笔面板中选择需要的画笔形状，如图 8-29 所示。在属性栏中将"不透明度"选项设为 58%，"流量"选项设为 65%，在图像窗口中拖曳鼠标绘制图像，效果如图 8-30 所示。按 Ctrl+Alt+G 组合键，为"画笔"图层创建剪贴蒙版，图像效果如图 8-31 所示。

STEP 16 新建图层并将其命名为"灰色块"。将前景色设为灰色（其 R、G、B 的值分别为 174、174、174），选择"矩形"工具 ▢，在图像窗口中绘制一个矩形，效果如图 8-32 所示。

STEP 17 按 Ctrl+O 组合键，打开资源包中的"Ch08 > 素材 > 制作小提琴唱片 > 02"文件，选择"移动"工具 ▶╋，将小提琴图片拖曳到图像窗口中适当的位置，效果如图 8-33 所示，在"图层"控制面板中生成新的图层并将其命名为"小提琴"。

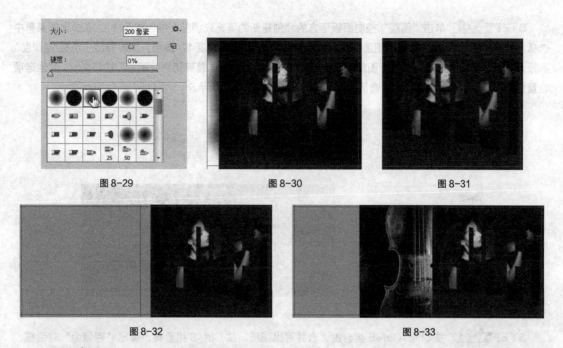

图 8-29   图 8-30   图 8-31

图 8-32   图 8-33

STEP 18 在"图层"控制面板上方，将"小提琴"图层的混合模式选项设为"深色"，如图 8-34 所示，图像效果如图 8-35 所示。

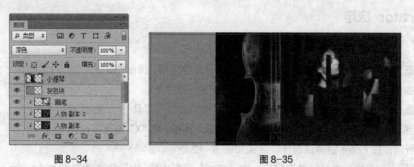

图 8-34   图 8-35

STEP 19 单击"图层"控制面板下方的"添加图层蒙版"按钮，为"小提琴"图层添加图层蒙版，如图 8-36 所示。将前景色设为黑色。选择"画笔"工具，按] 键，适当调整画笔大小，在属性栏中将"不透明度""流量"选项均设为 100%，在图像窗口中进行涂抹，擦除不需要的部分，效果如图 8-37 所示。

图 8-36   图 8-37

STEP 20 单击"图层"控制面板下方的"创建新的填充或调整图层"按钮 ，在弹出的菜单中选择"色相/饱和度"命令，在"图层"控制面板中生成"色相/饱和度 1"图层，同时弹出"色相/饱和度"面板，单击"此调整影响下面所有图层"按钮 使其显示为"此调整剪切到此图层"按钮 ，其他选项设置如图 8-38 所示。按 Enter 键确认操作，图像效果如图 8-39 所示。

图 8-38

图 8-39

STEP 21 按 Shift+Ctrl+E 组合键，合并可见图层。按 Ctrl+S 组合键，弹出"存储为"对话框，将其命名为"唱片封面底图"，保存为 JPEG 格式，单击"保存"按钮，弹出"JPEG 选项"对话框，单击"确定"按钮，将图像保存。

Illustrator 应用

8.1.2 制作唱片封面

STEP 1 打开 Illustrator CS6 软件，按 Ctrl+N 组合键，弹出"新建文档"对话框，选项的设置如图 8-40 所示，单击"确定"按钮，新建一个文档。

STEP 2 按 Ctrl+R 组合键，显示标尺。选择"选择"工具 ，在页面中拖曳一条垂直参考线，选择"窗口 > 变换"命令，弹出"变换"面板，将"X"轴选项设为 143mm，如图 8-41 所示；按 Enter 键确认操作，效果如图 8-42 所示。

制作小提琴唱片 2

STEP 3 保持参考线的选取状态，在"变换"面板中将"X"轴选项设为 155.5mm，按 Alt+Enter组合键，确认操作，效果如图 8-43 所示。

图 8-40

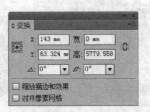

图 8-41

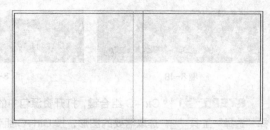

图 8-42   图 8-43

STEP 4 选择"文件 > 置入"命令，弹出"置入"对话框，选择资源包中的"Ch08 > 效果 > 制作小提琴唱片 > 唱片封面底图"文件，单击"置入"按钮，将图片置入到页面中，单击属性栏中的"嵌入"按钮，嵌入图片。选择"选择"工具 [箭头]，拖曳图片到适当的位置，效果如图 8-44 所示。用圈选的方法将图片和参考线同时选取，按 Ctrl+2 组合键，锁定所选对象。

STEP 5 选择"文字"工具 [T]，在页面中分别输入需要的文字，选择"选择"工具 [箭头]，在属性栏中选择合适的字体并设置文字大小，将输入的文字同时选取，填充文字为白色，取消文字选取状态，效果如图 8-45 所示。

图 8-44   图 8-45

STEP 6 选择"圆角矩形"工具 [□]，在页面中单击鼠标左键，弹出"圆角矩形"对话框，选项的设置如图 8-46 所示，单击"确定"按钮，出现一个圆角矩形。选择"选择"工具 [箭头]，拖曳圆角矩形到适当的位置，设置描边色为橙色（其 CMYK 值分别为 0、58、100、15），填充描边，效果如图 8-47 所示。

图 8-46   图 8-47

STEP 7 选择"矩形"工具 [□]，在适当的位置拖曳鼠标绘制一个矩形。设置图形填充颜色为橙色（其 CMYK 值分别为 0、58、100、15），填充图形，并设置描边色为无，效果如图 8-48 所示。

STEP 8 选择"选择"工具 [箭头]，选取下方圆角矩形，按 Ctrl+C 组合键，复制图形，按 Ctrl+F 组合键，将复制的图形粘贴在前面。按 Ctrl+Shift+] 组合键，将复制的图形置于顶层，效果如图 8-49 所示。按住 Shift 键的同时，单击矩形将其同时选取，按 Ctrl+7 组合键，建立剪切蒙版，效果如图 8-50 所示。

图 8-48　　　　　　　　　　　图 8-49　　　　　　　　　　　图 8-50

STEP 9 按 Ctrl+O 组合键，打开资源包中的"Ch08 > 素材 > 制作小提琴唱片 > 03"文件，选择"选择"工具 ，选取需要的图形，按 Ctrl+C 组合键，复制图形。选择正在编辑的页面，按 Ctrl+V 组合键，将其粘贴到页面中，并拖曳复制的图形到适当的位置，填充图形为白色，效果如图 8-51 所示。

STEP 10 选择"直线段"工具 ，按住 Shift 键的同时，在适当的位置绘制一条直线，填充描边为白色，效果如图 8-52 所示。

图 8-51　　　　　　　　　　　　　　　　　图 8-52

STEP 11 选择"文字"工具 ，在适当的位置分别输入需要的文字，选择"选择"工具 ，在属性栏中选择合适的字体并设置文字大小，将输入的文字同时选取，填充文字为白色，效果如图 8-53 所示。

STEP 12 按 Ctrl+T 组合键，弹出"字符"控制面板，将"水平缩放" 选项设为 119%，其他选项的设置如图 8-54 所示；按 Enter 键确认操作，效果如图 8-55 所示。

图 8-53　　　　　　　　　　　图 8-54　　　　　　　　　　　图 8-55

STEP 13 选择"圆角矩形"工具 ，在页面中单击鼠标左键，弹出"圆角矩形"对话框，选项的设置如图 8-56 所示，单击"确定"按钮，出现一个圆角矩形。选择"选择"工具 ，拖曳圆角矩形到适当的位置，效果如图 8-57 所示。

图 8-56　　　　　　　　　　　　　　　　　图 8-57

STEP 14 双击"渐变"工具 ，弹出"渐变"控制面板，在色带上设置 3 个渐变滑块，分别将渐变滑块的位置设为 0、52、100，并设置 CMYK 的值分别为 0（0、0、0、0）、52（0、0、0、30）、100（0、0、0、0），其他选项的设置如图 8-58 所示；图形被填充渐变色，并设置描边色为无，效果如图 8-59 所示。

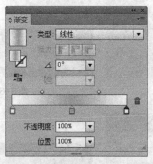

图 8-58   图 8-59

STEP 15 选择"选择"工具，按 Ctrl+C 组合键，复制图形，按 Ctrl+F 组合键，将复制的图形粘贴在前面。向左拖曳右边中间的控制手柄到适当的位置，调整其大小，效果如图 8-60 所示。设置图形填充颜色为土黄色（其 CMYK 值分别为 0、40、100、18），填充图形，效果如图 8-61 所示。

图 8-60   图 8-61

STEP 16 选择"文字"工具 T，在适当的位置输入需要的文字，选择"选择"工具，在属性栏中选择合适的字体并设置文字大小，效果如图 8-62 所示。

STEP 17 选择"字符"控制面板，将"垂直缩放" 选项设为 75%，其他选项的设置如图 8-63 所示；按 Enter 键确认操作，效果如图 8-64 所示。

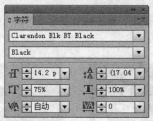

图 8-62   图 8-63   图 8-64

STEP 18 按 Ctrl+Shift+O 组合键，将文字转化为轮廓，效果如图 8-65 所示。双击"渐变"工具，弹出"渐变"控制面板，在色带上设置 3 个渐变滑块，分别将渐变滑块的位置设为 0、52、100，并设置 CMYK 的值分别为 0（0、0、0、0）、52（0、0、0、30）、100（0、0、0、0），其他选项的设置如图 8-66 所示；文字被填充渐变色，效果如图 8-67 所示。

STEP 19 选择"文字"工具 T，在适当的位置分别输入需要的文字，选择"选择"工具，在属性栏中分别选择合适的字体并设置文字大小，效果如图 8-68 所示。选取数字"2"，选择"字符"控制面板，将"水平缩放" 选项设为 126%，其他选项的设置如图 8-69 所示；按 Enter 键确认操作，效果如图 8-70 所示。

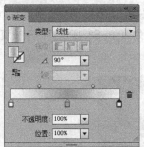

图 8-65 　　　　　　　　　　　　图 8-66 　　　　　　　　　　　　图 8-67

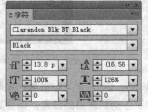

图 8-68 　　　　　　　　　　　　图 8-69 　　　　　　　　　　　　图 8-70

STEP 20 选取英文"CAR MUSIC"，填充文字为白色，效果如图 8-71 所示。选择"钢笔"工具，在适当的位置绘制一个不规则闭合图形，效果如图 8-72 所示。

图 8-71 　　　　　　　　　　　　　　　　图 8-72

STEP 21 选择"吸管"工具，将光标放置在下方圆角矩形上，如图 8-73 所示；单击鼠标吸取渐变色，效果如图 8-74 所示。

图 8-73 　　　　　　　　　　　　　　　　图 8-74

8.1.3 制作唱片封底

STEP 1 选择"文字"工具，在页面外适当的位置按住鼠标左键不放，拖曳出一个文本框，在属性栏中选择合适的字体并设置文字大小，如图 8-75 所示。选择"窗口 > 文字 > 制表符"命令，弹出"制表符"控制面板，单击"右对齐制表符"按钮，在面板中将"X"选项设置数值为 49.5mm，如图 8-76 所示。

制作小提琴唱片 3

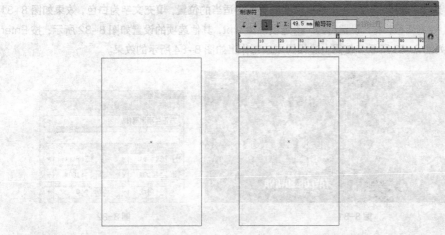

图 8-75　　　　　　　　　　　图 8-76

STEP 2 将光标置于段落文本框中，输入文字"01 The Power Of Love"，如图 8-77 所示。按一下 Tab 键，光标跳到下一个制表位处，输入文字"3:58"，效果如图 8-78 所示。

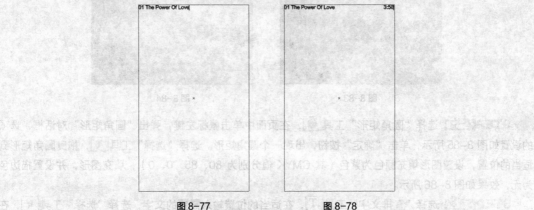

图 8-77　　　　　　　　　　　图 8-78

STEP 3 按 Enter 键，将光标换到下一行，输入需要的文字，如图 8-79 所示。用相同的方法依次输入其他需要的文字，效果如图 8-80 所示。

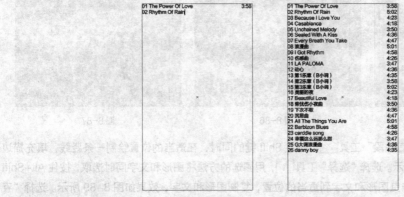

图 8-79　　　　　　　　　　　图 8-80

STEP 4 选择"选择"工具 ，拖曳文字到页面中适当的位置，填充文字为白色，效果如图 8-81 所示。选择"字符"控制面板，将"设置行距" 选项设为 9 pt，其他选项的设置如图 8-82 所示；按 Enter 键确认操作，效果如图 8-83 所示。使用上述相同方法制作出如图 8-84 所示的效果。

图 8-81

图 8-82

图 8-83

图 8-84

STEP 5 选择"圆角矩形"工具 ，在页面中单击鼠标左键，弹出"圆角矩形"对话框，选项的设置如图 8-85 所示，单击"确定"按钮，出现一个圆角矩形。选择"选择"工具 ，拖曳圆角矩形到适当的位置，设置图形填充颜色为紫色（其 CMYK 值分别为 80、85、0、0），填充图形，并设置描边色为无，效果如图 8-86 所示。

STEP 6 选择"直排文字"工具 ，在适当的位置输入需要的文字，选择"选择"工具 ，在属性栏中选择合适的字体并设置文字大小，填充文字为白色，效果如图 8-87 所示。

图 8-85

图 8-86

图 8-87

STEP 7 选择"直线段"工具 ，按住 Shift 键的同时，在适当的位置绘制一条竖线，填充描边为白色，效果如图 8-88 所示。选择"选择"工具 ，用圈选的方法将图形和文字同时选取，按住 Alt+Shift 组合键的同时，水平向右拖曳图形和文字到适当的位置，复制图形和文字，效果如图 8-89 所示。选择"直排文字"工具 ，选取并修改需要的文字，效果如图 8-90 所示。

图 8-88

图 8-89

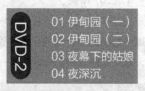

图 8-90

STEP 8 选择"矩形网格"工具 ▦，在页面中单击鼠标左键，弹出"矩形网格工具选项"对话框，选项的设置如图 8-91 所示，单击"确定"按钮，出现一个网格图形。选择"选择"工具 ▶，拖曳网格图形到适当的位置，填充描边为白色，效果如图 8-92 所示。按 Ctrl+Shift+G 组合键，取消网格图形编组。

图 8-91

图 8-92

STEP 9 选择"选择"工具 ▶，选择需要的直线，按住 Shift 键的同时，垂直向下拖曳到适当的位置，效果如图 8-93 所示。选择需要的竖线，按住 Shift 键的同时，水平向右拖曳到适当的位置，效果如图 8-94 所示。

图 8-93

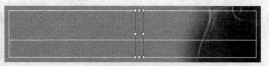

图 8-94

STEP 10 保持竖线选取状态。按 Ctrl+C 组合键，复制竖线，按 Ctrl+F 组合键，将复制的竖线粘贴在前面。向上拖曳下边中间的控制手柄到适当的位置，调整其大小，效果如图 8-95 所示。选取下方的竖线，水平向右拖曳到适当的位置，并调整其大小，效果如图 8-96 所示。

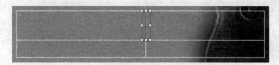

图 8-95

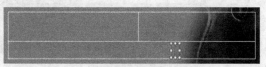

图 8-96

STEP 11 按 Ctrl+O 组合键，打开资源包中的"Ch08 > 素材 > 制作小提琴唱片 > 04"文件，按 Ctrl+A 组合键，全选图形。按 Ctrl+C 组合键，复制图形。选择正在编辑的页面，按 Ctrl+V 组合键，将其粘贴到页面中，选择"选择"工具，拖曳复制的图形到适当的位置并调整其大小，取消选取状态，效果如图 8-97 所示。

STEP 12 选择"文字"工具，在适当的位置分别输入需要的文字，选择"选择"工具，在属性栏中选择合适的字体并设置文字大小，将输入的文字同时选取，填充文字为白色，取消文字选取状态，效果如图 8-98 所示。

图 8-97   图 8-98

STEP 13 选择"选择"工具，选取文字"座驾必备发烧专用"，选择"字符"控制面板，将"设置所选字符的字距调整"选项设为 59，其他选项的设置如图 8-99 所示，按 Enter 键确认操作，效果如图 8-100 所示。

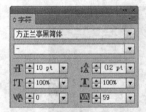

图 8-99   图 8-100

STEP 14 选择"选择"工具，选取英文"Hi-Fi AUTO SOUND"，选择"字符"控制面板，将"设置所选字符的字距调整"选项设为 100，其他选项的设置如图 8-101 所示。按 Enter 键确认操作，效果如图 8-102 所示。

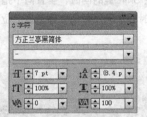

图 8-101   图 8-102

STEP 15 选择"矩形"工具，在适当的位置拖曳鼠标绘制一个矩形，设置图形填充颜色为紫色（其 CMYK 值分别为 80、85、0、0），填充图形，并设置描边色为无，效果如图 8-103 所示。连续按 Ctrl+ [组合键，向后移动到适当的位置，效果如图 8-104 所示。

图 8-103   图 8-104

STEP 16 选择"选择"工具，选取文字"无损试听"，设置文字填充颜色为紫色（其 CMYK 的值分别为 80、85、0、0），填充文字，效果如图 8-105 所示。选择"选择"工具，按住 Shift 键的同时，依次单击选取需要的文字，按 Alt+ →组合键，调整文字间距，效果如图 8-106 所示。

图 8-105

图 8-106

CorelDRAW 应用

8.1.4 制作条形码

STEP 1 打开 CorelDRAW X6 软件，按 Ctrl+N 组合键，新建一个 A4 页面。选择"编辑 > 插入条码"命令，弹出"条码向导"对话框，在各选项中进行设置，如图 8-107 所示。设置好后，单击"下一步"按钮，在设置区内按需要进行各项设置，如图 8-108 所示。设置好后，单击"下一步"按钮，在设置区内按需要进行各项设置，如图 8-109 所示，设置好后，单击"完成"按钮，效果如图 8-110 所示。

图 8-107

图 8-108

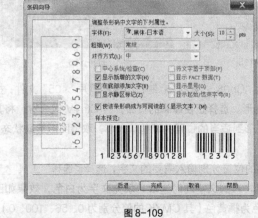

图 8-109

图 8-110

STEP 2 选择"选择"工具，选取条形码，按 Ctrl+C 组合键，复制条形码，选择正在编辑的

Illustrator 页面，按 Ctrl+V 组合键，将其粘贴到页面中，拖曳复制的条形码到适当的位置，并调整其大小，效果如图 8–111 所示。

图 8-111

STEP 3 选择"直接选择"工具 ，选取不需要的图形，按 Delete 键，将其删除，效果如图 8–112 所示。选择"选择"工具 ，选取条形码，填充图形为白色，效果如图 8–113 所示。

图 8-112

图 8-113

Illustrator 应用

8.1.5 制作唱片侧面

STEP 1 选择"矩形"工具 ，在适当的位置拖曳鼠标绘制一个矩形，设置图形填充颜色为紫色（其 CMYK 值分别为 80、85、0、0），填充图形，并设置描边色为无，效果如图 8–114 所示。

STEP 2 选择"窗口 > 透明度"命令，弹出"透明度"控制面板，选项的设置如图 8–115 所示，效果如图 8–116 所示。

图 8-114

图 8-115

图 8-116

STEP 3 按 Ctrl+O 组合键，打开资源包中的"Ch08 > 素材 > 制作小提琴唱片 > 05"文件，按 Ctrl+A 组合键，全选图形。按 Ctrl+C 组合键，复制图形。选择正在编辑的页面，按 Ctrl+V 组合键，将其粘贴到页面中，选择"选择"工具 ，拖曳复制的图形到适当的位置并调整其大小，取消图形选取状态，效果如图 8–117 所示。

STEP 4 选择"直排文字"工具 ，在适当的位置分别输入需要的文字，选择"选择"工具 ，在属性栏中分别选择合适的字体并设置文字大小，将输入的文字同时选取，填充文字为白色，效果如图 8–118 所示。选取英文"VIOLET"，设置文字填充颜色为橘黄色（其 CMYK 的值分别为 0、56、100、0），填充文字，效果如图 8–119 所示。

图 8-117 图 8-118 图 8-119

STEP 5 选择"选择"工具 ，选取封底中需要的图形，如图 8-120 所示。按住 Alt 键的同时，用鼠标向右拖曳到书脊上适当的位置，复制图形，取消图形选取状态，效果如图 8-121 所示。

图 8-120 图 8-121

STEP 6 选择"选择"工具 ，按住 Shift 键的同时，依次单击图形和文字将其同时选取，如图 8-122 所示。设置图形填充颜色为橘黄色（其 CMYK 的值分别为 0、56、100、0），填充图形，效果如图 8-123 所示。选取下方需要的文字，填充文字为白色，效果如图 8-124 所示。

图 8-122 图 8-123 图 8-124

STEP 7 按 Ctrl+R 组合键，隐藏标尺。按 Ctrl+; 组合键，隐藏参考线。唱片封面制作完成，效果如图 8-125 所示。按 Ctrl+S 组合键，弹出"存储为"对话框，将其命名为"唱片封面设计"，保存为 AI 格式，单击"保存"按钮，将文件保存。

图 8-125

8.1.6 制作唱片盘面

STEP→1 按 Ctrl+N 组合键，弹出"新建文档"对话框，选项的设置如图 8-126
所示；单击"确定"按钮，新建一个文档，如图 8-127 所示。

STEP→2 选择"椭圆"工具 ⬤，在页面中单击鼠标左键，弹出"椭圆"对话框，
选项的设置如图 8-128 所示，单击"确定"按钮，出现一个圆形。选择"选择"工具 ▶，
拖曳圆形到适当的位置，效果如图 8-129 所示。

制作小提琴唱片 4

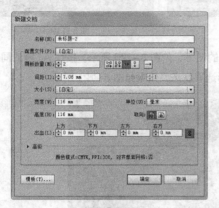

图 8-126

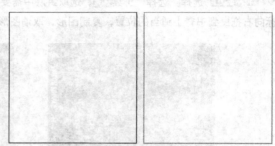

图 8-127

图 8-128

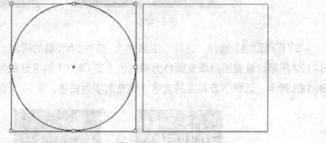

图 8-129

STEP→3 选择"对象 > 变换 > 缩放"命令，在弹出的"比例缩放"对话框中进行设置，如
图 8-130 所示；单击"复制"按钮，效果如图 8-131 所示。

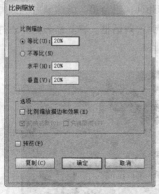

图 8-130

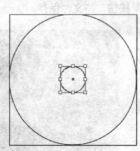

图 8-131

STEP 4 选择"选择"工具，按住 Shift 键的同时，单击大圆形，将其同时选取。选择"窗口 >
路径查找器"命令，弹出"路径查找器"控制面板，单击"减去顶层"按钮，如图 8-132 所示；生成新
的对象，效果如图 8-133 所示。设置图形填充颜色为红色（其 CMYK 值分别为 48、100、93、14），填
充图形，并设置描边色为无，效果如图 8-134 所示。

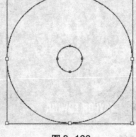

图 8-132　　　　　　　图 8-133　　　　　　　图 8-134

STEP 5 选择"文字"工具，在适当的位置输入需要的文字，选择"选择"工具，在属性
栏中选择合适的字体并设置文字大小。设置文字填充颜色为橘黄色（其 CMYK 的值分别为 0、41、100、0），
填充文字，效果如图 8-135 所示。

STEP 6 按 Ctrl+T 组合键，弹出"字符"控制面板，将"水平缩放"选项设为 85%，其他选
项的设置如图 8-136 所示；按 Enter 键确认操作，效果如图 8-137 所示。

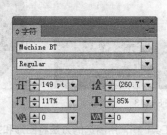

图 8-135　　　　　　　图 8-136　　　　　　　图 8-137

STEP 7 选择"选择"工具，选取下方图形，按 Ctrl+C 组合键，复制图形，按 Ctrl+F 组合键，
将复制的图形粘贴在前面。按 Ctrl+Shift+] 组合键，将图形置于顶层，效果如图 8-138 所示。按住 Shift
键的同时，将图形和文字同时选取，如图 8-139 所示。按 Ctrl+7 组合键，建立剪切蒙版，效果如图 8-140
所示。

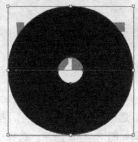

图 8-138　　　　　　　图 8-139　　　　　　　图 8-140

STEP 8 按 Ctrl+O 组合键，打开资源包中的"Ch08 > 效果 > 制作小提琴唱片 > 唱片封面设计"文件，选择"选择"工具 ，选取需要的图形和文字，如图 8-141 所示，按 Ctrl+C 组合键，复制图形和文字。选择正在编辑的页面，按 Ctrl+V 组合键，将其粘贴到页面中，拖曳复制的图形和文字到适当的位置并调整其大小，取消选取状态，效果如图 8-142 所示。

图 8-141   图 8-142

STEP 9 选择"选择"工具 ，按住 Shift 键的同时，选取需要的文字，调整位置和大小，效果如图 8-143 所示。使用相同的方法分别复制"封面"中其余需要的文字和图形，将其拖曳到正在编辑的页面中，调整位置和大小，效果如图 8-144 所示。

图 8-143   图 8-144

STEP 10 选择"选择"工具 ，用圈选的方法将图形和文字同时选取，如图 8-145 所示。双击"旋转"工具 ，弹出"旋转"对话框，选项的设置如图 8-146 所示；单击"确定"按钮，效果如图 8-147 所示。

图 8-145   图 8-146   图 8-147

STEP 11 保持图形选取状态，选择"选择"工具 ，按住 Alt+Shift 组合键的同时，水平向右拖曳图形到适当的位置，复制图形，效果如图 8-148 所示。选择"直接选择"工具 ，分别选取图形和文字，并填充适当的颜色，效果如图 8-149 所示。

图 8-148   图 8-149

STEP 12 选择"文字"工具 T ，选取数字"1"，如图 8-150 所示；重新输入需要的文字，效果如图 8-151 所示。唱片盘面制作完成。

图 8-150   图 8-151

STEP 13 按 Ctrl+S 组合键，弹出"存储为"对话框，将其命名为"唱片盘面设计"，保存为 AI 格式，单击"保存"按钮，将文件保存。

InDesign 应用

8.1.7 制作内页 1 和 2

STEP 1 打开 InDesign CS6 软件，选择"文件 > 新建 > 文档"命令，弹出"新建文档"对话框，设置如图 8-152 所示。单击"边距和分栏"按钮，弹出"新建边距和分栏"对话框，设置如图 8-153 所示，单击"确定"按钮，新建一个页面。选择"视图 > 其他 > 隐藏框架边缘"命令，将所绘制图形的框架边缘隐藏。

制作小提琴唱片 5

图 8-152   图 8-153

STEP 2 在"状态栏"中单击"文档所属页面"选项右侧的按钮 ，在弹出的页码中选择"A-

主页"。选择"选择"工具 ，在页面中拖曳一条垂直参考线，在"控制"面板中将"X"轴选项设为 129mm，如图 8-154 所示；按 Enter 键确认操作，效果如图 8-155 所示。

图 8-154   图 8-155

STEP 3 在"状态栏"中单击"文档所属页面"选项右侧的按钮 ▼，在弹出的页码中选择"2"。选择"文件 > 置入"命令，弹出"置入"对话框，选择资源包中的"Ch08 > 素材 > 制作小提琴唱片 > 06"文件，单击"打开"按钮，在页面空白处单击鼠标左键置入图片。选择"自由变换"工具 ，将图片拖曳到适当的位置并调整其大小，效果如图 8-156 所示。

STEP 4 保持图片选取状态。选择"选择"工具 ，选中右侧限位框中间的控制手柄，并将其向左拖曳到适当的位置，裁剪图片，效果如图 8-157 所示。

图 8-156   图 8-157

STEP 5 使用相同的方法对其他三边进行裁切，效果如图 8-158 所示。选择"钢笔"工具 ，在适当的位置绘制一个闭合路径，设置图形填充色的 CMYK 值为 83、100、0、0，填充图形，并设置描边色为无，效果如图 8-159 所示。

图 8-158   图 8-159

STEP 6 选择"窗口 > 效果"命令，弹出"效果"面板，将"不透明度"选项设为 80%，其他选项的设置如图 8-160 所示；按 Enter 键，效果如图 8-161 所示。

STEP 7 选择"文字"工具 T ，在适当的位置拖曳一个文本框，输入需要的文字。将输入的文字选取，在"控制"面板中选择合适的字体并设置文字大小，填充文字为白色，效果如图 8-162 所示。

图 8-160　　　　　　　　　图 8-161　　　　　　　　　图 8-162

STEP 8 选择"矩形"工具 ▣ ，在页面中适当的位置绘制一个矩形，设置图形填充色的 CMYK 值为 83、100、0、0，填充图形，并设置描边色为无，效果如图 8-163 所示。选择"选择"工具 ▶ ，按 Ctrl+C 组合键，复制图形。选择"编辑 > 原位粘贴"命令，原位粘贴图形。按住 Shift 键的同时，等比例缩小图形，效果如图 8-164 所示。

图 8-163　　　　　　　　　　　　　　　图 8-164

STEP 9 选择"删除锚点"工具 ✍ ，将光标移动到右上角的锚点上，如图 8-165 所示；单击鼠标左键，删除锚点，效果如图 8-166 所示。

图 8-165　　　　　　　　　　　图 8-166

STEP 10 选择"文件 > 置入"命令，弹出"置入"对话框，选择资源包中的"Ch08 > 素材 > 制作小提琴唱片 > 07"文件，单击"打开"按钮，在页面空白处单击鼠标左键置入图片。选择"自由变换"工具 ▦ ，将图片拖曳到适当的位置并调整其大小，效果如图 8-167 所示。

STEP 11 选择"效果"面板，将混合模式选项设置为"正片叠底"，其他选项的设置如图 8-168 所示；按 Enter 键，效果如图 8-169 所示。

图 8-167   图 8-168   图 8-169

STEP 12 保持图片的选取状态。按 Ctrl+X 组合键，将图片剪切到剪贴板上。选择"选择"工具
，单击下方的矩形，如图 8-170 所示；选择"编辑 > 贴入内部"命令，将图片贴入矩形的内部，如
图 8-171 所示。

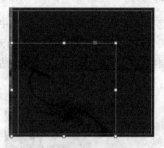

图 8-170   图 8-171

STEP 13 选择"多边形"工具，在页面中单击鼠标左键，弹出"多边形"对话框，选项的设
置如图 8-172 所示，单击"确定"按钮，出现一个三角形。选择"选择"工具，拖曳三角形到页面中
适当的位置，填充图形为白色，并设置描边色为无，效果如图 8-173 所示。

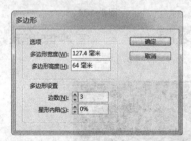

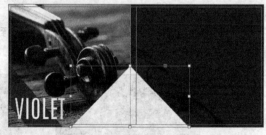

图 8-172   图 8-173

STEP 14 选择"效果"面板，将"不透明度"选项设为 30%，其他选项的设置如图 8-174 所示；
按 Enter 键，效果如图 8-175 所示。

图 8-174   图 8-175

STEP 15 保持图形选取状态，按 Ctrl+C 组合键，复制图形。选择"编辑 > 原位粘贴"命令，原位粘贴图形。按住 Alt+Shift 组合键的同时，等比例缩小图形，并拖曳到适当的位置，效果如图 8-176 所示。在"效果"面板中将"不透明度"选项设为 60%，按 Enter 键，效果如图 8-177 所示。

图 8-176   图 8-177

STEP 16 选择"矩形"工具 ，在适当的位置绘制一个矩形，填充图形为白色，并设置描边色为无，效果如图 8-178 所示。选择"效果"面板，将"不透明度"选项设为 85%，其他选项的设置如图 8-179 所示；按 Enter 键，效果如图 8-180 所示。

图 8-178   图 8-179   图 8-180

STEP 17 选择"多边形"工具 ，在页面中单击鼠标左键，弹出"多边形"对话框，选项的设置如图 8-181 所示，单击"确定"按钮，出现一个三角形。选择"选择"工具 ，拖曳三角形到页面中适当的位置，设置图形填充色的 CMYK 值为 83、100、0、0，填充图形，并设置描边色为无，效果如图 8-182 所示。单击"控制"面板中的"顺时针旋转 90°"按钮 ，将图形顺时针旋转 90°，效果如图 8-183 所示。

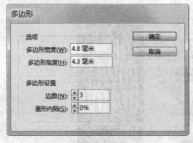

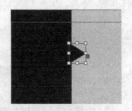

图 8-181   图 8-182   图 8-183

STEP 18 选取并复制记事本文档中需要的文字。返回到 InDesign 页面中，选择"文字"工具 ，在适当的位置拖曳一个文本框，将复制的文字粘贴到文本框中，将输入的文字选取，在"控制"面板中选择合适的字体并设置文字大小，填充文字为白色，效果如图 8-184 所示。在"控制"面板中将"行距"选

项  0点 ▼ 设为 40，按 Enter 键，取消文字的选取状态，效果如图 8-185 所示。

图 8-184

图 8-185

STEP 19 选取并复制记事本文档中需要的文字。返回到 InDesign 页面中，选择"文字"工具 T，在适当的位置拖曳一个文本框，将复制的文字粘贴到文本框中，将输入的文字选取，在"控制"面板中选择合适的字体并设置文字大小，效果如图 8-186 所示。在"控制"面板中将"行距"选项 0点 ▼ 设为 9，按 Enter 键，效果如图 8-187 所示。

图 8-186

图 8-187

STEP 20 选择"选择"工具，选取文字，按 F11 键，弹出"段落样式"面板，单击面板下方的"创建新样式"按钮，生成新的段落样式并将其命名为"正文"，如图 8-188 所示。

STEP 21 选择"文字"工具 T，分别选取需要的文字，设置文字填充色的 CMYK 值为 83、100、0、0，填充文字，效果如图 8-189 所示。

图 8-188

图 8-189

8.1.8 制作内页 3~8

STEP⤓1 在"状态栏"中单击"文档所属页面"选项右侧的按钮 ▼，在弹出的页码中选择"4"。选择"文件 > 置入"命令，弹出"置入"对话框，选择资源包中的"Ch08 > 素材 >制作小提琴唱片 > 08"文件，单击"打开"按钮，在页面空白处单击鼠标左键置入图片。选择"自由变换"工具 ⤢，拖曳图片到适当的位置并调整其大小，选择"选择"工具 ▶，裁剪图片，效果如图 8-190 所示。使用相同方法置入并裁剪其他图片，效果如图 8-191 所示。

制作小提琴唱片 6

图 8-190   图 8-191

STEP⤓2 选择"矩形"工具 ▢，在页面中单击鼠标左键，弹出"矩形"对话框，选项的设置如图 8-192 所示，单击"确定"按钮，出现一个矩形。选择"选择"工具 ▶，拖曳矩形到页面中适当的位置，设置图形填充色的 CMYK 值为 83、100、0、0，填充图形，并设置描边色为无，效果如图 8-193 所示。

图 8-192

STEP⤓3 选择"删除锚点"工具 ✎，将光标移动到右上角的锚点上，如图 8-194 所示；单击鼠标左键，删除锚点，效果如图 8-195 所示。

图 8-193   图 8-194   图 8-195

STEP⤓4 选择"效果"面板，将混合模式选项设置为"正片叠底"，将"不透明度"选项设为 90%，如图 8-196 所示；按 Enter 键，效果如图 8-197 所示。

图 8-196   图 8-197

STEP 5 在"状态栏"中单击"文档所属页面"选项右侧的按钮 ▼，在弹出的页码中选择"2"。选择"选择"工具 ▶，按住 Shift 键的同时，选取需要的图形，如图 8-198 所示，按 Ctrl+C 组合键，复制图形。在"状态栏"中单击"文档所属页面"选项右侧的按钮 ▼，在弹出的页码中选择"4"，选择"编辑 > 原位粘贴"命令，将图形原位粘贴，效果如图 8-199 所示。

图 8-198 图 8-199

STEP 6 单击"控制"面板中的"垂直翻转"按钮 ▣，垂直翻转图形，效果如图 8-200 所示。选择"选择"工具 ▶，按住 Shift 键的同时，垂直向上拖曳图形到适当的位置，效果如图 8-201 所示。

图 8-200 图 8-201

STEP 7 选择"矩形"工具 ▣，绘制一个矩形，填充图形为白色，并设置描边色为无，效果如图 8-202 所示。选择"效果"面板，将"不透明度"选项设为 85%，按 Enter 键，效果如图 8-203 所示。

STEP 8 选择"选择"工具 ▶，选取需要的图形，如图 8-204 所示，按 Ctrl+C 组合键，复制图形。选择"编辑 > 原位粘贴"命令，原位粘贴图形。选择"效果"面板，将混合模式选项设置为"正常"，"不透明度"选项设为 100%，按 Enter 键，效果如图 8-205 所示。

图 8-202 图 8-203 图 8-204 图 8-205

STEP 9 选择"选择"工具 ▶，拖曳复制的图形到适当的位置，按住 Shift 键的同时，等比例缩小图形，效果如图 8-206 所示。

STEP 10 选取并复制记事本文档中需要的文字。返回到 InDesign 页面中，选择"文字"工具 T，在适当的位置拖曳一个文本框，将复制的文字粘贴到文本框中，将输入的文字选取，在"控制"面板中选择合适的字体并设置文字大小，填充文字为白色，效果如图 8-207 所示。在"控制"面板中将"行距"选

项 □ 0点 ▼ 设为 40，按 Enter 键，取消文字的选取状态，效果如图 8-208 所示。

图 8-206   图 8-207   图 8-208

STEP 11 选取并复制记事本文档中需要的文字。返回到 InDesign 页面中，选择"文字"工具 **T**，在适当的位置拖曳一个文本框，将复制的文字粘贴到文本框中，将输入的文字选取，在"段落样式"面板中单击"正文"样式，如图 8-209 所示；取消选取状态，效果如图 8-210 所示。选择"文字"工具 **T**，分别选取需要的文字，设置文字填充色的 CMYK 值为 83、100、0、0，填充文字，效果如图 8-211 所示。

图 8-209   图 8-210   图 8-211

STEP 12 使用上述相同方法制作其他内页效果，如图 8-212 所示。唱片内页制作完成。按 Ctrl+S 组合键，弹出"存储为"对话框，将其命名为"唱片内页设计"，单击"保存"按钮，将文件保存。

图 8-212

8.2 课后习题——制作音乐唱片

⊕ 习题知识要点

　　在 Photoshop 中，使用渐变工具、添加图层蒙版按钮和画笔工具制作图片渐隐效果，使用绘画涂抹滤镜命令制作素材绘画效果；在 Illustrator 中，使用置入命令、文字工具和填充工具添加标题及相关信息，使用符号面板添加眼睛图形，使用矩形工具、直接选择工具和创建剪切蒙版命令制作符号图形的剪切蒙版，使用椭圆工具、缩放命令和减去顶层命令制作唱片盘面；在 CorelDRAW 中，使用插入条形码命令插入条形码；在 InDesign 中，使用页码和章节选项命令更改起始页码，使用文字工具和图形的绘制工具添加标题及相关信息，使用不透明度命令制作图片半透明效果，使用置入命令、选择工具添加并裁剪图片。音乐唱片封面、盘面、内页效果如图 8-213 所示。

⊕ 效果所在位置

　　资源包 > Ch08 > 效果 > 制作音乐唱片 > 唱片封面设计.ai、唱片盘面设计.ai、唱片内页设计.indd。

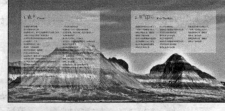

图 8-213

制作音乐唱片 1

制作音乐唱片 2

制作音乐唱片 3

制作音乐唱片 4

制作音乐唱片 5

Chapter

9

第 9 章
宣传册设计

宣传册可以起到有效宣传企业或产品的作用，能够提高企业的知名度和产品的认知度。本章通过手表宣传册的封面及内页设计流程，介绍如何把握整体风格、设定设计细节，详细讲解宣传册设计的制作方法和设计技巧。

课堂学习目标

- 在 Illustrator 软件中制作手表宣传册封面

- 在 InDesign 软件中制作手表宣传册内页

9.1 制作手表宣传册

+ 案例学习目标

在 Illustrator 中，学习使用置入命令、透明度控制面板、绘图工具、填充工具、文字工具、封套扭曲命令和字符控制面板制作手表宣传册封面；在 InDesign 中，学习使用置入命令、绘图工具、效果面板、垂直翻转按钮和文字工具制作手表宣传册内页。

+ 案例知识要点

在 Illustrator 中，使用置入命令、矩形工具和建立剪切蒙版命令添加并编辑图片，使用透明度控制面板制作图片半透明效果，使用文字工具、字形命令和字符控制面板添加标题文字，使用椭圆工具、星形工具、文字工具和用变形建立命令制作标志图形，使用矩形工具、渐变工具、建立不透明蒙版命令制作图片叠加效果，使用矩形工具、直接选择工具制作装饰图形；在 InDesign 中，使用置入命令置入素材图片，使用矩形工具、添加/删除锚点工具、贴入内部命令制作图片剪切效果，使用文字工具和矩形工具添加标题及相关信息，使用垂直翻转按钮、效果面板和渐变羽化命令制作图片倒影效果，使用投影命令为图片添加投影效果。手表宣传册封面、内页效果如图 9-1 所示。

+ 效果所在位置

资源包 > Ch09 > 效果 > 制作手表宣传册 > 手表宣传册封面.ai、手表宣传册内页.indd。

图 9-1

 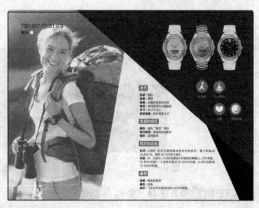

图 9-1（续）

Illustrator 应用

9.1.1 处理背景图片

STEP 1 打开 Illustrator CS6 软件，按 Ctrl+N 组合键，弹出"新建文档"对话框，选项的设置如图 9-2 所示，单击"确定"按钮，新建一个文档。

STEP 2 按 Ctrl+R 组合键，显示标尺。选择"选择"工具，在页面中拖曳一条垂直参考线，选择"窗口 > 变换"命令，弹出"变换"控制面板，将"X"轴选项设为 142.5mm，如图 9-3 所示；按 Enter 键确认操作，效果如图 9-4 所示。

制作手表宣传册 1

图 9-2   图 9-3   图 9-4

STEP 3 选择"文件 > 置入"命令，弹出"置入"对话框，选择资源包中的"Ch09 > 效果 > 制作手表宣传册 > 01"文件，单击"置入"按钮，将图片置入到页面中，单击属性栏中的"嵌入"按钮，嵌入图片。选择"选择"工具，拖曳图片到适当的位置，效果如图 9-5 所示。

STEP 4 选择"矩形"工具，在适当的位置拖曳鼠标绘制一个矩形，填充图形为黑色，并设置描边色为无，效果如图 9-6 所示。

STEP 5 选择"窗口 > 透明度"命令，弹出"透明度"控制面板，选项的设置如图 9-7 所示，效果如图 9-8 所示。

图 9-5

图 9-6   图 9-7   图 9-8

STEP 6 选择"文件 > 置入"命令，弹出"置入"对话框，选择资源包中的"Ch09 > 效果 > 制作手表宣传册 > 02"文件，单击"置入"按钮，将图片置入到页面中，单击属性栏中的"嵌入"按钮，嵌入图片。选择"选择"工具，拖曳图片到适当的位置，效果如图 9-9 所示。

STEP 7 选择"矩形"工具，绘制一个矩形，如图 9-10 所示。选择"选择"工具，按住 Shift 键的同时，单击下方图片将其同时选取，按 Ctrl+7 组合键，建立剪切蒙版，效果如图 9-11 所示。

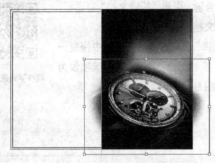

图 9-9   图 9-10   图 9-11

9.1.2 添加标题文字和标志

STEP 1 选择"钢笔"工具，在适当的位置绘制一个不规则闭合图形，填充图形为白色，并设置描边色为无，效果如图 9-12 所示。在属性栏中将"不透明度"选项设为 20%，按 Enter 键确认操作，效果如图 9-13 所示。

STEP 2 选择"文字"工具，在适当的位置分别输入需要的文字，选择"选择"工具，在属性栏中分别选择合适的字体并设置文字大小，将输入的文字同时选取，填充文字为白色，效果如图 9-14 所示。

图 9-12   图 9-13   图 9-14

STEP 3 选择"文字"工具 T，在适当的位置单击插入光标，如图 9-15 所示。选择"文字 > 字形"命令，在弹出的"字形"控制面板中按需要进行设置并选择需要的字形，如图 9-16 所示；双击鼠标左键插入字形，效果如图 9-17 所示。

| 图 9-15 | 图 9-16 | 图 9-17 |

STEP 4 选择"文字"工具 T，选取插入的字形，按 Ctrl+T 组合键，弹出"字符"控制面板，将"比例间距" 选项设为 50%，其他选项的设置如图 9-18 所示；按 Enter 键确认操作，效果如图 9-19 所示。按 Ctrl+C 组合键，复制字形，在适当的位置单击插入光标，按 Ctrl+V 组合键，粘贴字形，效果如图 9-20 所示。

| 图 9-18 | 图 9-19 | 图 9-20 |

STEP 5 选择"选择"工具 ，按住 Shift 键的同时，将输入的文字同时选取，如图 9-21 所示；在属性栏中单击"水平右对齐"按钮 ，将文字水平右对齐，效果如图 9-22 所示。

STEP 6 选择"文字"工具 T，在适当的位置输入需要的文字，选择"选择"工具 ，在属性栏中选择合适的字体并设置文字大小，填充文字为白色，效果如图 9-23 所示。

| 图 9-21 | 图 9-22 | 图 9-23 |

STEP 7 选择"字符"控制面板，将"设置所选字符的字距调整" VA 选项设为 100，其他选项的设置如图 9-24 所示；按 Enter 键确认操作，效果如图 9-25 所示。

图 9-24

图 9-25

STEP 8 选择"椭圆"工具 ，按住 Shift 键的同时，在适当的位置绘制一个圆形，效果如图 9-26 所示。选择"对象 > 扩展外观"命令，扩展图形外观，效果如图 9-27 所示。

图 9-26

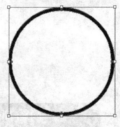

图 9-27

STEP 9 选择"星形"工具 ，在页面中单击鼠标左键，弹出"星形"对话框，选项的设置如图 9-28 所示；单击"确定"按钮，出现一个星形。选择"选择"工具 ，拖曳星形到适当的位置，填充图形为黑色，并设置描边色为无，效果如图 9-29 所示。

图 9-28

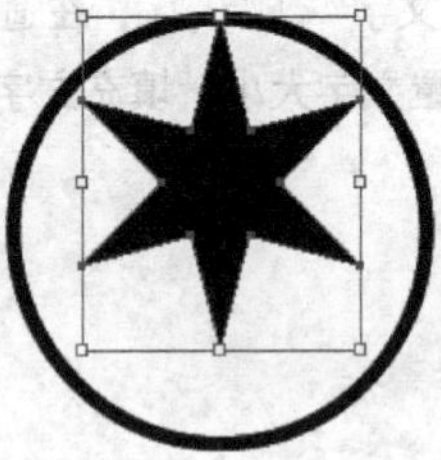

星形

半径 1(1)：4.55 mm

半径 2(2)：1.6 mm

角点数(P)：6

确定　　取消

图 9-29

STEP 10 选择"文字"工具 T ，在适当的位置输入需要的文字，选择"选择"工具 ，在属性栏中选择合适的字体并设置文字大小，效果如图 9-30 所示。

STEP 11 选择"对象 > 封套扭曲 > 用变形建立"命令，在弹出的"变形选项"对话框中进行设置，如图 9-31 所示；单击"确定"按钮，文字的变形效果如图 9-32 所示。

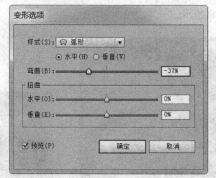

图 9-30　　　　　　　　　　　　图 9-31　　　　　　　　　　　　图 9-32

STEP 12 选择"变换"控制面板，将"宽度"选项设为 9.3mm，"高度"选项设为 2.4mm，如图 9-33 所示；按 Enter 键确认操作，并拖曳到适当的位置，效果如图 9-34 所示。

STEP 13 选择"选择"工具 ，用圈选的方法将图形和文字同时选取，将其拖曳到页面中适当的位置，填充图形为白色，效果如图 9-35 所示。

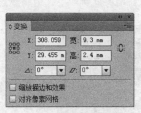

图 9-33　　　　　　　　　　图 9-34　　　　　　　　　　　图 9-35

9.1.3　制作封底效果

STEP 1 选择"矩形"工具 ，在适当的位置拖曳鼠标绘制一个矩形，填充图形为黑色，并设置描边色为无，效果如图 9-36 所示。

STEP 2 选择"文件 > 置入"命令，弹出"置入"对话框，选择资源包中的"Ch09 > 效果 > 制作手表宣传册 > 03"文件，单击"置入"按钮，将图片置入到页面中，单击属性栏中的"嵌入"按钮，嵌入图片。选择"选择"工具 ，拖曳图片到适当的位置，效果如图 9-37 所示。

图 9-36　　　　　　　　　　　　　　图 9-37

STEP 3 选择"透明度"控制面板，单击"制作蒙版"按钮，图形效果如图 9-38 所示，单击"编辑不透明蒙版"图标，如图 9-39 所示。

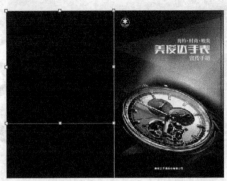

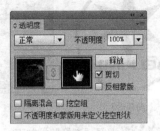

图 9-38   图 9-39

STEP△4] 选择"矩形"工具，在适当的位置拖曳鼠标绘制一个矩形，效果如图 9-40 所示，双击"渐变"工具，弹出"渐变"控制面板，并设置 CMYK 的值分别为 0（0、0、0、0）、100（0、0、0、100），其他选项的设置如图 9-41 所示。在"透明度"控制面板中单击"停止编辑不透明蒙版"图标，其他选项的设置如图 9-42 所示，图形效果如图 9-43 所示。

图 9-40   图 9-41

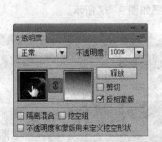

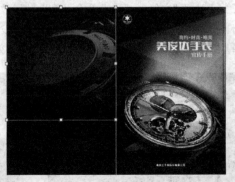

图 9-42   图 9-43

STEP△5] 选择"钢笔"工具，在适当的位置绘制一个不规则闭合图形，填充图形为白色，并设置描边色为无，效果如图 9-44 所示。在属性栏中将"不透明度"选项设为 10%，按 Enter 键确认操作，效果如图 9-45 所示。

图 9-44 图 9-45

STEP 6 选择"矩形"工具▣，在适当的位置拖曳鼠标绘制一个矩形，设置图形填充颜色为洋红色（其 CMYK 值分别为 0、100、68、0），填充图形，并设置描边色为无，效果如图 9-46 所示。选择"直接选择"工具 ，分别选取需要的节点，并将其拖曳到适当的位置，如图 9-47 所示。使用相同方法再绘制一个矩形调整其节点，并填充相应的颜色，效果如图 9-48 所示。

 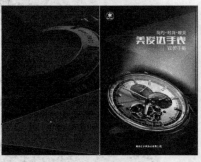 

图 9-46 图 9-47 图 9-48

STEP 7 按 Ctrl+O 组合键，打开资源包中的"Ch09 > 素材 > 制作手表宣传册 > 19"文件，选择"选择"工具 ，选取需要的图形，按 Ctrl+C 组合键，复制图形。选择正在编辑的页面，按 Ctrl+V 组合键，将其粘贴到页面中，并拖曳复制的图形到适当的位置，效果如图 9-49 所示。

STEP 8 选择"选择"工具 ，选取封面中需要的文字，如图 9-50 所示。按住 Alt 键的同时，用鼠标向左拖曳到封底中，复制文字，并调整其大小，效果如图 9-51 所示。

图 9-49 图 9-50 图 9-51

STEP 9 选择"文字"工具 T ，单击属性栏中的"居中对齐"按钮▤，在适当的位置输入需要的文字，选择"选择"工具 ，在属性栏中选择合适的字体并设置文字大小，填充文字为白色，效果如

图 9–52 所示。选择"字符"控制面板，将"设置行距" ⠀选项设为 11pt，其他选项的设置如图 9–53 所示；按 Enter 键确认操作，效果如图 9–54 所示。

图 9–52   图 9–53   图 9–54

STEP⤸10] 按 Ctrl+R 组合键，隐藏标尺；按 Ctrl+; 组合键，隐藏参考线。手表宣传册封面制作完成，效果如图 9–55 所示。按 Ctrl+S 组合键，弹出"存储为"对话框，将其命名为"手表宣传册封面"，保存为 AI 格式，单击"保存"按钮，将文件保存。

图 9–55

InDesign 应用

9.1.4 制作内页 1

STEP⤸1] 打开 InDesign CS6 软件，选择"文件 > 新建 > 文档"命令，弹出"新建文档"对话框，设置如图 9–56 所示。单击"边距和分栏"按钮，弹出"新建边距和分栏"对话框，设置如图 9–57 所示；单击"确定"按钮，新建一个页面。选择"视图 > 其他 > 隐藏框架边缘"命令，将所绘制图形的框架边缘隐藏。

制作手表宣传册 2

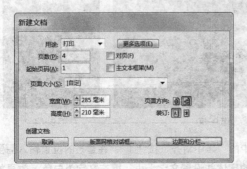

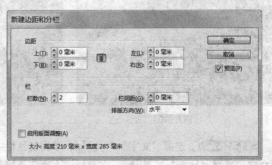

图 9–56   图 9–57

STEP 2 选择"钢笔"工具 ✎ ，在适当的位置绘制一个闭合路径，如图 9-58 所示。设置图形填充色的 CMYK 值为 71、9、11、0，填充图形，并设置描边色为无，效果如图 9-59 所示。

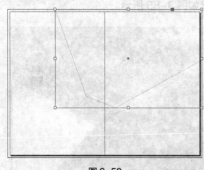
图 9-58

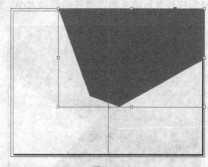
图 9-59

STEP 3 选择"矩形"工具 ▢ ，在适当的位置绘制一个矩形，如图 9-60 所示。选择"直接选择"工具 ⬉ ，向上拖曳右下角锚点到适当的位置，效果如图 9-61 所示。

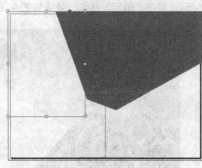
图 9-60

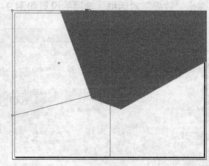
图 9-61

STEP 4 选择"文件 > 置入"命令，弹出"置入"对话框，选择资源包中的"Ch09 > 素材 > 制作手表宣传册 > 04"文件，单击"打开"按钮，在页面空白处单击鼠标左键置入图片。选择"自由变换"工具 ✥ ，将图片拖曳到适当的位置并调整其大小，效果如图 9-62 所示。

STEP 5 按 Ctrl+X 组合键，将图片剪切到剪贴板上。选择"选择"工具 ⬉ ，选中下方的图形，选择"编辑 > 贴入内部"命令，将图片贴入图形的内部，并设置描边色为无，效果如图 9-63 所示。

图 9-62

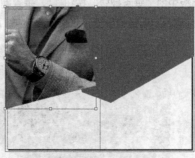
图 9-63

STEP 6 选择"钢笔"工具 ✎ ，在适当的位置绘制一个闭合路径，填充图形为黑色，并设置描边色为无，效果如图 9-64 所示。

STEP 7 选择"文件 > 置入"命令，弹出"置入"对话框，选择资源包中的"Ch09 > 素材 > 制作手表宣传册 > 05"文件，单击"打开"按钮，在页面空白处单击鼠标左键置入图片。选择"自由变换"工具，将图片拖曳到适当的位置并调整其大小，效果如图 9-65 所示。

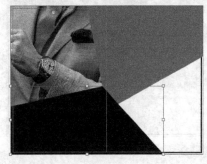

图 9-64

图 9-65

STEP 8 单击"控制"面板中的"向选定的目标添加对象效果"按钮，在弹出的菜单中选择"投影"命令，弹出"效果"对话框，选项的设置如图 9-66 所示；单击"确定"按钮，效果如图 9-67 所示。

图 9-66

图 9-67

STEP 9 选择"文件 > 置入"命令，弹出"置入"对话框，选择资源包中的"Ch09 > 素材 > 制作手表宣传册 > 06"文件，单击"打开"按钮，在页面空白处单击鼠标左键置入图片。选择"自由变换"工具，将图片拖曳到适当的位置并调整其大小，效果如图 9-68 所示。

STEP 10 按 Ctrl+C 组合键，复制图片。选择"编辑 > 原位粘贴"命令，原位粘贴图片。单击"控制"面板中的"垂直翻转"按钮，垂直翻转图片。选择"选择"工具，按住 Shift 键的同时，垂直向下拖曳图片到适当的位置，效果如图 9-69 所示。

图 9-68

图 9-69

STEP 11 选择"窗口 > 效果"命令，弹出"效果"面板，将"不透明度"选项设为 46%，其他选项的设置如图 9-70 所示；按 Enter 键，效果如图 9-71 所示。

图 9-70   图 9-71

STEP 12 单击"控制"面板中的"向选定的目标添加对象效果"按钮 *fx*，在弹出的菜单中选择"渐变羽化"命令，弹出"效果"对话框，选项的设置如图 9-72 所示；单击"确定"按钮，效果如图 9-73 所示。

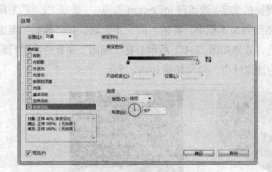

图 9-72   图 9-73

STEP 13 使用相同方法置入其他图片并制作倒影效果，如图 9-74 所示。选择"文字"工具 **T**，在适当的位置分别拖曳文本框，输入需要的文字。将输入的文字选取，在"控制"面板中分别选择合适的字体并设置文字大小，填充文字为白色，效果如图 9-75 所示。

图 9-74   图 9-75

STEP 14 选择"矩形"工具 ■，按住 Shift 键的同时，在适当的位置绘制一个正方形，填充图形为白色，并设置描边色的 CMYK 值为 0、0、0、80，填充描边；在"控制"面板中将"描边粗细"选项 0.283 设为 0.75 点，按 Enter 键，效果如图 9-76 所示。

STEP 15 选择"选择"工具 ，按住 Alt+Shift 组合键的同时，水平向右拖曳图形到适当的位置，复制图形，效果如图 9-77 所示。连续按 Ctrl+Alt+4 组合键，按需要再复制出多个图形，效果如图 9-78 所示。

STEP 16 选择"选择"工具 ，分别选取复制的图形，依次填充为肤色（其 CMYK 值分别为 0、47、47、16）、黑色、黄色（其 CMYK 值分别为 0、0、100、0），效果如图 9-79 所示。

图 9-76

图 9-77

图 9-78

图 9-79

STEP 17 选取并复制记事本文档中需要的文字。返回到 InDesign 页面中，选择"文字"工具 ，在适当的位置拖曳一个文本框，将复制的文字粘贴到文本框中，将输入的文字选取，在"控制"面板中选择合适的字体并设置文字大小，填充文字为白色，效果如图 9-80 所示。在"控制"面板中将"行距"选项 设为 12，按 Enter 键，取消文字的选取状态，效果如图 9-81 所示。

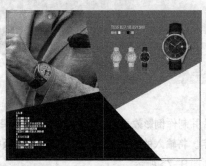

图 9-80

图 9-81

STEP 18 选择"文字"工具 ，选取文字"表壳"，如图 9-82 所示。在"控制"面板中选择合适的字体并设置文字大小，效果如图 9-83 所示。使用相同方法制作其他文字效果，如图 9-84 所示。

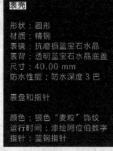

图 9-82

图 9-83

图 9-84

STEP 19 选取并复制记事本文档中需要的文字。返回到 InDesign 页面中，选择"文字"工具 T，在适当的位置拖曳一个文本框，将复制的文字粘贴到文本框中，将输入的文字选取，在"控制"面板中选择合适的字体并设置文字大小，效果如图 9-85 所示。在"控制"面板中将"行距"选项 0点 ▼ 设为12，按 Enter 键，效果如图 9-86 所示。

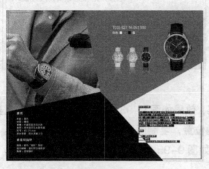

图 9-85

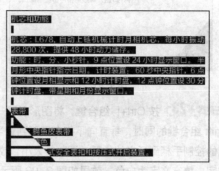

图 9-86

STEP 20 保持文字的选取状态。按 Ctrl+Alt+T 组合键，弹出"段落"面板，单击"双齐末行齐右"按钮 ，如图 9-87 所示，文字效果如图 9-88 所示。

图 9-87

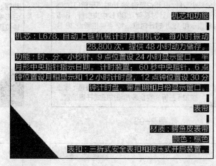

图 9-88

STEP 21 选择"文字"工具 T，选取文字"机芯和功能"，在"控制"面板中选择合适的字体并设置文字大小，效果如图 9-89 所示。使用相同方法制作其他文字效果，如图 9-90 所示。

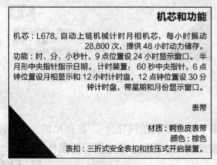

图 9-89

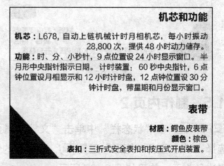

图 9-90

STEP 22 选择"矩形"工具 ，在适当的位置绘制一个矩形，如图 9-91 所示。设置图形填充色的 CMYK 值为 0、100、10、0，填充图形，并设置描边色为无，效果如图 9-92 所示。

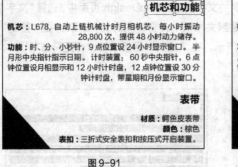

图 9-91   图 9-92

STEP 23 按 Ctrl+[组合键，将图形后移一层，效果如图 9-93 所示。选择"选择"工具 ⬆，按住 Alt+Shift 组合键的同时，垂直向下拖曳图形到适当的位置，复制图形，效果如图 9-94 所示。向右拖曳左边中间的控制手柄到适当的位置，调整其大小，效果如图 9-95 所示。选择"文字"工具 T，分别选取需要的文字，填充文字为白色，效果如图 9-96 所示。

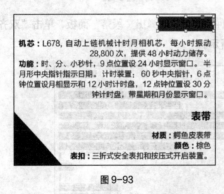

图 9-93

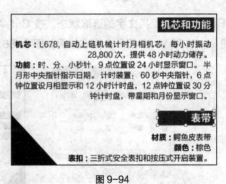

图 9-94

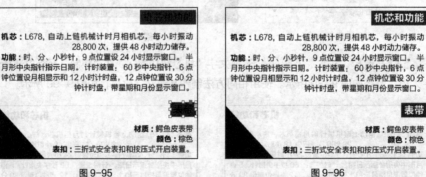

图 9-95   图 9-96

9.1.5 制作内页 2

STEP 1 在"状态栏"中单击"文档所属页面"选项右侧的按钮 ▼，在弹出的页码中选择"2"。选择"矩形"工具 ▢，在适当的位置绘制一个矩形，填充图形为黑色，并设置描边色为无，效果如图 9-97 所示。

STEP 2 选择"添加锚点"工具 ✎，分别在矩形左上角的适当位置单击鼠标左键添加两个锚点，效果如图 9-98 所示。选择"删除锚点"工具 ✎，将光标移动到左上角的锚点上，单击鼠标左键，删除锚点，效果如图 9-99 所示。

制作手表宣传册 3

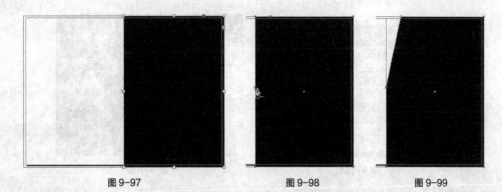

图 9-97   图 9-98   图 9-99

STEP 3 选择"文件 > 置入"命令，弹出"置入"对话框，选择资源包中的"Ch09 > 素材 > 制作手表宣传册 > 09"文件，单击"打开"按钮，在页面空白处单击鼠标左键置入图片。选择"自由变换"工具，将图片拖曳到适当的位置并调整其大小，效果如图 9-100 所示。

STEP 4 按 Ctrl+X 组合键，将图片剪切到剪贴板上。选择"选择"工具，选中下方的图形，选择"编辑 > 贴入内部"命令，将图片贴入图形的内部，如图 9-101 所示。

图 9-100

图 9-101

STEP 5 选择"钢笔"工具，在适当的位置绘制一个闭合路径，如图 9-102 所示。设置图形填充色的 CMYK 值为 71、9、11、0，填充图形，并设置描边色为无，效果如图 9-103 所示。

图 9-102

图 9-103

STEP 6 选择"多边形"工具，在页面中单击鼠标左键，弹出"多边形"对话框，选项的设置如图 9-104 所示；单击"确定"按钮，出现一个三角形。选择"选择"工具，拖曳三角形到页面中适当的位置，填充图形为黑色，并设置描边色为无，效果如图 9-105 所示。

图 9-104

图 9-105

STEP 7 在"状态栏"中单击"文档所属页面"选项右侧的按钮▼，在弹出的页码中选择"1"。选择"选择"工具▶，按住 Shift 键的同时，选取需要的图形和文字，如图 9-106 所示；按 Ctrl+C 组合键，复制图形和文字。在"状态栏"中单击"文档所属页面"选项右侧的按钮▼，在弹出的页码中选择"2"，选择"编辑 > 粘贴"命令，将图形和文字粘贴，并将其拖曳到适当的位置，效果如图 9-107 所示。

图 9-106

图 9-107

STEP 8 选择"文字"工具 T，选取并重新输入需要的文字，效果如图 9-108 所示。选择"选择"工具▶，分别选取复制的图形，依次填充为黑色、咖啡色（其 CMYK 值分别为 0、47、100、80），效果如图 9-109 所示。

T051.627.17.051.001
颜色 ▢ ▨

图 9-108

T051.627.17.051.001
颜色 ■ ■

图 9-109

STEP 9 选取并复制记事本文档中需要的文字。返回到 InDesign 页面中，选择"文字"工具 T，在适当的位置拖曳一个文本框，将复制的文字粘贴到文本框中，将输入的文字选取，在"控制"面板中选择合适的字体并设置文字大小，效果如图 9-110 所示。在"控制"面板中将"行距"选项 🔧 0点 ▼设为 12，按 Enter 键，取消文字的选取状态，效果如图 9-111 所示。

STEP 10 选择"文字"工具 T，选取文字"表壳"，如图 9-112 所示。在"控制"面板中选择合适的字体并设置文字大小，效果如图 9-113 所示。使用相同方法制作其他文字效果，如图 9-114 所示。

图 9-110

图 9-111 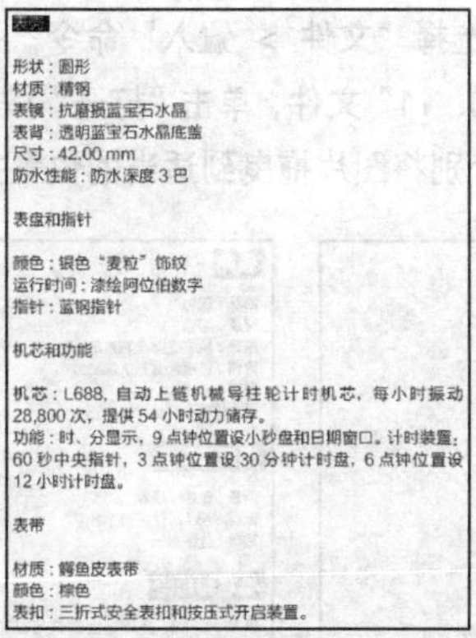　　　　　　　　　图 9-112

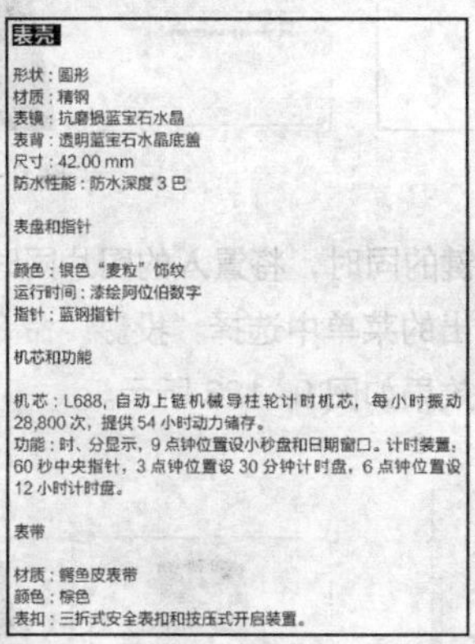

图 9-113 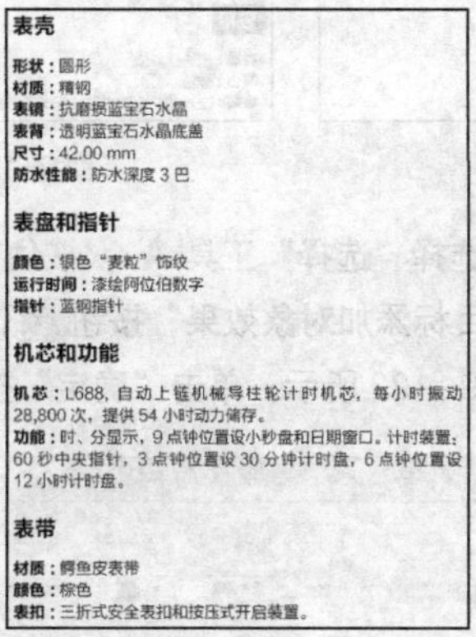　　　　　　　　　图 9-114

STEP 11 选择"矩形"工具▢，在适当的位置绘制一个矩形，设置图形填充色的 CMYK 值为 0、100、10、0，填充图形，并设置描边色为无，效果如图 9-115 所示。按 Ctrl+[组合键，将图形后移一层，效果如图 9-116 所示。

STEP 12 选择"选择"工具，按住 Alt+Shift 组合键的同时，垂直向下拖曳图形到适当的位置，复制图形，效果如图 9-117 所示。向右拖曳右边中间的控制手柄到适当的位置，调整其大小，效果如图 9-118 所示。

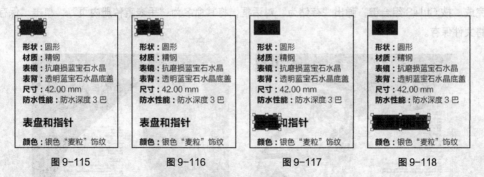

图 9-115　　　　　　图 9-116　　　　　　图 9-117　　　　　　图 9-118

STEP 13 使用相同方法再复制两个图形并调整其大小，效果如图 9-119 所示。选择"文字"工具 T，分别选取需要的文字，填充文字为白色，效果如图 9-120 所示。

STEP 14 选择"文件 > 置入"命令，弹出"置入"对话框，选择资源包中的"Ch09 > 素材 > 制作手表宣传册 > 10、11"文件，单击"打开"按钮，在页面空白处分别单击鼠标左键置入图片。选择"自由变换"工具，分别将图片拖曳到适当的位置并调整其大小，效果如图 9-121 所示。

图 9-119

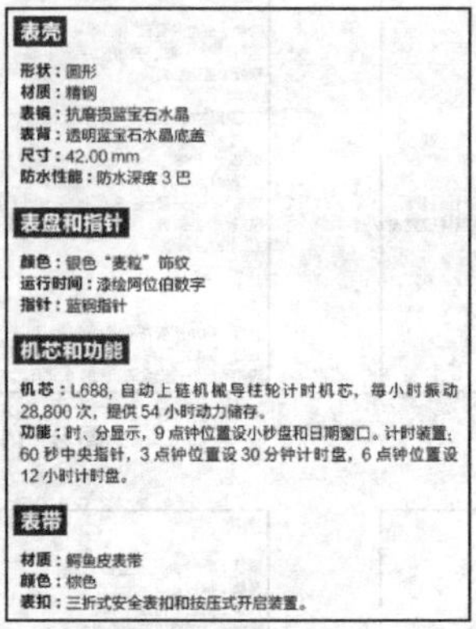

图 9-120

图 9-121

STEP 15 选择"选择"工具，按住 Shift 键的同时，将置入的图片同时选取；单击"控制"面板中的"向选定的目标添加对象效果"按钮，在弹出的菜单中选择"投影"命令，弹出"效果"对话框，选项的设置如图 9-122 所示；单击"确定"按钮，效果如图 9-123 所示。

图 9-122

图 9-123

STEP 16 使用上述相同方法制作其他内页效果，如图 9-124、图 9-125 所示。手表宣传册内页制作完成。按 Ctrl+S 组合键，弹出"存储为"对话框，将其命名为"手表宣传册内页"，单击"保存"按钮，将文件保存。

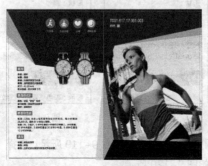

图 9-124

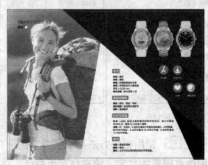

图 9-125

9.2 课后习题——制作房地产宣传册

+ 习题知识要点

　　在 Illustrator 中，使用矩形工具、椭圆工具、色板命令、填充工具和不透明度选项制作宣传册封面底图，使用矩形工具、路径查找器命令制作楼层缩影，使用文字工具和直接选择工具制作宣传册标题文字，使用文字工具添加标题及相关信息；在 InDesign 中，使用当前页码命令添加自动页码，使用页码和章节选项命令更改起始页码，使用置入命令和效果面板置入并编辑图片，使用直线工具、旋转命令绘制直线，使用渐变羽化命令制作图像渐变效果，使用矩形工具和贴入内部命令制作图片剪切效果，使用投影命令制作图片的投影效果，使用路径文字工具和钢笔工具添加标题及相关信息。房地产宣传册封面、内页效果如图 9-126 所示。

+ 效果所在位置

　　资源包 > Ch09 > 效果 > 制作房地产宣传册 > 房地产宣传册封面.ai、房地产宣传册内页.indd。

制作房地产宣传册 1

制作房地产宣传册 2

制作房地产宣传册 3

制作房地产宣传册 4

图 9-126

Chapter

10

Photoshop+Illustrator+CorelDRAW+InDesign

第 10 章
杂志设计

杂志是比较专项的宣传媒介之一，它具有目标受众准确、实效性强、宣传力度大、效果明显等特点。时尚类杂志的设计可以轻松、活泼、色彩丰富。版式内的图文编排可以灵活多变，但要注意把握风格的整体性。本章以家居杂志为例，讲解杂志的设计方法和制作技巧。

课堂学习目标

- 在 Photoshop 软件中制作背景效果

- 在 Illustrator 软件中制作杂志封面

- 在 CorelDRAW 软件中制作条形码

- 在 InDesign 软件中制作杂志内页

10.1 制作家居杂志

案例学习目标

在 Photoshop 中，学习使用图层控制面板、滤镜命令和创建新的填充或调整图层按钮制作背景效果；在 Illustrator 中，学习使用置入命令、绘图工具、填充工具、描边控制面板、文字工具和字符控制面板添加封面信息；在 CorelDRAW 中，学习使用插入条码命令制作条形码；在 InDesign 中，学习使用版面命令、置入命令、绘图工具、项目符号列表按钮、表命令、文字工具、字符样式面板和段落样式面板制作杂志内页。

案例知识要点

在 Photoshop 中，使用图层控制面板和渐变工具制作图片叠加效果，使用高斯模糊滤镜命令为图片添加模糊效果，使用色阶命令、可选颜色命令和色相/饱和度命令调整图片的色调；在 Illustrator 中，使用置入命令置入素材图片，使用文字工具、创建轮廓命令、字符控制面板和填充工具添加并编辑杂志相关信息，使用椭圆工具、描边控制面板制作虚线效果，使用投影命令为图形添加投影效果；在 CorelDRAW 中，使用插入条码命令插入条形码；在 InDesign 中，使用置入命令、选择工具添加并裁剪图片，使用矩形工具和贴入内部命令制作图片剪切效果，使用文字工具、字符样式面板和段落样式面板添加标题及段落文字，使用项目符号列表按钮添加文字的项目符号，使用插入表命令添加表格，使用版面命令调整页码并提取目录。家居杂志封面、内页效果如图 10-1 所示。

效果所在位置

资源包 > Ch10 > 效果 > 制作家居杂志 > 家居杂志封面.ai、家居杂志内页.indd。

图 10-1

图 10-1（续）

Photoshop 应用

10.1.1 制作背景效果

STEP 1 打开 Photoshop CS6 软件，按 Ctrl+N 组合键，新建一个文件，宽度为 18.8cm，高度为 26.6cm，分辨率为 150 像素/英寸，颜色模式为 RGB，背景内容为白色，单击"确定"按钮。

STEP 2 按 Ctrl+O 组合键，打开资源包中的"Ch10 > 素材 > 制作家居杂志 > 01"文件，选择"移动"工具 ，将图片拖曳到图像窗口中适当的位置，效果如图 10-2 所示，在"图层"控制面板中生成新的图层并将其命名为"图片"。

制作家居杂志 1

STEP 3 单击"图层"控制面板下方的"添加图层蒙版"按钮 ，为"图片"图层添加图层蒙版，如图 10-3 所示。选择"渐变"工具 ，单击属性栏中的"点按可编辑渐变"按钮 ，弹出"渐变编辑器"对话框，将渐变色设为黑色到白色，单击"确定"按钮。在图像窗口中拖曳光标填充渐变色，松开鼠标左键，效果如图 10-4 所示。

图 10-2   图 10-3   图 10-4

STEP 4 将"图片"图层拖曳到"图层"控制面板下方的"创建新图层"按钮 上进行复制，生成新的图层"图片 副本"，如图 10-5 所示。

STEP 5 在"图层"控制面板上方，将"图片"图层的混合模式选项设为"正片叠底"，"不透明度"选项设为 20%，如图 10-6 所示，图像效果如图 10-7 所示。

图 10-5

图 10-6

图 10-7

STEP 6 选择"滤镜 > 模糊 > 高斯模糊"命令，在弹出的对话框中进行设置，如图 10-8 所示；单击"确定"按钮，效果如图 10-9 所示。

图 10-8

图 10-9

STEP 7 单击"图层"控制面板下方的"创建新的填充或调整图层"按钮 ，在弹出的菜单中选择"色阶"命令，在"图层"控制面板中生成"色阶 1"图层，同时在弹出的"色阶"面板中进行设置，如图 10-10 所示；按 Enter 键确认操作，图像效果如图 10-11 所示。

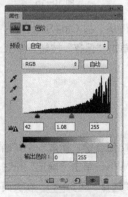
图 10-10

图 10-11

STEP 8 单击"图层"控制面板下方的"创建新的填充或调整图层"按钮 ，在弹出的菜单中选择"可选颜色"命令，在"图层"控制面板中生成"选取颜色 1"图层，同时弹出"可选颜色"面板，单击"颜色"选项右侧的按钮，在弹出的菜单中选择"绿色"，切换到相应的面板中进行设置，如图 10-12 所示；按 Enter 键确认操作，图像效果如图 10-13 所示。

图 10-12   图 10-13

STEP 9 单击"图层"控制面板下方的"创建新的填充或调整图层"按钮 ，在弹出的菜单中选择"色相/饱和度"命令，在"图层"控制面板中生成"色相/饱和度 1"图层，同时在弹出的"色相/饱和度"面板中进行设置，如图 10-14 所示；按 Enter 键确认操作，图像效果如图 10-15 所示。

图 10-14   图 10-15

STEP 10 按 Shift+Ctrl+E 组合键，合并可见图层。按 Ctrl+S 组合键，弹出"存储为"对话框，将其命名为"家居杂志背景图"，保存为 JPEG 格式，单击"保存"按钮，弹出"JPEG 选项"对话框，单击"确定"按钮，将图像保存。

Illustrator 应用

10.1.2 添加杂志名称和刊期

STEP 1 打开 Illustrator CS6 软件，按 Ctrl+N 组合键，新建一个文档：宽度为 380mm，高度为 260mm，取向为横向，颜色模式为 CMYK，单击"确定"按钮。

STEP 2 按 Ctrl+R 组合键，显示标尺。选择"选择"工具 ，在页面中拖曳一条垂直参考线，选择"窗口 > 变换"命令，弹出"变换"面板，将"X"轴选项设为 185mm，如图 10-16 所示；按 Enter 键确认操作，效果如图 10-17 所示。

制作家居杂志 2

STEP 3 保持参考线的选取状态，在"变换"面板中将"X"轴选项设为 195mm，按 Alt+Enter 组合键，确认操作，效果如图 10-18 所示。

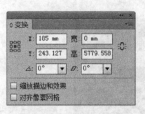

图 10-16　　　　　　　　　　图 10-17　　　　　　　　　　图 10-18

STEP 4 选择"文件 > 置入"命令，弹出"置入"对话框，选择资源包中的"Ch10 > 效果 > 制作家居杂志 > 家居杂志背景图"文件，单击"置入"按钮，将图片置入到页面中，在属性中单击"嵌入"按钮，嵌入图片。选择"选择"工具 ，拖曳图片到页面中适当的位置，效果如图 10-19 所示。

STEP 5 选择"文字"工具 T，在页面中输入需要的文字，选择"选择"工具 ，在属性栏中选择合适的字体并设置文字大小，效果如图 10-20 所示。

图 10-19　　　　　　　　　　　　　　　　图 10-20

STEP 6 按 Ctrl+T 组合键，弹出"字符"控制面板，将"设置所选字符的字距调整" 选项设为 -100，其他选项的设置如图 10-21 所示；按 Enter 键确认操作，效果如图 10-22 所示。

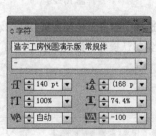

图 10-21　　　　　　　　　　图 10-22

STEP 7 填充描边为黑色并在属性栏中将"描边粗细"选项设为 3 pt，按 Enter 键确认操作，效果如图 10-23 所示。按 Ctrl+Shift+O 组合键，将文字转化为轮廓。选择"对象 > 扩展外观"命令，扩展文字外观，效果如图 10-24 所示。设置文字填充颜色为绿色（其 CMYK 的值分别为 70、0、100、10），填充文字，效果如图 10-25 所示。

图 10-23　　　　　　　　　　图 10-24　　　　　　　　　　图 10-25

STEP 8 选择"文字"工具 T，在适当的位置分别输入需要的文字，选择"选择"工具，在属性栏中分别选择合适的字体并设置文字大小，效果如图 10-26 所示。将输入的文字同时选取，设置文字填充颜色为绿色（其 CMYK 的值分别为 70、0、100、10），填充文字，效果如图 10-27 所示。

图 10-26　　　　　　　　　　　　　　　　　　图 10-27

STEP 9 选取文字"设计"，选择"字符"控制面板，将"水平缩放" T 选项设为 83%，其他选项的设置如图 10-28 所示；按 Enter 键确认操作，效果如图 10-29 所示。

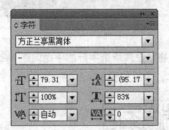

图 10-28　　　　　　　　　　　　　图 10-29

STEP 10 选取英文"RAYSH HOME"，选择"字符"控制面板，将"水平缩放" T 选项设为 53.5%，其他选项的设置如图 10-30 所示；按 Enter 键确认操作，效果如图 10-31 所示。

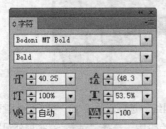

图 10-30　　　　　　　　　　　　　图 10-31

STEP 11 选取文字"2016 年 6 月 总期 209 期"，选择"字符"控制面板，将"设置所选字符的字距调整"  选项设为 40，其他选项的设置如图 10-32 所示；按 Enter 键确认操作，效果如图 10-33 所示。

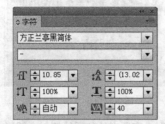

图 10-32

图 10-33

10.1.3 添加栏目名称

STEP 1 选择"文字"工具 T，在适当的位置分别输入需要的文字，选择"选择"工具 ，在属性栏中分别选择合适的字体并设置文字大小，效果如图 10-34 所示。选取英文"Aerobic Life"，设置文字填充颜色为天蓝色（其 CMYK 的值分别为 74、10、0、0），填充文字，效果如图 10-35 所示。

图 10-34

图 10-35

STEP 2 双击"倾斜"工具 ，弹出"倾斜"对话框，选项的设置如图 10-36 所示；单击"确定"按钮，效果如图 10-37 所示。

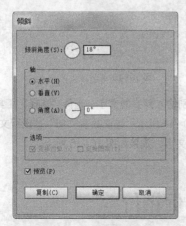

图 10-36

图 10-37

STEP 3 选择"字符"控制面板，将"水平缩放" 选项设为 75%，其他选项的设置如图 10-38 所示；按 Enter 键确认操作，效果如图 10-39 所示。

图 10-38　　　　　　　　　　　　图 10-39

STEP 4 选择"椭圆"工具 ，按住 Shift 键的同时，在适当的位置绘制一个圆形，如图 10-40 所示。设置描边色为绿色（其 CMYK 值分别为 70、0、100、10），填充描边，效果如图 10-41 所示。

图 10-40　　　　　　　　　　　　图 10-41

STEP 5 选择"窗口 > 描边"命令，弹出"描边"控制面板，勾选"虚线"选项，数值被激活，各选项的设置如图 10-42 所示；按 Enter 键确认操作，效果如图 10-43 所示。

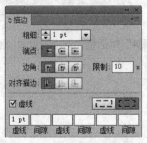
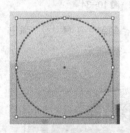

图 10-42　　　　　　　　　　　　图 10-43

STEP 6 选择"文字"工具 T ，在适当的位置分别输入需要的文字，选择"选择"工具 ，在属性栏中分别选择合适的字体并设置文字大小，效果如图 10-44 所示。选取数字"18"，设置文字填充颜色为绿色（其 CMYK 的值分别为 70、0、100、10），填充文字，效果如图 10-45 所示。

图 10-44　　　　　　　　　　　　图 10-45

STEP⏎7 选择 "字符" 控制面板，将 "设置所选字符的字距调整" Ⅷ选项设为-50，其他选项的设置如图 10-46 所示；按 Enter 键确认操作，效果如图 10-47 所示。选择 "直线段" 工具 ∕，在适当的位置绘制一条斜线，在属性栏中将 "描边粗细" 选项设为 0.75 pt，按 Enter 键确认操作，效果如图 10-48 所示。

图 10-46

图 10-47

图 10-48

STEP⏎8 选择 "文字" 工具 T，在适当的位置分别输入需要的文字，选择 "选择" 工具 ▶，在属性栏中分别选择合适的字体并设置文字大小，效果如图 10-49 所示。选取上方文字，填充文字为白色，效果如图 10-50 所示。

图 10-49

图 10-50

STEP⏎9 选取下方文字，设置文字填充颜色为绿色（其 CMYK 的值分别为 70、0、100、10），填充文字，效果如图 10-51 所示。选择 "文字" 工具 T，选取数字 "2"，选择 "字符" 控制面板，单击 "上标" 按钮 T，其他选项的设置如图 10-52 所示；按 Enter 键确认操作，效果如图 10-53 所示。

图 10-51

图 10-52

图 10-53

10.1.4 添加其他图形和文字

STEP 1 选择“星形”工具，在页面外单击鼠标左键，弹出“星形”对话框，选项的设置如图 10-54 所示；单击“确定”按钮，出现一个多角星形，如图 10-55 所示。设置图形填充颜色为绿色（其 CMYK 值分别为 70、0、100、10），填充图形，并设置描边色为无，效果如图 10-56 所示。

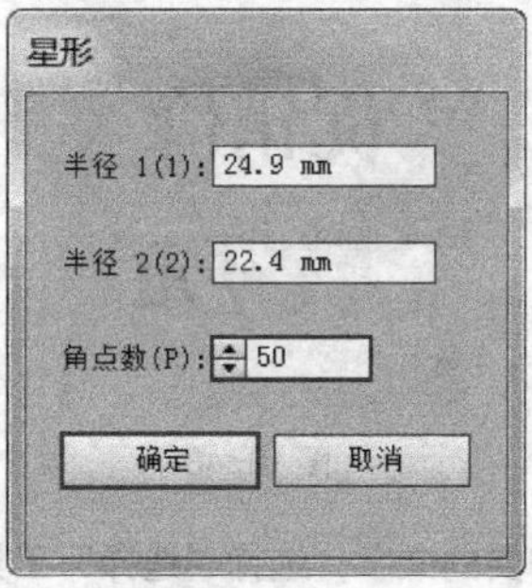

图 10-54

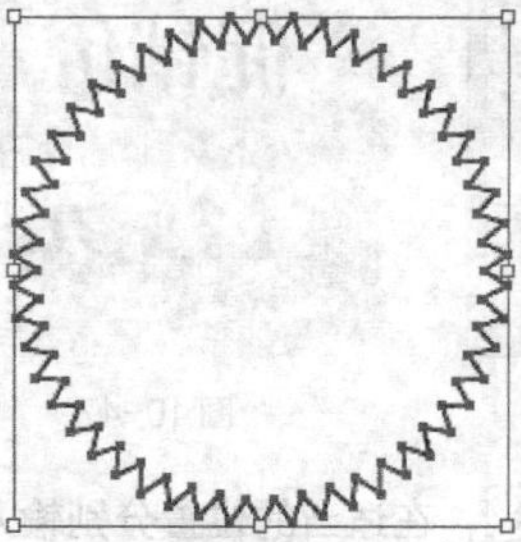

图 10-55

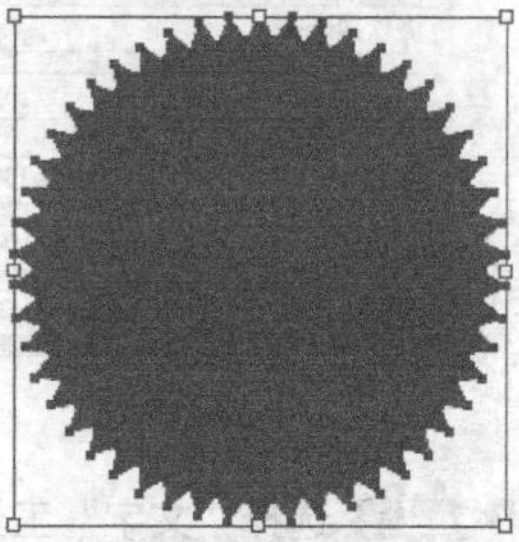

图 10-56

STEP 2 选择“效果 > 风格化 > 投影”命令，在弹出的对话框中进行设置，如图 10-57 所示；单击“确定”按钮，效果如图 10-58 所示。

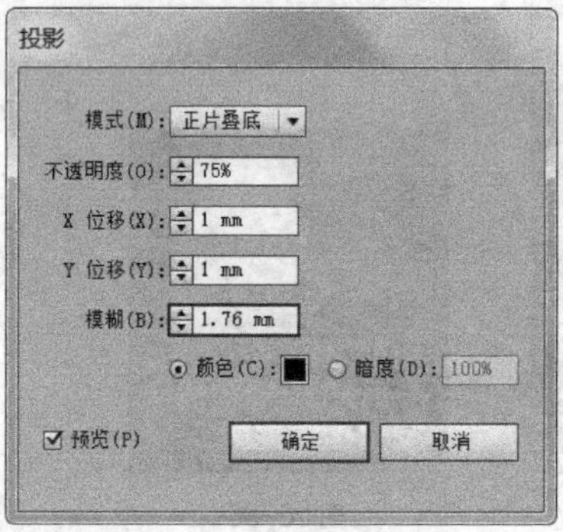

图 10-57

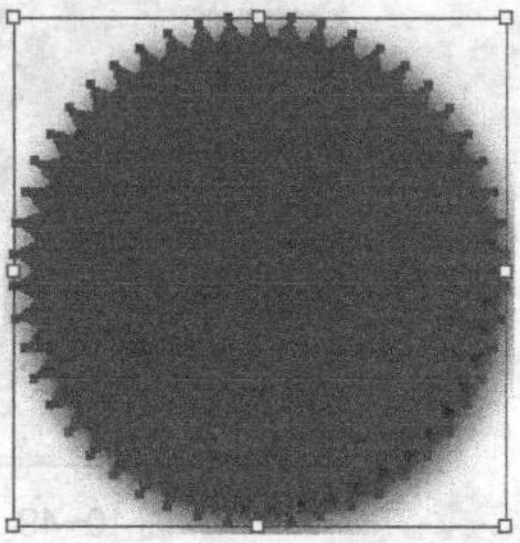

图 10-58

STEP 3 选择“文字”工具，在适当的位置分别输入需要的文字，选择“选择”工具，在属性栏中分别选择合适的字体并设置文字大小，效果如图 10-59 所示。选取文字“&”，设置文字填充颜色为黄色（其 CMYK 的值分别为 0、6、100、0），填充文字，效果如图 10-60 所示。

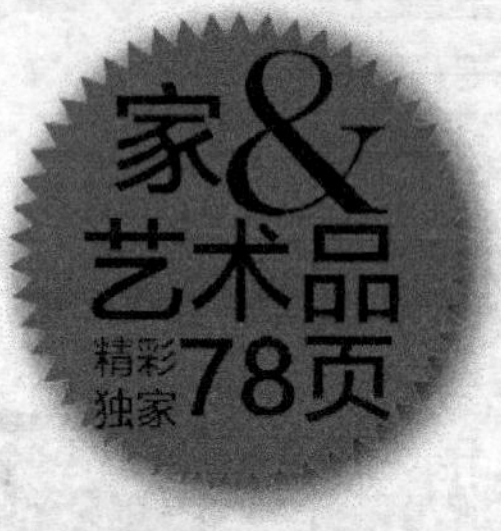

图 10-59

图 10-60

STEP 4 选择“选择”工具，按住 Shift 键的同时，选取需要的文字，选择“字符”控制面板，将"设置所选字符的字距调整"[VA]选项设为-50，其他选项的设置如图 10-61 所示；按 Enter 键确认操作，效果如图 10-62 所示。

图 10-61　　　　　　　　　　　图 10-62

STEP 5 选取文字"精彩独家"，选择"字符"控制面板，将"设置行距"[A]选项设为 12 pt，其他选项的设置如图 10-63 所示；按 Enter 键确认操作，效果如图 10-64 所示。

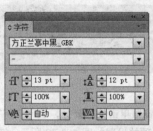

图 10-63　　　　　　　　　　　图 10-64

STEP 6 选择"选择"工具[►]，按住 Shift 键的同时，将输入的文字同时选取，按 Ctrl+G 组合键，将其编组，如图 10-65 所示。拖曳右上角的控制手柄将其旋转到适当的角度，效果如图 10-66 所示。用圈选的方法将图形和文字同时选取，拖曳图形和文字到页面中适当的位置，效果如图 10-67 所示。

图 10-65　　　　　　　图 10-66　　　　　　　图 10-67

STEP 7 选择"文字"工具[T]，在页面中分别输入需要的文字，选择"选择"工具[►]，在属性栏中分别选择合适的字体并设置文字大小，效果如图 10-68 所示。选取需要的文字，填充文字为白色，效果如图 10-69 所示。

制作家居杂志 3

图 10-68

图 10-69

STEP 8 选择"字符"控制面板，将"设置所选字符的字距调整" 选项设为-35，其他选项的设置如图 10-70 所示；按 Enter 键确认操作，效果如图 10-71 所示。

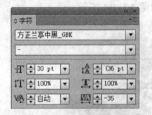

图 10-70

图 10-71

STEP 9 选择"文字"工具 T，在适当的位置单击插入光标，选择"字符"控制面板，将"设置两个字符间的字距微调"选项设为-100，其他选项的设置如图 10-72 所示；按 Enter 键确认操作，效果如图 10-73 所示。

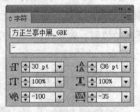

图 10-72

图 10-73

STEP 10 选择"效果 > 风格化 > 投影"命令，在弹出的对话框中进行设置，如图 10-74 所示；单击"确定"按钮，效果如图 10-75 所示。

图 10-74

图 10-75

CorelDRAW 应用

10.1.5 制作条形码

STEP 1 打开 CorelDRAW X6 软件，按 Ctrl+N 组合键，新建一个 A4 页面。选择"编辑 > 插入条码"命令，弹出"条码向导"对话框，在各选项中进行设置，如图 10-76 所示。设置好后，单击"下一步"按钮，在设置区内按需要进行各项设置，如图 10-77 所示。设置好后，单击"下一步"按钮，在设置区内按需要进行各项设置，如图 10-78 所示，设置好后，单击"完成"按钮，效果如图 10-79 所示。

图 10-76

图 10-77

图 10-78

图 10-79

STEP 2 选择"选择"工具，选取条形码，按 Ctrl+C 组合键，复制条形码，选择正在编辑的 Illustrator 页面，按 Ctrl+V 组合键，将其粘贴到页面中。选择"选择"工具，拖曳复制的条形码到适当的位置，效果如图 10-80 所示。按 Shift+Ctrl+G 组合键，取消编组。

STEP 3 选择"选择"工具，单击选取白色矩形，如图 10-81 所示。向上拖曳上方中间的控制手柄到适当的位置，如图 10-82 所示。用相同方法拖曳其他控制手柄到适当的位置，效果如图 10-83 所示。

图 10-80

图 10-81

图 10-82　　　　　　　　　　　　图 10-83

STEP 4 选择"选择"工具 ▶，按住 Shift 键的同时，选取需要的条形码，如图 10-84 所示；按住 Shift 键的同时，将其水平向左拖曳到适当的位置，效果如图 10-85 所示。

图 10-84　　　　　　　　　　　　图 10-85

STEP 5 选择"文字"工具 T，在适当的位置输入需要的文字。选择"选择"工具 ▶，在属性栏中选择合适的字体并设置文字大小，效果如图 10-86 所示。选择"字符"控制面板，将"设置所选字符的字距调整"选项 ⬚ 设置为 140，效果如图 10-87 所示。

图 10-86　　　　　　　　　　　　图 10-87

Illustrator 应用

10.1.6　制作封底和书脊

STEP 1 选择"文件 > 置入"命令，弹出"置入"对话框，选择资源包中的"Ch10 > 效果 > 制作家居杂志 > 02"文件，单击"置入"按钮，将图片置入到页面中，在属性中单击"嵌入"按钮，嵌入图片。选择"选择"工具 ▶，拖曳图片到页面中适当的位置，效果如图 10-88 所示。

STEP 2 选择"矩形"工具 ▣，在适当的位置拖曳鼠标绘制一个矩形，设置图形填充颜色为绿色（其 CMYK 值分别为 70、0、100、10），填充图形，并设置描边色为无，效果如图 10-89 所示。

图 10-88　　　　　　　　　　　　图 10-89

STEP 3 选择"直排文字"工具 ⊤，在书脊上分别输入需要的文字，选择"选择"工具 ▸，在属性栏中分别选择合适的字体并设置文字大小，将输入的文字同时选取，填充文字为白色，取消文字选取状态，效果如图 10-90 所示。

STEP 4 选取文字"瑞尚家居"，选择"字符"控制面板，将"水平缩放" ⊤ 选项设为 74.4%，其他选项的设置如图 10-91 所示；按 Enter 键确认操作，效果如图 10-92 所示。

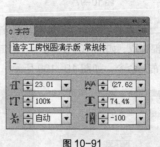

图 10-90　　　　　　　　　　　　　　图 10-91　　　　　图 10-92

STEP 5 选取英文"RAYSH HOME"，选择"字符"控制面板，将"水平缩放" ⊤ 选项设为 53.5%，其他选项的设置如图 10-93 所示；按 Enter 键确认操作，效果如图 10-94 所示。

STEP 6 选取文字"2016 年 6 月 总期 209 期"，选择"字符"控制面板，将"设置所选字符的字距调整" 选项设为 40，其他选项的设置如图 10-95 所示；按 Enter 键确认操作，效果如图 10-96 所示。

图 10-93　　　　　图 10-94　　　　　　　図 10-95　　　　　図 10-96

InDesign 应用

10.1.7　制作主页内容

STEP 1 打开 InDesign CS6 软件，选择"文件 > 新建 > 文档"命令，弹出"新建文档"对话框，设置如图 10-97 所示。单击"边距和分栏"按钮，弹出"新建边距和分栏"对话框，设置如图 10-98 所示，单击"确定"按钮，新建一个页面。选择"视图 > 其他 > 隐藏框架边缘"命令，将所绘制图形的框架边缘隐藏。

制作家居杂志 4

图 10-97　　　　　　　　　　　　　　　图 10-98

STEP 2 选择"窗口 > 页面"命令，弹出"页面"面板，按住 Shift 键的同时，单击所有页面的图标，将其全部选取，如图 10-99 所示。单击面板右上方的 图标，在弹出的菜单中取消选择"允许选定的跨页随机排布"命令，如图 10-100 所示。

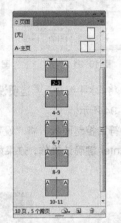

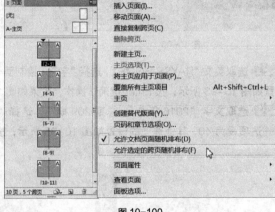

图 10-99　　　　　　　　　　　　　　　图 10-100

STEP 3 双击第二页的页面图标，如图 10-101 所示。选择"版面 > 页码和章节选项"命令，弹出"页码和章节选项"对话框，设置如图 10-102 所示；单击"确定"按钮，页面面板显示如图 10-103 所示。

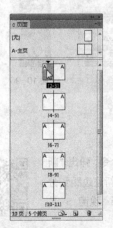

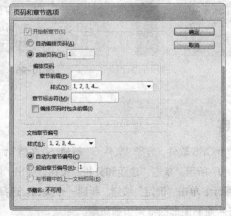

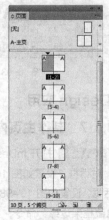

图 10-101　　　　　　　　　　　图 10-102　　　　　　　　　　　图 10-103

STEP 4 双击第三页的页面图标，如图 10-104 所示。选择"版面 > 页码和章节选项"命令，
弹出"页码和章节选项"对话框，设置如图 10-105 所示；单击"确定"按钮，页面面板显示如图 10-106
所示。

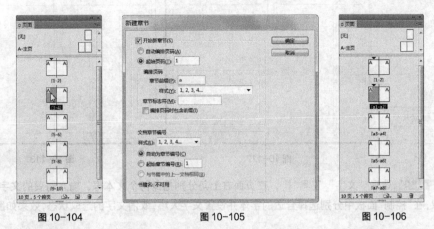

图 10-104　　　　　　　　图 10-105　　　　　　　　图 10-106

STEP 5 单击"页面"面板右上方的图标 ，在弹出的菜单中选择"新建主页"命令，在弹出的
对话框中进行设置，如图 10-107 所示；单击"确定"按钮，如图 10-108 所示。

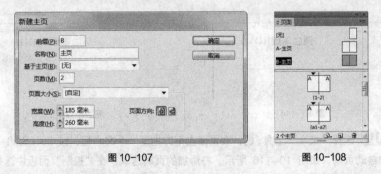

图 10-107　　　　　　　　　　　　图 10-108

STEP 6 按 Ctrl+R 组合键，显示标尺。选择"选择"工具 ，在页面外拖曳一条水平参考线，
在"控制"面板中将"Y"轴选项设为 252mm，如图 10-109 所示；按 Enter 键确认操作，效果如图 10-110
所示。

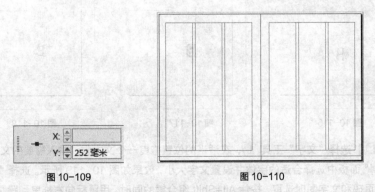

图 10-109　　　　　　　　　　图 10-110

STEP 7 选择"选择"工具 ，在页面中拖曳一条垂直参考线，在"控制"面板中将"X"轴选
项设为 8mm，如图 10-111 所示；按 Enter 键确认操作，效果如图 10-112 所示。保持参考线的选取状态，

并在"控制"面板中将"X"轴选项设为362mm，按 Alt+Enter 组合键，确认操作，效果如图 10-113 所示。
选择"视图 > 网格和参考线 > 锁定参考线"命令，将参考线锁定。

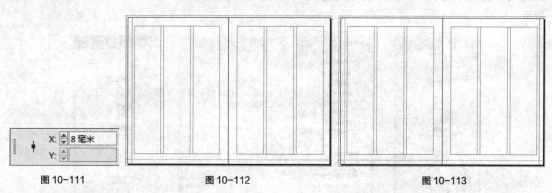

图 10-111   图 10-112   图 10-113

STEP 8 选择"文字"工具 T，在页面右上角分别拖曳两个文本框，输入需要的文字，将输入
的文字选取，在"控制"面板中分别选择合适的字体并设置文字大小，取消文字的选取状态，效果如图 10-114
所示。

STEP 9 选择"文字"工具 T，选取文字"瑞尚"，设置文字填充色的 CMYK 值为 100、0、100、
15，填充文字，取消文字的选取状态，效果如图 10-115 所示。

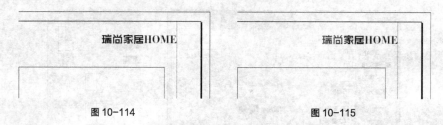

图 10-114   图 10-115

STEP 10 选择"文字"工具 T，在页面左下方拖曳一个文本框，按 Ctrl+Shift+Alt+N 组合键，
在文本框中添加自动页码，如图 10-116 所示。将添加的页码选取，在"控制"面板中选择合适的字体并
设置文字大小，效果如图 10-117 所示。选择"选择"工具，选择"对象 > 适合 > 使框架适合内容"
命令，使文本框适合文字，如图 10-118 所示。

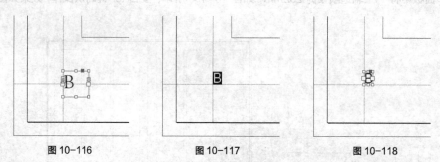

图 10-116   图 10-117   图 10-118

STEP 11 选择"文字"工具 T，在适当的位置拖曳一个文本框，输入需要的文字。将输入的文
字选取，在"控制"面板中选择合适的字体并设置文字大小，效果如图 10-119 所示。选择"选择"工具，
用圈选的方法将页码和文字同时选取，按住 Alt+Shift 组合键的同时，用鼠标向右拖曳到跨页上适当的位置，
复制页码和文字，并分别调整其位置，效果如图 10-120 所示。

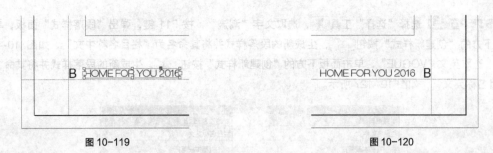

图 10-119   图 10-120

STEP12 单击"页面"面板右上方的图标，在弹出的菜单中选择"将主页应用于页面"命令，如图 10-121 所示；在弹出的对话框中进行设置，如图 10-122 所示；单击"确定"按钮，如图 10-123 所示。

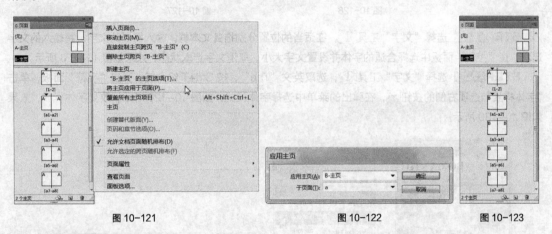

图 10-121   图 10-122   图 10-123

10.1.8 制作内页 a1 和 a2

STEP1 在"状态栏"中单击"文档所属页面"选项右侧的按钮▼，在弹出的页码中选择"a1"。选择"文件 > 置入"命令，弹出"置入"对话框，选择资源包中的"Ch10 > 素材 > 制作家居杂志 > 03"文件，单击"打开"按钮，在页面空白处单击鼠标置入图片。选择"自由变换"工具，拖曳图片到适当的位置并调整其大小，选择"选择"工具，裁剪图片，效果如图 10-124 所示。

制作家居杂志 5

STEP2 选择"文字"工具 **T**，在页面左上角分别拖曳文本框，输入需要的文字，将输入的文字选取，在"控制"面板中选择合适的字体并设置文字大小，取消文字选取状态，效果如图 10-125 所示。

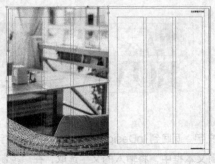

图 10-124

图 10-125

STEP☆3 选择"选择"工具 ▶ ，选取文字"潮流"，按 F11 键，弹出"段落样式"面板，单击面板下方的"创建新样式"按钮 ⬜ ，生成新的段落样式并将其命名为"栏目名称中文"，如图 10-126 所示。选取英文"VOGUE"，单击面板下方的"创建新样式"按钮 ⬜ ，生成新的段落样式并将其命名为"栏目名称英文"，如图 10-127 所示。

图 10-126　　　　　　　　　图 10-127

STEP☆4 选择"文字"工具 Ⓣ ，在适当的位置分别拖曳文本框，输入需要的文字，将输入的文字选取，在"控制"面板中选择合适的字体并设置文字大小，取消文字选取状态，效果如图 10-128 所示。

STEP☆5 选择"文字"工具 Ⓣ ，选取英文"The"，按 Ctrl+T 组合键，弹出"字符"面板，单击"字体样式"选项右侧的按钮 ▼ ，在弹出的菜单中选择字体样式，如图 10-129 所示；改变字体样式，效果如图 10-130 所示。

图 10-128　　　　　　　　图 10-129　　　　　　　　　　　　图 10-130

STEP☆6 选择"文字"工具 Ⓣ ，选取英文"ROMANTIC"，在"控制"面板中将"字符间距"选项 AV ⬚ 0 ▼ 设为-60，按 Enter 键，效果如图 10-131 所示。选择"选择"工具 ▶ ，将输入的文字同时选取，单击工具箱中的"格式针对文本"按钮 Ⓣ ，设置文字填充色的 CMYK 值为 100、0、100、15，填充文字，效果如图 10-132 所示。

图 10-131　　　　　　　　　　　　图 10-132

STEP☆7 选取并复制记事本文档中需要的文字。返回到 InDesign 页面中，选择"文字"工具 Ⓣ ，在适当的位置拖曳一个文本框，将复制的文字粘贴到文本框中，将输入的文字选取，在"控制"面板中选择合适的字体并设置文字大小，效果如图 10-133 所示。

STEP 8 选择"选择"工具 ▶，选取文字，单击"段落样式"面板下方的"创建新样式"按钮 ◨，生成新的段落样式并将其命名为"一级标题 1"，如图 10-134 所示。

图 10-133

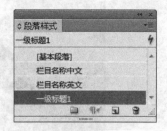
图 10-134

STEP 9 分别选取并复制记事本文档中需要的文字。返回到 InDesign 页面中，选择"文字"工具 T，在适当的位置分别拖曳文本框，将复制的文字粘贴到文本框中，将输入的文字选取，在"控制"面板中选择合适的字体并设置文字大小，取消文字选取状态，效果如图 10-135 所示。

STEP 10 选择"文字"工具 T，选取下方的文字，在"控制"面板中将"行距"选项 設为 16，按 Enter 键，效果如图 10-136 所示。

图 10-135

图 10-136

STEP 11 选择"选择"工具 ▶，选取文字，单击"段落样式"面板下方的"创建新样式"按钮 ◨，生成新的段落样式并将其命名为"内文段落 1"，如图 10-137 所示。

STEP 12 选择"文件 > 置入"命令，弹出"置入"对话框，选择资源包中的"Ch10 > 素材 > 制作家居杂志 > 09"文件，单击"打开"按钮，在页面空白处单击鼠标置入图片。选择"自由变换"工具 ，拖曳图片到适当的位置并调整其大小，效果如图 10-138 所示。

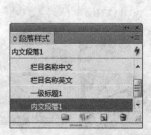
图 10-137

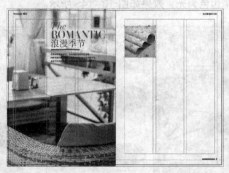
图 10-138

STEP 13 选择"文字"工具 T，在适当的位置拖曳一个文本框，输入需要的文字，将输入的文字选取，在"控制"面板中选择合适的字体并设置文字大小，效果如图 10-139 所示。

STEP 14 选择"选择"工具 ▶，选取文字，单击"段落样式"面板下方的"创建新样式"按钮，生成新的段落样式并将其命名为"图号"，如图 10-140 所示。

图 10-139　　　　　　　　图 10-140

STEP 15 选择"文件 > 置入"命令，弹出"置入"对话框，选择资源包中的"Ch10 > 素材 > 制作家居杂志 > 10"文件，单击"打开"按钮，在页面空白处单击鼠标置入图片。选择"自由变换"工具 ，拖曳图片到适当的位置并调整其大小，效果如图 10-141 所示。

STEP 16 选择"文字"工具 ，在适当的位置拖曳一个文本框，输入需要的文字，将输入的文字选取，在"段落样式"面板中单击"图号"样式，如图 10-142 所示；取消文字选取状态，效果如图 10-143 所示。

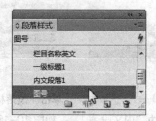

图 10-141　　　　　　　图 10-142　　　　　　　图 10-143

STEP 17 使用相同方法置入其他图片并制作图 10-144 所示的效果。选择"椭圆"工具 ，按住 Shift 键的同时，在适当的位置绘制一个圆形，设置图形填充色的 CMYK 值为 100、0、100、15，填充图形，并设置描边色为无，效果如图 10-145 所示。

图 10-144　　　　　　　　　　　图 10-145

STEP 18 选取并复制记事本文档中需要的文字。返回到 InDesign 页面中，选择"文字"工具 ，在适当的位置拖曳一个文本框，将复制的文字粘贴到文本框中，将输入的文字选取，在"控制"面板中选择合适的字体并设置文字大小，填充文字为白色，效果如图 10-146 所示。

STEP 19 按 Ctrl+X 组合键，将文字剪切到剪贴板上。选择"选择"工具 ，选中下方的绿色
圆形，如图 10-147 所示。选择"编辑 > 贴入内部"命令，将文字贴入绿色圆形的内部，效果如图 10-148
所示。

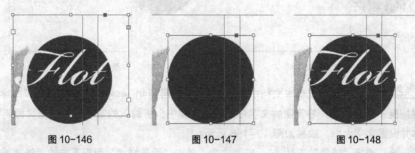

图 10-146　　　　　　图 10-147　　　　　　图 10-148

STEP 20 选择"直线"工具 ，按住 Shift 键的同时，在适当的位置拖曳鼠标绘制一条直线，
填充描边为白色，效果如图 10-149 所示。选择"窗口 > 描边"命令，弹出"描边"面板，在"类型"选
项的下拉列表中选择"虚线（3 和 2）"，其他选项的设置如图 10-150 所示，虚线效果如图 10-151 所示。

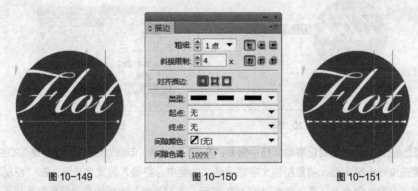

图 10-149　　　　　　图 10-150　　　　　　图 10-151

STEP 21 选取并复制记事本文档中需要的文字。返回到 InDesign 页面中，选择"文字"工具 ，
在适当的位置拖曳一个文本框，将复制的文字粘贴到文本框中，将输入的文字选取，在"控制"面板中选
择合适的字体并设置文字大小，填充文字为白色，效果如图 10-152 所示。在"控制"面板中将"字符间
距"选项 0 设为 100，按 Enter 键，取消文字选取状态，效果如图 10-153 所示。

图 10-152　　　　　　图 10-153

STEP 22 选择"矩形"工具 ，在适当的位置绘制一个矩形，在"控制"面板中将"描边粗细"
选项 0.283 设为 0.5 点，按 Enter 键，效果如图 10-154 所示。按 Ctrl+Shift+[组合键，将图形置于最
底层，效果如图 10-155 所示。

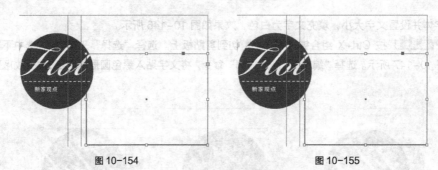

图 10-154   图 10-155

STEP↘23 选取并复制记事本文档中需要的文字。返回到 InDesign 页面中，选择"文字"工具 T，在适当的位置拖曳一个文本框，将复制的文字粘贴到文本框中，将输入的文字选取，在"控制"面板中选择合适的字体并设置文字大小，效果如图 10-156 所示。

STEP↘24 选择"选择"工具 ，选取文字，单击"段落样式"面板下方的"创建新样式"按钮 ，生成新的段落样式并将其命名为"二级标题"，如图 10-157 所示。

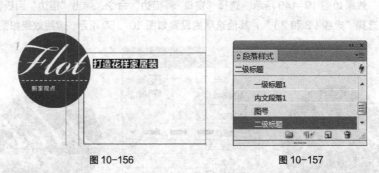

图 10-156   图 10-157

STEP↘25 选取并复制记事本文档中需要的文字。返回到 InDesign 页面中，选择"文字"工具 T，在适当的位置拖曳一个文本框，将复制的文字粘贴到文本框中，将输入的文字选取，在"控制"面板中选择合适的字体并设置文字大小，效果如图 10-158 所示。在"控制"面板中将"行距"选项 0点 设为 12，按 Enter 键，效果如图 10-159 所示。

STEP↘26 选择"选择"工具 ，选取文字，单击"段落样式"面板下方的"创建新样式"按钮 ，生成新的段落样式并将其命名为"内文段落 2"，如图 10-160 所示。

图 10-158   图 10-159   图 10-160

STEP↘27 选取并复制记事本文档中需要的文字。返回到 InDesign 页面中，选择"文字"工具 T，在适当的位置拖曳一个文本框，将复制的文字粘贴到文本框中，将输入的文字选取，在"控制"面板中选择合适的字体并设置文字大小，效果如图 10-161 所示。

STEP 28 在"控制"面板中将"行距"选项 ⬚ 0点 ▼ 设为 10；单击"居中对齐"按钮 ☰，文字居中对齐效果如图 10-162 所示。

图 10-161

1. 壁纸 价格详见店内 石头剪刀布
2. 靠枕 价格详见店内 C&H Home
3. 地毯 价格详见店内 BBYSZ&HABIDCOR 爱丽丝
4. 台灯 价格详见店内 丽高
5. 方巾 价格详见店内 C&H Home
6. 坐垫 198 元 Ashlly 爱家
7. 单人沙发 2199 元 Ashlly 爱家

图 10-162

STEP 29 选择"字符"面板，将"倾斜"选项 𝑇 ⬚ 0° 设为 10°，其他选项的设置如图 10-163 所示；按 Enter 键，取消文字选取状态，效果如图 10-164 所示。

图 10-163

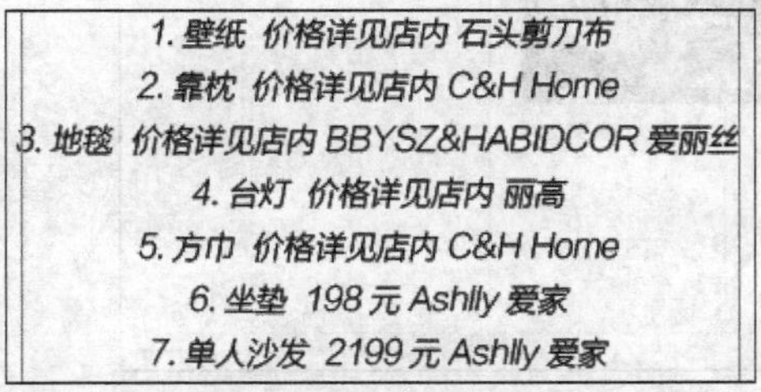

1. 壁纸 价格详见店内 石头剪刀布
2. 靠枕 价格详见店内 C&H Home
3. 地毯 价格详见店内 BBYSZ&HABIDCOR 爱丽丝
4. 台灯 价格详见店内 丽高
5. 方巾 价格详见店内 C&H Home
6. 坐垫 198 元 Ashlly 爱家
7. 单人沙发 2199 元 Ashlly 爱家

图 10-164

STEP 30 选择"文字"工具 🅣，选取文字"1.壁纸"，如图 10-165 所示。在"字符"面板中选择合适的字体，将"倾斜"选项 𝑇 ⬚ 0° 设为 0°，按 Enter 键，取消文字选取状态，效果如图 10-166 所示。

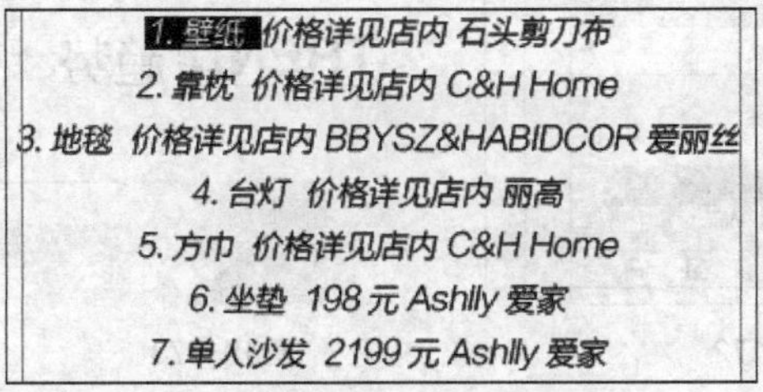

1. 壁纸 价格详见店内 石头剪刀布
2. 靠枕 价格详见店内 C&H Home
3. 地毯 价格详见店内 BBYSZ&HABIDCOR 爱丽丝
4. 台灯 价格详见店内 丽高
5. 方巾 价格详见店内 C&H Home
6. 坐垫 198 元 Ashlly 爱家
7. 单人沙发 2199 元 Ashlly 爱家

图 10-165

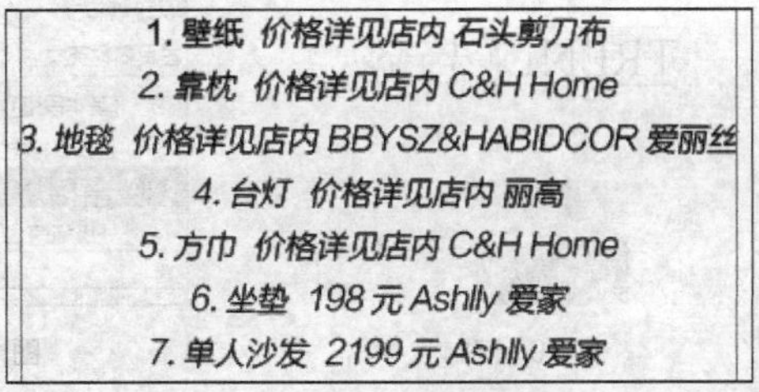

1. 壁纸 价格详见店内 石头剪刀布
2. 靠枕 价格详见店内 C&H Home
3. 地毯 价格详见店内 BBYSZ&HABIDCOR 爱丽丝
4. 台灯 价格详见店内 丽高
5. 方巾 价格详见店内 C&H Home
6. 坐垫 198 元 Ashlly 爱家
7. 单人沙发 2199 元 Ashlly 爱家

图 10-166

STEP 31 选择"文字"工具 🅣，选取文字"1."，设置文字填充色的 CMYK 值为 0、90、100、0，填充文字，效果如图 10-167 所示。使用相同方法制作其他文字效果，如图 10-168 所示。

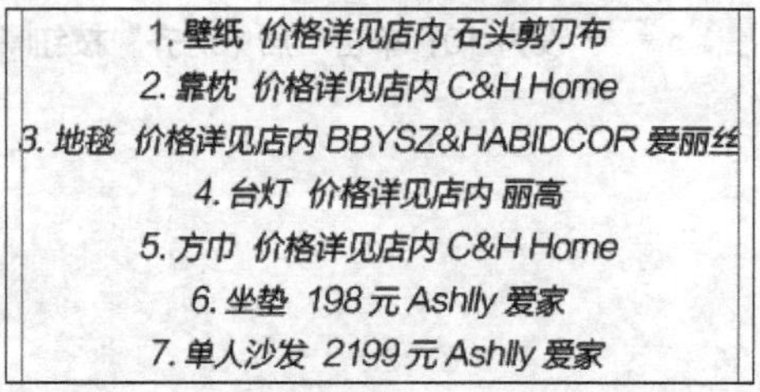

1. 壁纸 价格详见店内 石头剪刀布
2. 靠枕 价格详见店内 C&H Home
3. 地毯 价格详见店内 BBYSZ&HABIDCOR 爱丽丝
4. 台灯 价格详见店内 丽高
5. 方巾 价格详见店内 C&H Home
6. 坐垫 198 元 Ashlly 爱家
7. 单人沙发 2199 元 Ashlly 爱家

图 10-167

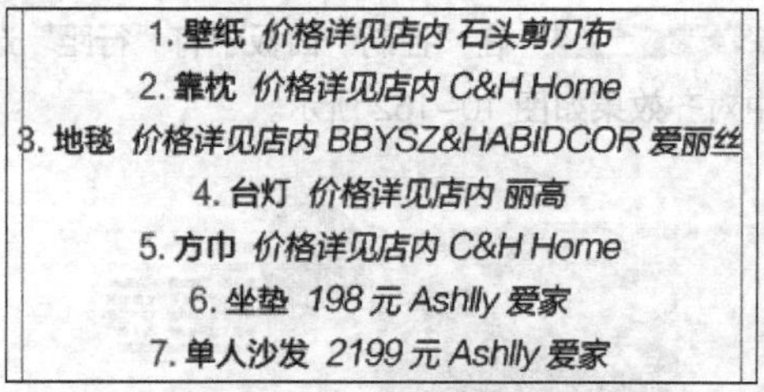

1. 壁纸 价格详见店内 石头剪刀布
2. 靠枕 价格详见店内 C&H Home
3. 地毯 价格详见店内 BBYSZ&HABIDCOR 爱丽丝
4. 台灯 价格详见店内 丽高
5. 方巾 价格详见店内 C&H Home
6. 坐垫 198 元 Ashlly 爱家
7. 单人沙发 2199 元 Ashlly 爱家

图 10-168

10.1.9 制作内页 a3 和 a4

STEP 1 在“状态栏”中单击“文档所属页面”选项右侧的按钮，在弹出的页码中选择“a3”。选择“文件 > 置入”命令，弹出“置入”对话框，选择资源包中的“Ch10 > 素材 > 制作家居杂志 > 23”文件，单击“打开”按钮，在页面空白处单击鼠标置入图片。选择“自由变换”工具，拖曳图片到适当的位置并调整其大小，选择“选择”工具，裁剪图片，效果如图 10-169 所示。

制作家居杂志 6

STEP 2 选择“文字”工具，在页面中左上角分别拖曳两个文本框，输入需要的文字，取消文字选取状态，效果如图 10-170 所示。

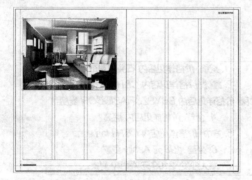

图 10-169

TREND 趋势

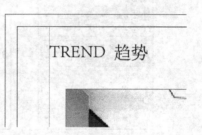

图 10-170

STEP 3 选择“选择”工具，选取英文“TREND”，如图 10-171 所示。在“段落样式”面板中单击“栏目名称英文”样式，如图 10-172 所示，效果如图 10-173 所示。

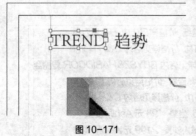

TREND 趋势

图 10-171

段落样式
栏目名称英文
[基本段落]
栏目名称中文
栏目名称英文
一级标题1

图 10-172

TREND 趋势

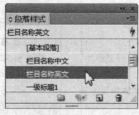

图 10-173

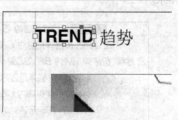

STEP 4 选择“选择”工具，选取文字“趋势”，如图 10-174 所示。在“段落样式”面板中单击“栏目名称中文”样式，如图 10-175 所示，效果如图 10-176 所示。

STEP 5 分别选取并复制记事本文档中需要的文字。返回到 InDesign 页面中，选择“文字”工具，在适当的位置分别拖曳文本框，将复制的文字粘贴到文本框中，将输入的文字同时选取，在“段落样式"面板中单击"一级标题 1"样式，效果如图 10-177 所示。

STEP✓6 选择"文字"工具 T，选取文字"2016"，在"控制"面板中选择合适的字体并设置文字大小，效果如图 10-178 所示。

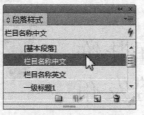

图 10-174　　　　　　　　　　　图 10-175　　　　　　　　　　　图 10-176

图 10-177　　　　　　　　　　　　　　　　　　　图 10-178

STEP✓7 选择"字符"面板，将"倾斜"选项 T 0° 设为 10°，如图 10-179 所示；按 Enter 键，效果如图 10-180 所示。设置文字填充色的 CMYK 值为 60、0、25、0，填充文字，取消文字选取状态，效果如图 10-181 所示。

图 10-179　　　　　　　　　　　图 10-180　　　　　　　　　　　图 10-181

STEP✓8 选取并复制记事本文档中需要的文字。返回到 InDesign 页面中，选择"文字"工具 T，在适当的位置拖曳一个文本框，将复制的文字粘贴到文本框中，将输入的文字选取，在"控制"面板中选择合适的字体并设置文字大小，取消文字选取状态，效果如图 10-182 所示。

STEP✓9 选择"文件 > 置入"命令，弹出"置入"对话框，选择资源包中的"Ch10 > 素材 > 制作家居杂志 > 16"文件，单击"打开"按钮，在页面空白处单击鼠标置入图片。选择"自由变换"工具，拖曳图片到适当的位置并调整其大小，效果如图 10-183 所示。

图 10-182   图 10-183

STEP 10 选择"选择"工具 ，按住 Alt 键的同时，用鼠标向右拖曳图片到适当的位置，复制图片，选择"自由变换"工具 ，调整其大小，效果如图 10-184 所示。

STEP 11 选择"文字"工具 T ，在适当的位置拖曳一个文本框，输入需要的文字。将输入的文字选取，在"段落样式"面板中单击"图号"样式，取消文字选取状态，效果如图 10-185 所示。使用相同方法制作其他图片和文字，效果如图 10-186 所示。

图 10-184   图 10-185   图 10-186

STEP 12 选择"椭圆"工具 ，按住 Shift 键的同时，在适当的位置绘制一个圆形，设置图形填充色的 CMYK 值为 60、0、25、0，填充图形，并设置描边色为无，效果如图 10-187 所示。

STEP 13 分别选取并复制记事本文档中需要的文字。返回到 InDesign 页面中，选择"文字"工具 T ，在适当的位置分别拖曳文本框，将复制的文字粘贴到文本框中，将输入的文字选取，在"控制"面板中分别选择合适的字体并设置文字大小，填充文字为白色，效果如图 10-188 所示。

图 10-187   图 10-188

STEP 14 选择"文字"工具 T ，选取英文"Nature"，选择"字符"面板，将"倾斜"选项 T ⬍0° 设为 10° ，如图 10-189 所示；按 Enter 键，效果如图 10-190 所示。

图 10-189   图 10-190

STEP 15 选取文字"关键…色彩"，在"控制"面板中将"行距"选项 ⬍0点 ▼ 设为 12，单击"居中对齐"按钮 ≡ ，文字居中对齐效果如图 10-191 所示。选择"直线"工具 ／ ，按住 Shift 键的同时，在适当的位置拖曳鼠标绘制一条直线，填充描边为白色，效果如图 10-192 所示。

图 10-191   图 10-192

STEP 16 选择"描边"面板，在"类型"选项的下拉列表中选择"圆点"，其他选项的设置如图 10-193 所示，虚线效果如图 10-194 所示。选择"选择"工具 ▶ ，选取虚线，按 Alt+Shift 组合键的同时，水平向右拖曳虚线到适当的位置，复制虚线，效果如图 10-195 所示。

图 10-193   图 10-194   图 10-195

STEP 17 选取并复制记事本文档中需要的文字。返回到 InDesign 页面中，选择"文字"工具 T ，在适当的位置拖曳一个文本框，将复制的文字粘贴到文本框中，将输入的文字同时选取，在"段落样式"面板中单击"内文段落 2"样式，效果如图 10-196 所示。

STEP 18 选取并复制记事本文档中需要的文字。返回到 InDesign 页面中，选择"文字"工具 T ，在适当的位置拖曳一个文本框，将复制的文字粘贴到文本框中，将输入的文字选取，在"控制"面板中选择合适的字体并设置文字大小，效果如图 10-197 所示。

图 10-196　　　　　　　　　　　　　　图 10-197

STEP 19 选择"字符"面板，将"行距"选项 ⬚ 0点 ▼ 设为 10，"倾斜"选项 T ⬚ 0° 设为 10°，其他选项的设置如图 10-198 所示；按 Enter 键，取消文字选取状态，效果如图 10-199 所示。

图 10-198　　　　　　　　　　　图 10-199

STEP 20 选择"文字"工具 T ，分别选取需要的文字，在"字符"面板中选择合适的字体，将"倾斜"选项 T ⬚ 0° 设为 0°，按 Enter 键，取消文字选取状态，效果如图 10-200 所示。

STEP 21 在"状态栏"中单击"文档所属页面"选项右侧的按钮 ▼ ，在弹出的页码中选择"a4"。使用上述相同方法制作出图 10-201 所示的效果。

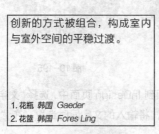

图 10-200

图 10-201

10.1.10　制作内页 a5 和 a6

STEP 1 在"状态栏"中单击"文档所属页面"选项右侧的按钮 ▼ ，在弹出的
页码中选择"a5"。选择"文件 > 置入"命令，弹出"置入"对话框，选择资源包中的
"Ch10 > 素材 > 制作家居杂志 > 24"文件，单击"打开"按钮，在页面空白处单击鼠
标置入图片。选择"自由变换"工具 ，拖曳图片到适当的位置并调整其大小，选择"选
择"工具 ，裁剪图片，效果如图 10-202 所示。

制作家居杂志 7

STEP 2 选择"文字"工具 T ，在页面中左上角分别拖曳两个文本框，输入需要的文字，取消
文字选取状态，效果如图 10-203 所示。

图 10-202

图 10-203

STEP 3 选择"选择"工具 ，选取英文"STYLE"，如图 10-204 所示。在"段落样式"面板
中单击"栏目名称英文"样式，如图 10-205 所示，效果如图 10-206 所示。

图 10-204

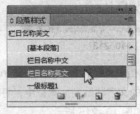

图 10-205

图 10-206

STEP 4 选择"选择"工具 ，选取文字"格调"，如图 10-207 所示；在"段落样式"面板
中单击"栏目名称中文"样式，如图 10-208 所示，效果如图 10-209 所示。

图 10-207

图 10-208

图 10-209

STEP 5 选取并复制记事本文档中需要的文字。返回到 InDesign 页面中，选择"文字"工具 T ，
在适当的位置拖曳一个文本框，将复制的文字粘贴到文本框中，将输入的文字选取，在"控制"面板中选
择合适的字体并设置文字大小，效果如图 10-210 所示。在"控制"面板中将"字符间距"选项 0 ▼

设为-75，按 Enter 键，效果如图 10-211 所示。

图 10-210　　　　　　　　　　　　　图 10-211

STEP 6 选择"字符"面板，单击"字体样式"选项右侧的按钮 ▾ ，在弹出的菜单中选择字体样式，如图 10-212 所示；改变字体样式，效果如图 10-213 所示。设置文字填充色的 CMYK 值为 0、90、100、0，填充文字，取消文字选取状态，效果如图 10-214 所示。

图 10-212　　　　　　　　图 10-213　　　　　　　　图 10-214

STEP 7 选取并复制记事本文档中需要的文字。返回到 InDesign 页面中，选择"文字"工具 T ，在适当的位置拖曳一个文本框，将复制的文字粘贴到文本框中，将输入的文字同时选取，在"段落样式"面板中单击"一级标题 1"样式，效果如图 10-215 所示。

STEP 8 选取并复制记事本文档中需要的文字。返回到 InDesign 页面中，选择"文字"工具 T ，在适当的位置拖曳一个文本框，将复制的文字粘贴到文本框中，将输入的文字选取，在"控制"面板中选择合适的字体并设置文字大小，取消文字选取状态，效果如图 10-216 所示。

图 10-215　　　　　　　　　　　　　图 10-216

STEP 9 选取并复制记事本文档中需要的文字。返回到 InDesign 页面中，选择"文字"工具 T ，在适当的位置拖曳一个文本框，将复制的文字粘贴到文本框中，将输入的文字同时选取，在"段落样式"面板中单击"内文段落 1"样式，效果如图 10-217 所示。

STEP 10 选择"矩形"工具，在适当的位置绘制一个矩形，填充图形为白色，并设置描边色为无，效果如图 10-218 所示。在"控制"面板中将"不透明度"选项 100% 设为 30%，按 Enter 键，效果如图 10-219 所示。

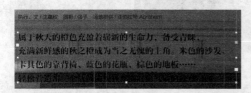

图 10-217

图 10-218

图 10-219

STEP 11 分别选取并复制记事本文档中需要的文字。返回到 InDesign 页面中，选择"文字"工具，在适当的位置分别拖曳文本框，将复制的文字粘贴到文本框中，将输入的文字选取，在"控制"面板中选择合适的字体并设置文字大小，效果如图 10-220 所示。选取英文"TIPS"，在"控制"面板中将"字符间距"选项 0 设为-75，按 Enter 键，效果如图 10-221 所示。

STEP 12 选择"字符"面板，单击"字体样式"选项右侧的按钮，在弹出的菜单中选择字体样式，如图 10-222 所示；改变字体样式，效果如图 10-223 所示。

图 10-220

图 10-221

图 10-222

图 10-223

STEP 13 保持文字选取状态，设置文字填充色的 CMYK 值为 0、90、100、0，填充文字，取消文字选取状态，效果如图 10-224 所示。选择"文字"工具，选取下方的文字，在"控制"面板中将"行距"选项 0点 设为 12，按 Enter 键，取消文字选取状态，效果如图 10-225 所示。

图 10-224

图 10-225

STEP⤵14 选择"矩形"工具▭，在适当的位置绘制一个矩形，在"控制"面板中将"描边粗细"选项⟨0.283点⟩▼设为0.5点，按Enter键，效果如图10-226所示。选择"选择"工具▶，按住住Alt+Shift组合键的同时，水平向右拖曳图形到适当的位置，复制图形，效果如图10-227所示。

图10-226 图10-227

STEP⤵15 选择"选择"工具▶，用圈选的方法将所绘制图形同时选取，按住Alt+Shift组合键的同时，垂直向下拖曳图形到适当的位置，复制图形，效果如图10-228所示。

STEP⤵16 选择"文件 > 置入"命令，弹出"置入"对话框，选择资源包中的"Ch10 > 素材 > 制作家居杂志 > 25"文件，单击"打开"按钮，在页面空白处单击鼠标置入图片。选择"自由变换"工具⬚，拖曳图片到适当的位置并调整其大小，效果如图10-229所示。

图10-228 图10-229

STEP⤵17 保持图片选取状态。按Ctrl+X组合键，将图片剪切到剪贴板上。选择"选择"工具▶，选中下方的矩形，选择"编辑 > 贴入内部"命令，将图片贴入矩形的内部，并设置描边色为无，效果如图10-230所示。使用相同方法置入其他图片并制作出如图10-231所示的效果。

图10-230 图10-231

STEP 18 选取并复制记事本文档中需要的文字。返回到 InDesign 页面中，选择"文字"工具 T，在适当的位置拖曳一个文本框，将复制的文字粘贴到文本框中，将输入的文字同时选取，在"段落样式"面板中单击"二级标题"样式，效果如图 10-232 所示。

STEP 19 选取并复制记事本文档中需要的文字。返回到 InDesign 页面中，选择"文字"工具 T，在适当的位置拖曳一个文本框，将复制的文字粘贴到文本框中，将输入的文字同时选取，在"段落样式"面板中单击"内文段落 2"样式，效果如图 10-233 所示。

图 10-232

图 10-233

STEP 20 选取并复制记事本文档中需要的文字。返回到 InDesign 页面中，选择"文字"工具 T，在适当的位置拖曳一个文本框，将复制的文字粘贴到文本框中，将输入的文字选取，在"控制"面板中选择合适的字体并设置文字大小，效果如图 10-234 所示。在控制面板中将"行距"选项 ⇱ 0点 ▼ 设为 10，按 Enter 键，效果如图 10-235 所示。

图 10-234

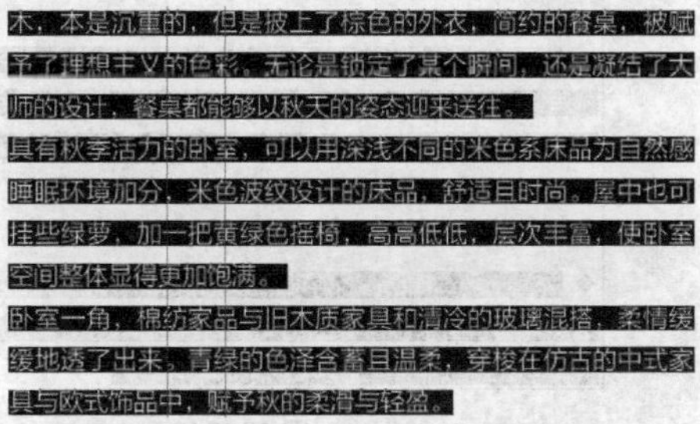

图 10-235

STEP 21 保持文字的选取状态。按 Ctrl+Alt+T 组合键，弹出"段落"面板，选项的设置如图 10-236 所示；按 Enter 键，效果如图 10-237 所示。

图 10-236

图 10-237

STEP↴22 保持文字的选取状态。按住 Alt 键的同时，单击"控制"面板中的"项目符号列表" ，在弹出的对话框中将"列表类型"设为项目符号，单击"添加"按钮，在弹出的"添加项目符号"对话框中选择需要的符号，如图 10-238 所示；单击"确定"按钮，回到"项目符号和编号"对话框中，设置如图 10-239 所示；单击"确定"按钮，效果如图 10-240 所示。

STEP↴23 选择"选择"工具 ，选取文字，单击"段落样式"面板下方的"创建新样式"按钮 ，生成新的段落样式并将其命名为"内文段落 3"，如图 10-241 所示。

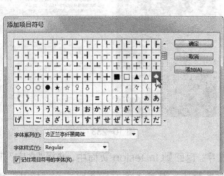

图 10-238

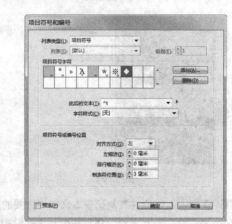

图 10-239

图 10-240

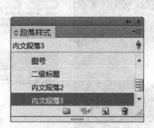

图 10-241

10.1.11 制作内页 a7 和 a8

STEP↴1 在"状态栏"中单击"文档所属页面"选项右侧的按钮 ，在弹出的页码中选择"a7"。选择"文件 > 置入"命令，弹出"置入"对话框，选择资源包中的"Ch10 > 素材 > 制作家居杂志 > 28"文件，单击"打开"按钮，在页面空白处单击鼠标置入图片。选择"自由变换"工具 ，拖曳图片到适当的位置并调整其大小，选择"选择"工具 ，裁剪图片，效果如图 10-242 所示。

制作家居杂志 8

STEP↴2 选择"文字"工具 ，在页面中左上角分别拖曳两个文本框，输入需要的文字，取消文字的选取状态，效果如图 10-243 所示。

STEP↴3 选择"选择"工具 ，选取英文"EXPERTS"，如图 10-244 所示。在"段落样式"面板中单击"栏目名称英文"样式，如图 10-245 所示，效果如图 10-246 所示。

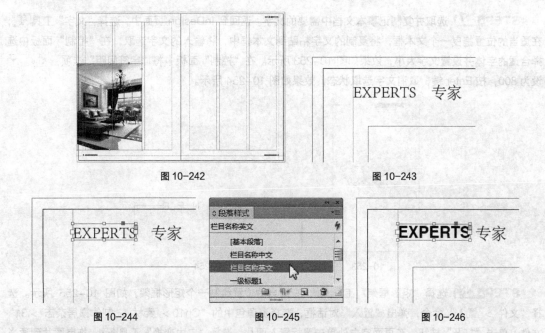

图 10-242   图 10-243

图 10-244   图 10-245   图 10-246

STEP 4 选择"选择"工具，选取文字"专家"，如图 10-247 所示；在"段落样式"面板中单击"栏目名称中文"样式，如图 10-248 所示，效果如图 10-249 所示。

图 10-247   图 10-248   图 10-249

STEP 5 选择"矩形"工具，在适当的位置绘制一个矩形，在"控制"面板中将"描边粗细"选项 0.283 点 设为 0.5 点，按 Enter 键，效果如图 10-250 所示。

STEP 6 选择"添加锚点"工具，分别在矩形上适当的位置单击鼠标左键添加两个锚点，如图 10-251 所示。选择"直接选择"工具，选取需要的线段，按 Delete 键将其删除，效果如图 10-252 所示。

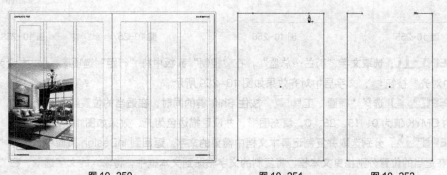

图 10-250   图 10-251   图 10-252

STEP 7 选取并复制记事本文档中需要的文字。返回到 InDesign 页面中，选择"文字"工具 T ，在适当的位置拖曳一个文本框，将复制的文字粘贴到文本框中，将输入的文字选取，在"控制"面板中选择合适的字体并设置文字大小，效果如图 10-253 所示。在"控制"面板中将"字符间距"选项 AV ↕ 0 ▼ 设为 800，按 Enter 键，取消文字选取状态，效果如图 10-254 所示。

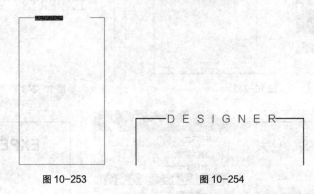

图 10-253　　　　　　　　　　图 10-254

STEP 8 选择"矩形框架"工具 ⊠ ，在适当的位置绘制一个矩形框架，如图 10-255 所示。选择"文件 > 置入"命令，弹出"置入"对话框，选择资源包中的"Ch10 > 素材 > 制作家居杂志 > 31"文件，单击"打开"按钮，在页面空白处单击鼠标置入图片。选择"自由变换"工具 ▦ ，拖曳图片到适当的位置并调整其大小，效果如图 10-256 所示。

STEP 9 保持图片选取状态。按 Ctrl+X 组合键，将图片剪切到剪贴板上。选择"选择"工具 ▶ ，选中下方的矩形框架，选择"编辑 > 贴入内部"命令，将图片贴入矩形框架的内部，效果如图 10-257 所示。

STEP 10 分别选取并复制记事本文档中需要的文字。返回到 InDesign 页面中，选择"文字"工具 T ，在适当的位置分别拖曳文本框，将复制的文字粘贴到文本框中，将输入的文字选取，在"控制"面板中选择合适的字体并设置文字大小，取消文字选取状态，效果如图 10-258 所示。

图 10-255　　　　　　图 10-256　　　　　　图 10-257　　　　　　图 10-258

STEP 11 选取文字"荷兰…总监"，在"控制"面板中将"行距"选项 ↕ 0点 ▼ 设为 12，单击"居中对齐"按钮 ☰ ，文字居中对齐效果如图 10-259 所示。

STEP 12 选择"椭圆"工具 ◯ ，按住 Shift 键的同时，在适当的位置绘制一个圆形，设置图形填充色的 CMYK 值为 0、15、25、0，填充图形，并设置描边色为无，效果如图 10-260 所示。

STEP 13 分别选取并复制记事本文档中需要的文字。返回到 InDesign 页面中，选择"文字"工具 T ，在适当的位置分别拖曳文本框，将复制的文字粘贴到文本框中，将输入的文字选取，在"控制"面板中分别选择合适的字体并设置文字大小，效果如图 10-261 所示。

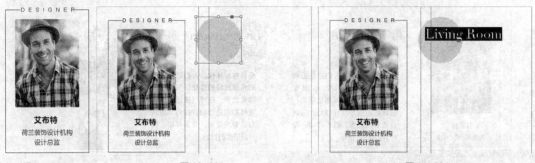

图 10-259　　　　　　　图 10-260　　　　　　　　　　图 10-261

STEP 14 选择"字符"面板，将"字符间距"选项 AV ⬚ 0 ▼ 设为-50，"倾斜"选项 T ⬚ 0° 设为 10°，其他选项的设置如图 10-262 所示；按 Enter 键，取消文字选取状态，效果如图 10-263 所示。

图 10-262　　　　　　　　图 10-263

STEP 15 选取并复制记事本文档中需要的文字。返回到 InDesign 页面中，选择"文字"工具 T，在适当的位置拖曳一个文本框，将复制的文字粘贴到文本框中，将输入的文字选取，在"控制"面板中选择合适的字体并设置文字大小，效果如图 10-264 所示。

STEP 16 选择"选择"工具 ▶，选取文字，单击"段落样式"面板下方的"创建新样式"按钮 ⬚，生成新的段落样式并将其命名为"一级标题 2"，如图 10-265 所示。

图 10-264　　　　　　　图 10-265

STEP 17 选取并复制记事本文档中需要的文字。返回到 InDesign 页面中，选择"文字"工具 T，在适当的位置拖曳一个文本框，将复制的文字粘贴到文本框中，将输入的文字同时选取，在"段落样式"面板中单击"内文段落 1"样式，效果如图 10-266 所示。

STEP 18 选择"文件 > 置入"命令，弹出"置入"对话框，选择资源包中的"Ch10 > 素材 > 制作家居杂志 > 30"文件，单击"打开"按钮，在页面空白处单击鼠标置入图片。选择"自由变换"工

具 ，拖曳图片到适当的位置并调整其大小，效果如图 10-267 所示。

图 10-266   图 10-267

STEP 19 选择"文字"工具 [T]，在适当的位置拖曳出一个文本框。选择"表 > 插入表"命令，在弹出的对话框中进行设置，如图 10-268 所示；单击"确定"按钮，效果如图 10-269 所示。

图 10-268   图 10-269

STEP 20 将指针移至表的左上方，当指针变为箭头形状 ↘ 时，单击鼠标左键选取整个表，如图 10-270 所示。选取并复制记事本文档中需要的文字。返回到 InDesign 页面中，将复制的文字粘贴到表格中，如图 10-271 所示；在"段落样式"面板中单击"内文段落 2"样式，效果如图 10-272 所示。

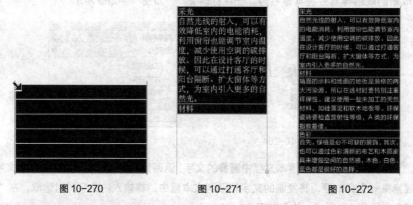

图 10-270   图 10-271   图 10-272

STEP 21 选择"文字"工具 [T]，选取文字"采光"，在"段落样式"面板中单击"二级标题"样式，效果如图 10-273 所示。使用相同的方法分别选取其他文字并应用"二级标题"样式，效果如图 10-274 所示。

图 10-273　　　　　　　图 10-274

STEP 22 将鼠标移到表第一行的左边缘，当鼠标指针变为图标➡时，单击鼠标左键，第一行被选中，如图 10-275 所示。设置表格填充色的 CMYK 值为 0、5、15、0，填充表格，效果如图 10-276 所示。使用相同方法分别选中其他表格并填充相同的颜色，效果如图 10-277 所示。

STEP 23 选择"文字"工具 **T** ，分别在适当的位置单击插入光标，按 Enter 键插入空白行，如图 10-278 所示。

图 10-275　　　　　图 10-276　　　　　图 10-277　　　　　图 10-278

STEP 24 将鼠标移到表第二行的左边缘，当鼠标指针变为图标➡时，单击鼠标左键，第二行被选中，如图 10-279 所示。按 Shift+F9 组合键，弹出"表"面板，将"上单元格内边距"选项设置为 1.5 毫米，如图 10-280 所示；按 Enter 键，效果如图 10-281 所示。使用相同方法制作其他文字，效果如图 10-282 所示。

图 10-279　　　　　图 10-280　　　　　图 10-281　　　　　图 10-282

STEP 25 将指针移至表的左上方，当指针变为箭头形状↘时，单击鼠标左键选取整个表，如图 10-283 所示。设置描边色为无，取消选取状态，效果如图 10-284 所示。

STEP 26 选择"矩形"工具■，在适当的位置绘制一个矩形，设置图形填充色的 CMYK 值为 0、0、0、30，填充图形，并设置描边色为无，效果如图 10-285 所示。

图 10-283    图 10-284   图 10-285

STEP 27 单击"控制"面板中的"投影"按钮■，为图形添加投影，效果如图 10-286 所示。选择"文件 > 置入"命令，弹出"置入"对话框，选择资源包中的"Ch10 > 素材 > 制作家居杂志 > 33"文件，单击"打开"按钮，在页面空白处单击鼠标置入图片。选择"自由变换"工具■，拖曳图片到适当的位置并调整其大小，效果如图 10-287 所示。

STEP 28 在"状态栏"中单击"文档所属页面"选项右侧的按钮▼，在弹出的页码中选择"a8"。使用上述相同方法制作出图 10-288 所示的效果。

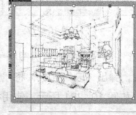

图 10-286   图 10-287   图 10-288

10.1.12 制作杂志目录

STEP 1 在"状态栏"中单击"文档所属页面"选项右侧的按钮▼，在弹出的页码中选择"1"。选择"文件 > 置入"命令，弹出"置入"对话框，选择资源包中的"Ch10 > 素材 > 制作家居杂志 >03、04"文件，单击"打开"按钮，在页面空白处分别单击鼠标置入图片。选择"自由变换"工具■，分别拖曳图片到适当的位置并调整其大小，选择"选择"工具�

制作家居杂志 9

，分别裁剪图片，效果如图 10-289 所示。

STEP 2 分别选取并复制记事本文档中需要的文字。返回到 InDesign 页面中，选择"文字"工具 T，在适当的位置分别拖曳文本框，将复制的文字粘贴到文本框中，将输入的文字选取，在"控制"面板中选择合适的字体并设置文字大小，效果如图 10-290 所示。

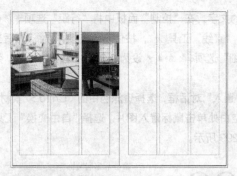
图 10-289

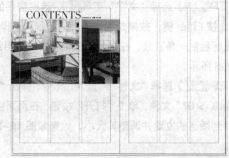
图 10-290

STEP 3 选取文字"CONTENTS"，选择"字符"面板，单击"字体样式"选项右侧的按钮▼，在弹出的菜单中选择字体样式，如图 10-291 所示；改变字体样式，效果如图 10-292 所示。设置文字填充色的 CMYK 值为 100、0、100、15，填充文字，取消文字选取状态，效果如图 10-293 所示。

图 10-291

图 10-292

图 10-293

STEP 4 分别选取并复制记事本文档中需要的文字。返回到 InDesign 页面中，选择"文字"工具 T，在"控制"面板中单击"右对齐"按钮 ，在适当的位置分别拖曳文本框，将复制的文字粘贴到文本框中，将输入的文字选取，在"控制"面板中分别选择合适的字体并设置文字大小，效果如图 10-294 所示。

STEP 5 选择"文字"工具 T，选取需要的文字，在"控制"面板中将"行距"选项 0点 ▼ 设为 18，按 Enter 键，效果如图 10-295 所示。设置文字填充色的 CMYK 值为 100、0、100、15，填充文字，取消文字选取状态，效果如图 10-296 所示。

图 10-294

图 10-295

图 10-296

STEP▶6 选择"文字"工具 **T**，选取需要的文字，在"控制"面板中将"行距"选项 0点 ▼ 设为 12，按 Enter 键，效果如图 10-297 所示。选择"直线"工具 **/**，按住 Shift 键的同时，在适当的位置拖曳鼠标绘制一条直线，在控制面板中将"描边粗细"选项 0.283点 ▼ 设为 0.5mm，按 Enter 键，效果如图 10-298 所示。

STEP▶7 选择"文件 > 置入"命令，弹出"置入"对话框，选择资源包中的"Ch10 > 素材 > 制作家居杂志 > 07"文件，单击"打开"按钮，在页面空白处单击鼠标置入图片。选择"自由变换"工具 ，拖曳图片到适当的位置并调整其大小，效果如图 10-299 所示。

图 10-297

图 10-298

图 10-299

STEP▶8 在"字符样式"面板中，单击面板下方的"创建新样式"按钮 ，生成新的字符样式并将其命名为"页码"。双击"页码"样式，弹出"字符样式选项"对话框，单击"基本字符格式"选项，弹出相应的对话框，设置如图 10-300 所示；单击左侧的"字符颜色"选项，弹出相应的对话框，设置如图 10-301 所示，单击"确定"按钮。

图 10-300

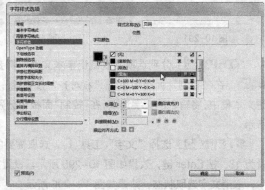

图 10-301

STEP▶9 在"段落样式"面板中，单击面板下方的"创建新样式"按钮 ，生成新的段落样式并将其命名为"目录 1"。双击"目录 1"样式，弹出"段落样式选项"对话框，单击"基本字符格式"选项，弹出相应的对话框，设置如图 10-302 所示；单击左侧的"字符颜色"选项，弹出相应的对话框，设置如图 10-303 所示，单击"确定"按钮。

STEP▶10 在"段落样式"面板中，单击面板下方的"创建新样式"按钮 ，生成新的段落样式并将其命名为"目录 2"。双击"目录 2"样式，弹出"段落样式选项"对话框，单击"基本字符格式"选项，弹出相应的对话框，设置如图 10-304 所示；单击左侧的"字符颜色"选项，弹出相应的对话框，设置如图 10-305 所示，单击"确定"按钮。

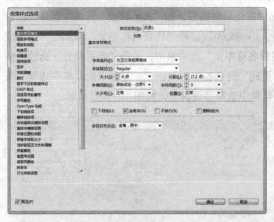

图 10-302

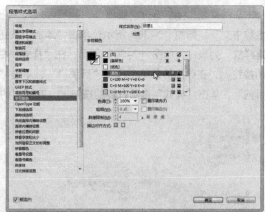

图 10-303

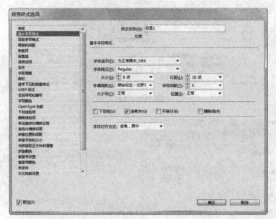

图 10-304

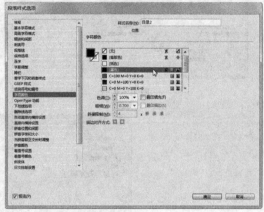

图 10-305

STEP 11 在"段落样式"面板中，单击面板下方的"创建新样式"按钮 ，生成新的段落样式并将其命名为"目录 3"。双击"目录 3"样式，弹出"段落样式选项"对话框，单击"基本字符格式"选项，弹出相应的对话框，设置如图 10-306 所示；单击左侧的"字符颜色"选项，弹出相应的对话框，设置如图 10-307 所示，单击"确定"按钮。

图 10-306

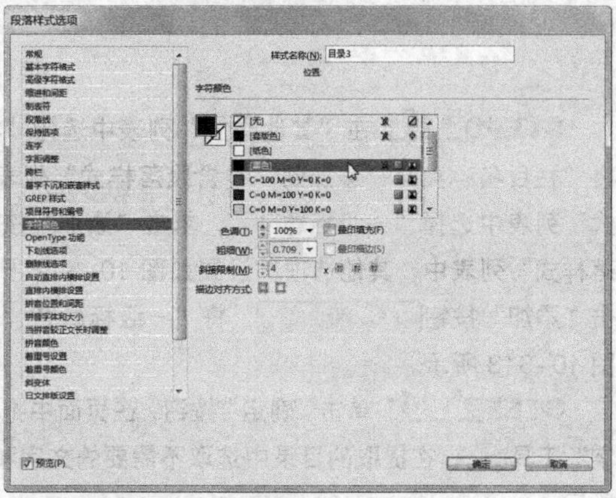

图 10-307

STEP 12 选择"版面 > 目录"命令，弹出"目录"对话框，在"其他样式"列表中选择"栏目名称中文"，如图 10-308 所示；单击"添加"按钮 << 添加(A)，将"栏目名称中文"添加到"包含段落样式"列表中，如图 10-309 所示。在"样式：栏目名称中文"选项组中，单击"条目样式"选项右侧的按钮，在弹出的菜单中选择"目录 1"，单击"页码"选项右侧的按钮，在弹出的菜单中选择"条目前"，单击"样式"选项右侧的按钮，在弹出的菜单中选择"页码"，如图 10-310 所示。

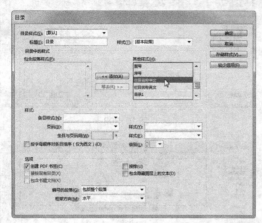

图 10-308

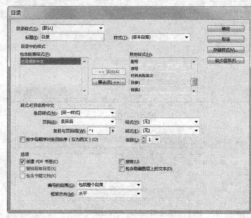

图 10-309

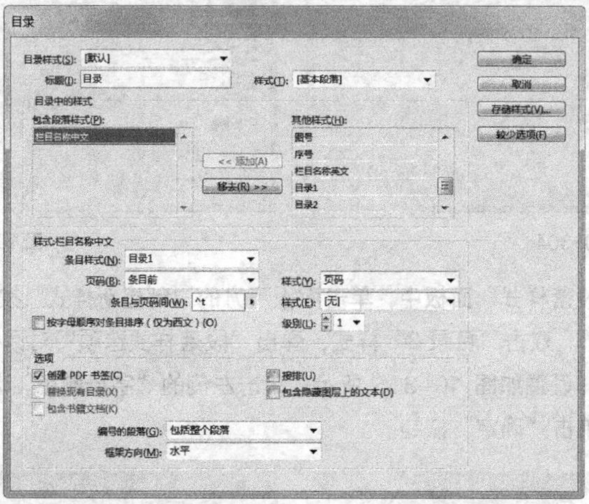

图 10-310

STEP 13 在"其他样式"列表中选择"栏目名称英文"，单击"添加"按钮 << 添加(A)，将"栏目名称英文"添加到"包含段落样式"列表中，其他选项设置如图 10-311 所示。在"其他样式"列表中选择"一级标题 1"，单击"添加"按钮 << 添加(A)，将"一级标题 1"添加到"包含段落样式"列表中，其他选项的设置如图 10-312 所示。在"其他样式"列表中选择"一级标题 2"，单击"添加"按钮 << 添加(A)，将"一级标题 2"添加到"包含段落样式"列表中，其他选项的设置如图 10-313 所示。

STEP 14 单击"确定"按钮，在页面中拖曳鼠标，提取目录，效果如图 10-314 所示。选择"文字"工具 T，在提取的目录中选取不需要的文字和空格，按 Delete 键，将其删除，效果如图 10-315 所示。

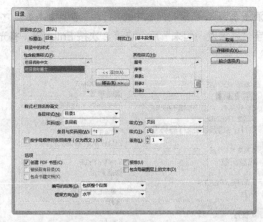

图 10-311

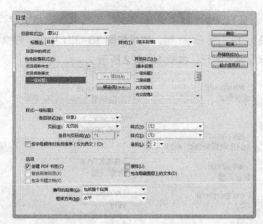

图 10-312

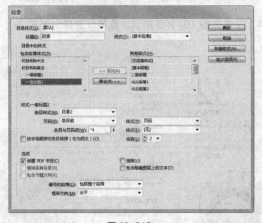

图 10-313

图 10-314　　　　图 10-315

STEP 15 选择"文字"工具 T，选取需要的文字，如图 10-316 所示，按 Ctrl+X 组合键，剪切文字。在数字"1"后，按 Ctrl+V 组合键，粘贴文字，效果如图 10-317 所示。使用相同的方法调整其他文字，效果如图 10-318 所示。

图 10-316　　　　　　　　图 10-317　　　　　　　　图 10-318

STEP 16 选取并复制记事本文档中需要的文字。返回到 InDesign 页面中，选择"文字"工具 T，在文字"浪漫季节"后，按 Enter 键，将光标换到下一行，如图 10-319 所示。按 Ctrl+V 组合键，粘贴文字，将文字选取，在"段落样式"面板中单击"目录 3"样式，取消选取状态，效果如图 10-320 所示。

STEP 17 选择"文字"工具 T，选取文字"浪漫季节"，在控制面板中将"行距"选项 0点 ▼ 设为 12，按 Enter 键，效果如图 10-321 所示。在文字"在浪漫…起来"后，连续 2 次按 Enter 键，将光标换到下一行，如图 10-322 所示。

| 图 10-319 | 图 10-320 | 图 10-321 | 图 10-322 |

STEP 18 使用相同的方法制作其他文字，效果如图 10-323 所示。选择"选择"工具 ，拖曳目录到页面中适当的位置，如图 10-324 所示。

图 10-323   图 10-324

STEP 19 选择"文字"工具 T，选取文字"1 潮流 VOGUE"，在控制面板中将"行距"选项 0点 ▼ 设为 10，按 Enter 键，效果如图 10-325 所示。使用相同的方法调整其他文字相同行距，效果如图 10-326 所示。

图 10-325   图 10-326

STEP 20 选择"文字"工具 T，选取数字"1"，如图 10-327 所示。按 Ctrl+X 组合键，剪切文字，在适当的位置拖曳一个文本框，将剪切的文字粘贴到文本框中，效果如图 10-328 所示。

图 10-327   图 10-328

STEP 21 选择"直线"工具，按住 Shift 键的同时，在适当的位置拖曳鼠标绘制一条直线，在控制面板中将"描边粗细"选项 0.283 设为 0.25mm，按 Enter 键，效果如图 10-329 所示。使用相同方法制作其他文字和直线，效果如图 10-330 所示。

图 10-329   图 10-330

STEP 22 使用上述相同方法置入图片并制作出图 10-331 所示的效果。

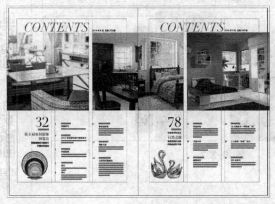

图 10-331

10.2 课后习题——制作美食杂志

习题知识要点

在 Photoshop 中，使用高斯模糊滤镜命令制作图片模糊效果，使用添加图层蒙版按钮、画笔工具制作图片融合效果，使用色阶命令调整图片颜色；在 Illustrator 中，使用文字工具、创建轮廓命令、直接选择工具和椭圆工具制作标题文字，使用椭圆工具、路径查找器面板、投影命令、镜像命令和文字工具制作促销吊牌，使用矩形工具和创建剪切蒙版命令制作图片的剪切效果，使用字形命令插入需要的字形，使用文字工具添加刊期和其他相关内容；在 CorelDRAW 中，使用插入条形码命令插入条形码；在 InDesign 中，使用页码和章节选项命令更改起始页码，使用置入命令置入素材图片，使用文字工具和填充工具添加标题及杂志相关信息，使用段落样式面板添加标题和正文样式，使用矩形工具和贴入内部命令制作图片剪切效果，使用直线工具和描边面板制作虚线效果，使用目录命令提取目录。美食杂志封面、内页效果如图 10-332 所示。

效果所在位置

资源包 > Ch10 > 效果 > 制作美食杂志 > 美食杂志封面.ai、美食杂志内页.indd。

图 10-332

制作美食杂志 1　　制作美食杂志 2

制作美食杂志 3　　制作美食杂志 4

制作美食杂志 5　　制作美食杂志 6

制作美食杂志 7　　制作美食杂志 8

制作美食杂志 9　　制作美食杂志 10

Photoshop+Illustrator+CorelDRAW+InDesign

Chapter 11

第 11 章 书籍装帧设计

一本好书是好的内容和好的书籍装帧的完美结合，精美的书籍装帧设计可以带给读者更多的阅读乐趣。本章主要讲解的是书籍的封面与内页设计。封面设计是书籍的外表和标志，是书籍装帧的重要组成部分。正文（内页）则是书籍的核心和最基本的部分，它是书籍设计的基础。本章以制作菜谱书籍为例，讲解书籍封面与内页的设计方法和制作技巧。

课堂学习目标

- 在 Illustrator 软件中制作菜谱书籍封面
- 在 CorelDRAW 软件中制作条形码
- 在 InDesign 软件中制作菜谱书籍内页

11.1 制作菜谱书籍

⊕ 案例学习目标

在 Illustrator 中，学习使用置入命令、绘图工具、填充工具、透明度控制面板、混合工具、文字工具和字符控制面板添加封面相关信息；在 CorelDRAW 中，学习使用插入条码命令制作条形码；在 InDesign 中，学习使用版面命令、置入命令、绘图工具、角选项命令、文字工具、字符样式面板、段落样式面板和目录命令制作书籍内页。

⊕ 案例知识要点

在 Illustrator 中，使用参考线分割页面，使用置入命令、矩形工具和建立剪切蒙版命令制作图片的剪切蒙版，使用透明度控制面板制作半透明效果，使用文字工具、字符控制面板和填充工具添加并编辑内容信息，使用星形工具、椭圆工具、混合工具制作装饰图形，使用钢笔工具、路径文字工具制作路径文字；在 CorelDRAW 中，使用插入条码命令插入条形码；在 InDesign 中，使用页码和章节选项命令更改起始页码，使用置入命令、选择工具添加并裁剪图片，使用矩形工具、角选项命令和贴入内部命令制作图片剪切效果，使用边距和分栏命令调整边距和分栏，使用文字工具、字符样式面板和段落样式面板添加标题及介绍性文字，使用直线工具、描边面板制作虚线效果，使用目录命令提取书籍目录。菜谱书籍封面、内页效果如图 11-1 所示。

⊕ 效果所在位置

资源包 > Ch11 > 效果 > 制作菜谱书籍 > 菜谱书籍封面.ai、菜谱书籍内页.indd。

图 11-1

图 11-1（续）

Illustrator 应用

11.1.1 制作封面

STEP☆1 打开 Illustrator CS6 软件，按 Ctrl+N 组合键，弹出"新建文档"对话框，
选项的设置如图 11-2 所示，单击"确定"按钮，新建一个文档。

STEP☆2 按 Ctrl+R 组合键，显示标尺。选择"选择"工具 ，在页面中拖曳一
条垂直参考线，选择"窗口 > 变换"命令，弹出"变换"面板，将"X"轴选项设为 150mm，
如图 11-3 所示；按 Enter 键确认操作，效果如图 11-4 所示。

STEP☆3 保持参考线的选取状态，在"变换"面板中将"X"轴选项设为 165mm，按 Alt+Enter
组合键，确认操作，效果如图 11-5 所示。

制作菜谱书籍 1

图 11-2

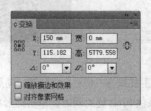

图 11-3

图 11-4

图 11-5

STEP 4 选择"矩形"工具 ▣，在适当的位置拖曳鼠标绘制一个矩形，设置图形填充颜色为紫色（其 CMYK 值分别为 68、100、0、0），填充图形，并设置描边色为无，效果如图 11-6 所示。

STEP 5 选择"选择"工具 ▶，按 Ctrl+C 组合键，复制图形，按 Ctrl+F 组合键，将复制的图形粘贴在前面。向下拖曳上边中间的控制手柄到适当的位置，调整其大小。设置图形填充颜色为深紫色（其 CMYK 的值分别为 63、100、42、68），填充图形，效果如图 11-7 所示。

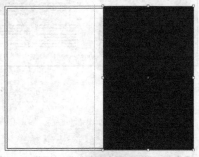

图 11-6　　　　　　　　　　图 11-7

STEP 6 选择"矩形"工具 ▣，在页面中分别绘制两个矩形，如图 11-8 所示。选择"文件 > 置入"命令，弹出"置入"对话框，选择资源包中的"Ch11 > 素材 > 制作菜谱书籍 > 01"文件，单击"置入"按钮，将图片置入到页面中，单击属性栏中的"嵌入"按钮，嵌入图片。选择"选择"工具 ▶，拖曳图片到适当的位置并调整其大小，效果如图 11-9 所示。

图 11-8　　　　　　　　　　图 11-9

STEP 7 连续按 Ctrl+[组合键，向后移动图片到适当的位置，效果如图 11-10 所示。选择"选择"工具 ▶，按住 Shift 键的同时，单击矩形将其同时选取，按 Ctrl+7 组合键，建立剪切蒙版，效果如图 11-11 所示。使用相同方法置入"02"图片并制作剪切蒙版，效果如图 11-12 所示。

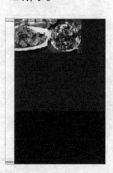

图 11-10　　　　　　图 11-11　　　　　　图 11-12

STEP 8 选择"矩形"工具 ，在适当的位置拖曳鼠标绘制一个矩形，如图 11-13 所示。选择"直接选择"工具，选取左上方的节点，并将其拖曳到适当的位置，如图 11-14 所示。设置图形填充颜色为浅黄色（其 CMYK 值分别为 0、5、100、0），填充图形，并设置描边色为无，效果如图 11-15 所示。

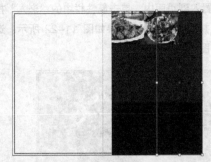

图 11-13   图 11-14   图 11-15

STEP 9 按 Ctrl+O 组合键，打开资源包中的"Ch11 > 素材 > 制作菜谱书籍 > 03"文件，选择"选择"工具，选取需要的图案，按 Ctrl+C 组合键，复制图案。选择正在编辑的页面，按 Ctrl+V 组合键，将其粘贴到页面中，并拖曳复制的图案到适当的位置，效果如图 11-16 所示。

STEP 10 选择"窗口 > 透明度"命令，弹出"透明度"控制面板，选项的设置如图 11-17 所示，效果如图 11-18 所示。

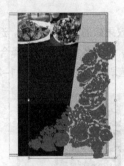

图 11-16   图 11-17   图 11-18

STEP 11 选择"选择"工具，选取图案，按住 Alt 键的同时，向右上方拖曳图案到适当的位置，复制图案，效果如图 11-19 所示。选取下方黄色图形，按 Ctrl+C 组合键，复制图形，按 Ctrl+F 组合键，将复制的图形粘贴在前面。按 Ctrl+Shift+] 组合键，将图形置于顶层，效果如图 11-20 所示。

图 11-19   图 11-20

STEP⤵12 选择"选择"工具 ，按住 Shift 键的同时，将黄色图形和图案同时选取，按 Ctrl+7 组合键，建立剪切蒙版，效果如图 11-21 所示。

STEP⤵13 选择"文件 > 置入"命令，弹出"置入"对话框，选择资源包中的"Ch11 > 素材 > 制作菜谱书籍 > 04"文件，单击"置入"按钮，将图片置入到页面中，单击属性栏中的"嵌入"按钮，嵌入图片。选择"选择"工具 ，拖曳图片到适当的位置并调整其大小，效果如图 11-22 所示。选择"矩形"工具 ，在适当的位置拖曳鼠标绘制一个矩形，如图 11-23 所示。

图 11-21　　　　　　　　图 11-22　　　　　　　　图 11-23

STEP⤵14 选择"选择"工具 ，按住 Shift 键的同时，将矩形和图片同时选取，按 Ctrl+7 组合键，建立剪切蒙版，效果如图 11-24 所示。

STEP⤵15 使用相同方法置入"05"图片并制作剪切蒙版，效果如图 11-25 所示。选择"文字"工具 T ，在适当的位置分别输入需要的文字，选择"选择"工具 ，在属性栏中分别选择合适的字体并设置文字大小，将输入的文字同时选取，填充文字为白色，取消文字选取状态，效果如图 11-26 所示。

图 11-24　　　　　　　　图 11-25　　　　　　　　图 11-26

STEP⤵16 按 Ctrl+O 组合键，打开资源包中的"Ch11 > 素材 > 制作菜谱书籍 > 06"文件，选择"选择"工具 ，选取需要的图形，按 Ctrl+C 组合键，复制图形。选择正在编辑的页面，按 Ctrl+V 组合键，将其粘贴到页面中，并拖曳复制的图形到适当的位置，填充图形为白色，效果如图 11-27 所示。

STEP⤵17 选取文字"创意私房菜"，按 Ctrl+T 组合键，弹出"字符"控制面板，将"水平缩放" T 选项设为 75%，如图 11-28 所示；按 Enter 键确认操作，效果如图 11-29 所示。

STEP⤵18 选择"椭圆"工具 ，按住 Shift 键的同时，在适当的位置绘制一个圆形，效果如图 11-30 所示。设置图形填充颜色为橙黄色（其 CMYK 值分别为 0、67、100、0），填充图形，并设置描边色为无，效果如图 11-31 所示。

图 11-27

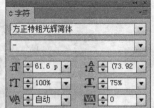
图 11-28

图 11-29

图 11-30

图 11-31

STEP 19 连续按 Ctrl+ [组合键，将图形向后移动到适当的位置，效果如图 11-32 所示。选择"选择"工具 ，按住 Alt+Shift 组合键的同时，分别将图形水平向右拖曳到适当的位置，复制圆形，效果如图 11-33 所示。分别选取复制的圆形，并依次填充为洋红色（其 CMYK 值分别为 0、100、0、0）、绿色（其 CMYK 值分别为 94、0、100、0），效果如图 11-34 所示。

图 11-32

图 11-33

图 11-34

STEP 20 选择"钢笔"工具 ，在页面中绘制一条曲线，如图 11-35 所示。选择"路径文字"工具 ，在路径上单击，插入光标，输入需要的文字，在属性栏中选择合适的字体并设置文字大小。设置文字填充颜色为红色（其 CMYK 的值分别为 0、100、100、17），填充文字，效果如图 11-36 所示。

制作菜谱书籍 2

图 11-35

图 11-36

STEP 21 按 Ctrl+Shift+O 组合键，将文字转化为轮廓。填充描边为白色，选择"窗口 > 描边"命令，弹出"描边"控制面板，单击"对齐描边"选项中的"使描边外侧对齐"按钮 ，其他选项的如图

11-37 所示；按 Enter 键确认操作，取消文字选取状态，效果如图 11-38 所示。

图 11-37

图 11-38

STEP 22 选择"星形"工具，在页面外单击鼠标左键，弹出"星形"对话框，选项的设置如图 11-39 所示，单击"确定"按钮，出现一个多角星形。设置图形填充颜色为大红色（其 CMYK 值分别为 0、0、100、0），填充图形，并设置描边色为无，效果如图 11-40 所示。

图 11-39

图 11-40

STEP 23 选择"椭圆"工具，按住 Shift 键的同时，在适当的位置绘制一个圆形，设置描边色为黄色（其 CMYK 的值分别为 0、0、100、0），填充描边，效果如图 11-41 所示。选择"对象 > 变换 > 缩放"命令，在弹出的"比例缩放"对话框中进行设置，如图 11-42 所示；单击"复制"按钮，效果如图 11-43 所示。

图 11-41

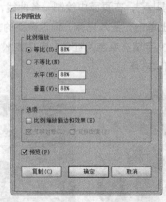

图 11-42

图 11-43

STEP 24 选择"选择"工具，将两个圆形同时选取，双击"混合"工具，在弹出的对话框中进行设置，如图 11-44 所示，单击"确定"按钮，在两个圆形上单击鼠标生成混合，效果如图 11-45 所示。在属性栏中将"不透明度"选项设为 20%，按 Enter 键确认操作，效果如图 11-46 所示。

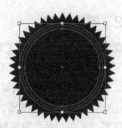

图 11-44 　　　　　　　　　　　图 11-45 　　　　　　　　　　图 11-46

STEP 25　选择"文字"工具 T，在适当的位置输入需要的文字，选择"选择"工具 ，在属性栏中选择合适的字体并设置文字大小，填充文字为白色，效果如图 11-47 所示。选择"字符"控制面板，将"设置行距" 选项设为 15.5 pt，如图 11-48 所示；按 Enter 键确认操作，效果如图 11-49 所示。

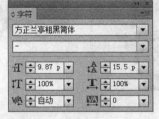

图 11-47 　　　　　　　　　　图 11-48 　　　　　　　　　　图 11-49

STEP 26　选择"文字"工具 T，选取文字"道创意"，在属性栏中选择合适的字体，效果如图 11-50 所示。使用相同方法分别选取其他文字并选择合适的字体，效果如图 11-51 所示。选择"选择"工具 ，拖曳右上角的控制手柄将其旋转到适当的角度，效果如图 11-52 所示。

图 11-50 　　　　　　　　　　图 11-51 　　　　　　　　　　图 11-52

STEP 27　用圈选的方法将图形和文字同时选取，并将其拖曳到页面中适当的位置，效果如图 11-53 所示。选择"文字"工具 T，在适当的位置输入需要的文字，选择"选择"工具 ，在属性栏中选择合适的字体并设置文字大小，效果如图 11-54 所示。

图 11-53 　　　　　　　　　　　　　　　　图 11-54

11.1.2 制作封底

STEP1 选择"矩形"工具□，在适当的位置拖曳鼠标绘制一个矩形，设置图形填充颜色为紫色（其 CMYK 值分别为 68、100、0、0），填充图形，并设置描边色为无，效果如图 11-55 所示。

STEP2 按 Ctrl+O 组合键，打开资源包中的"Ch11 > 素材 > 制作菜谱书籍 > 07"文件，选择"选择"工具▶，选取需要的图形，按 Ctrl+C 组合键，复制图形。选择正在编辑的页面，按 Ctrl+V 组合键，将其粘贴到页面中，并拖曳复制的图形到适当的位置，效果如图 11-56 所示。

图 11-55   图 11-56

STEP3 选择"文件 > 置入"命令，弹出"置入"对话框，选择资源包中的"Ch11 > 素材 > 制作菜谱书籍 > 08"文件，单击"置入"按钮，将图片置入到页面中，单击属性栏中的"嵌入"按钮，嵌入图片。选择"选择"工具▶，拖曳图片到适当的位置并调整其大小，效果如图 11-57 所示。选择"矩形"工具□，在适当的位置拖曳鼠标绘制一个矩形，如图 11-58 所示。

图 11-57   图 11-58

STEP4 选择"选择"工具▶，按住 Shift 键的同时，单击下方图片将其同时选取，按 Ctrl+7 组合键，建立剪切蒙版，效果如图 11-59 所示。填充描边为白色，并在属性栏中将"描边粗细"选项设为 4 pt，按 Enter 键确认操作，效果如图 11-60 所示。

STEP5 选择"文字"工具□，在适当的位置输入需要的文字，选择"选择"工具▶，在属性栏中选择合适的字体并设置文字大小，按 Alt+↓组合键，调整文字行距，效果如图 11-61 所示。

STEP6 选择"矩形"工具□，在适当的位置拖曳鼠标绘制一个矩形，在属性栏中将"描边粗细"选项设为 0.5 pt，按 Enter 键确认操作，效果如图 11-62 所示。

图 11-59

图 11-60

图 11-61

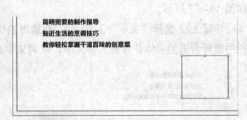

图 11-62

CorelDRAW 应用

11.1.3 制作条形码

STEP 1 打开 CorelDRAW X6 软件，按 Ctrl+N 组合键，新建一个 A4 页面。选择"编辑 > 插入条码"命令，弹出"条码向导"对话框，在各选项中进行设置，如图 11-63 所示。设置好后，单击"下一步"按钮，在设置区内按需要进行各项设置，如图 11-64 所示。设置好后，单击"下一步"按钮，在设置区内按需要进行各项设置，如图 11-65 所示。设置好后，单击"完成"按钮，效果如图 11-66 所示。

图 11-63

图 11-64

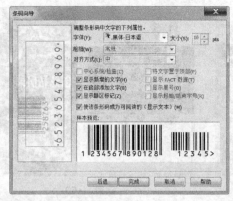

图 11-65　　　　　　　　　　　　　　　图 11-66

STEP 2 选择"选择"工具，选取条形码，按 Ctrl+C 组合键，复制条形码，选择正在编辑的 Illustrator 页面，按 Ctrl+V 组合键，将其粘贴到页面中，拖曳复制的条形码到适当的位置，并调整其大小，效果如图 11-67 所示。

STEP 3 选择"文字"工具，在适当的位置分别输入需要的文字，选择"选择"工具，在属性栏中选择合适的字体并设置文字大小，取消文字选取状态，效果如图 11-68 所示。

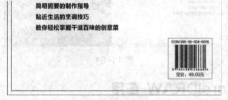

图 11-67　　　　　　　　　　　　　　　图 11-68

Illustrator 应用

11.1.4　制作书脊

STEP 1 选择"选择"工具，选取封底中需要的图形，如图 11-69 所示。按住 Alt 键的同时，用鼠标向右拖曳到书脊上适当的位置，复制图形。设置图形填充颜色为紫色（其 CMYK 值分别为 68、100、0、0），填充图形，效果如图 11-70 所示。

STEP 2 选择"直排文字"工具，在适当的位置分别输入需要的文字，选择"选择"工具，在属性栏中分别选择合适的字体并设置文字大小，效果如图 11-71 所示。

图 11-69　　　　　　　　　　　　图 11-70　　　　　　　　　图 11-71

STEP 3 选择"直排文字"工具 T ，在适当的位置输入需要的文字，选择"选择"工具 ，在属性栏中选择合适的字体并设置文字大小，效果如图 11-72 所示。设置文字填充颜色为紫色（其 CMYK 的值分别为 68、100、0、0），填充文字，效果如图 11-73 所示。

图 11-72　　　　　　　　图 11-73

STEP 4 选择"字符"控制面板，将"水平缩放" 选项设为 75%，如图 11-74 所示；按 Enter 键确认操作，效果如图 11-75 所示。

STEP 5 选择"文件 > 置入"命令，弹出"置入"对话框，选择资源包中的"Ch11 > 素材 > 制作菜谱书籍 > 04"文件，单击"置入"按钮，将图片置入到页面中，单击属性栏中的"嵌入"按钮，嵌入图片。选择"选择"工具 ，拖曳图片到适当的位置并调整其大小，效果如图 11-76 所示。

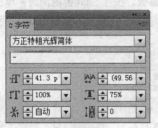  

图 11-74　　　　　　　图 11-75　　　　　　　图 11-76

STEP 6 选择"直排文字"工具 T ，在适当的位置分别输入需要的文字，选择"选择"工具 ，在属性栏中分别选择合适的字体并设置文字大小，效果如图 11-77 所示。菜谱书籍封面制作完成，效果如图 11-78 所示。

图 11-77　　　　　　　　图 11-78

STEP 7 按 Ctrl+R 组合键，隐藏标尺。按 Ctrl+; 组合键，隐藏参考线。按 Ctrl+S 组合键，弹出"存储为"对话框，将其命名为"菜谱书籍封面"，保存为 AI 格式，单击"保存"按钮，将文件保存。

InDesign 应用

11.1.5 制作主页内容

STEP 1 打开 InDesign CS6 软件，选择"文件 > 新建 > 文档"命令，弹出"新建文档"对话框，设置如图 11-79 所示。单击"边距和分栏"按钮，弹出"新建边距和分栏"对话框，设置如图 11-80 所示，单击"确定"按钮，新建一个页面。选择"视图 > 其他 > 隐藏框架边缘"命令，将所绘制图形的框架边缘隐藏。

制作菜谱书籍 3

图 11-79

图 11-80

STEP 2 选择"窗口 > 页面"命令，弹出"页面"面板，按住 Shift 键的同时，单击所有页面的图标，将其全部选取，如图 11-81 所示。单击面板右上方的 图标，在弹出的菜单中取消选择"允许选定的跨页随机排布"命令，如图 11-82 所示。

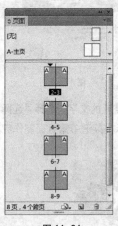

图 11-81

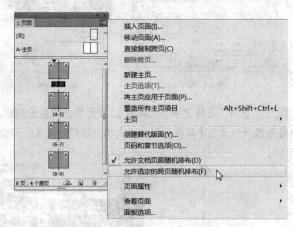

图 11-82

STEP 3 双击第二页的页面图标，如图 11-83 所示。选择"版面 > 页码和章节选项"命令，弹出"页码和章节选项"对话框，设置如图 11-84 所示；单击"确定"按钮，页面面板显示如图 11-85 所示。

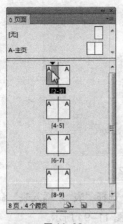

图 11-83

图 11-84

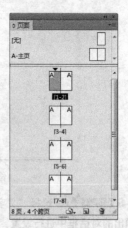

图 11-85

STEP 4 按 Ctrl+R 组合键，显示标尺。选择"选择"工具 ，在页面外拖曳一条水平参考线，在"控制"面板中将"Y"轴选项设为 227mm，如图 11-86 所示；按 Enter 键确认操作，如图 11-87 所示。

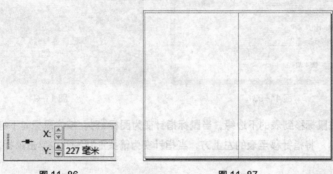

图 11-86   图 11-87

STEP 5 选择"选择"工具 ，在页面中拖曳一条垂直参考线，在"控制"面板中将"X"轴选项设为 3mm，如图 11-88 所示；按 Enter 键确认操作，如图 11-89 所示。保持参考线的选取状态，并在"控制"面板中将"X"轴选项设为 297mm，按 Alt+Enter 组合键，确认操作，如图 11-90 所示。

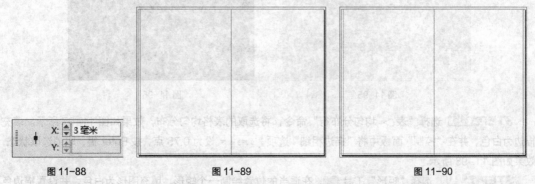

图 11-88   图 11-89   图 11-90

STEP 6 选择"矩形"工具 ，在页面中适当的位置绘制一个矩形，如图 11-91 所示；设置图形填充色的 CMYK 值为 0、18、29、0，填充图形，并设置描边色为无，效果如图 11-92 所示。

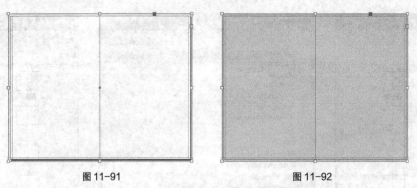

图 11-91   图 11-92

STEP 7 选择"文字"工具 T，在适当的位置拖曳出一个文本框。选择"表 > 插入表"命令，在弹出的对话框中进行设置，如图 11-93 所示；单击"确定"按钮，效果如图 11-94 所示。

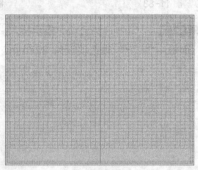

图 11-93   图 11-94

STEP 8 将鼠标移到表的下边缘，当鼠标指针变为图标↕时，按住鼠标向下拖曳，松开鼠标左键，效果如图 11-95 所示。将指针移至表的左上方，当指针变为箭头形状➘时，单击鼠标左键选取整个表，如图 11-96 所示。

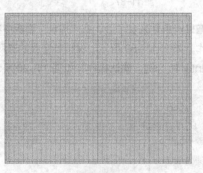

图 11-95   图 11-96

STEP 9 选择"表 > 均匀分布行"命令，将选取的表格均匀分布，效果如图 11-97 所示。填充描边为白色，并在"控制"面板中将"描边粗细"选项 0.283 点 ▼ 设为 0.75 点，按 Enter 键，取消选取状态，效果如图 11-98 所示。

STEP 10 选择"矩形"工具 ▢，在适当的位置绘制一个矩形，填充图形为白色，并设置描边色为无，效果如图 11-99 所示。选择"对象 > 角选项"命令，在弹出的对话框中进行设置，如图 11-100 所示，单击"确定"按钮，效果如图 11-101 所示。

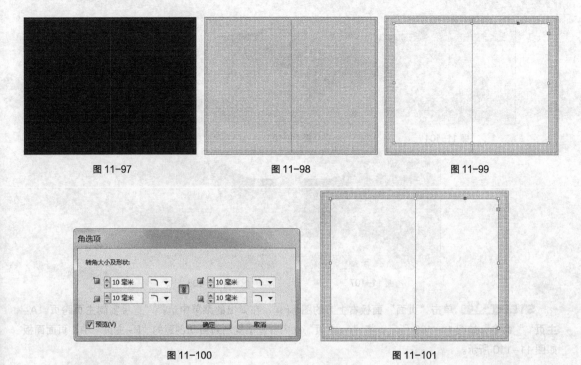

图 11-97　　　　　　　　　　图 11-98　　　　　　　　　　图 11-99

图 11-100　　　　　　　　　　　　　　　　图 11-101

STEP 11 单击"控制"面板中的"向选定的目标添加对象效果"按钮 *fx* ，在弹出的菜单中选择 "投影"命令，弹出"效果"对话框，选项的设置如图 11-102 所示；单击"确定"按钮，效果如图 11-103 所示。

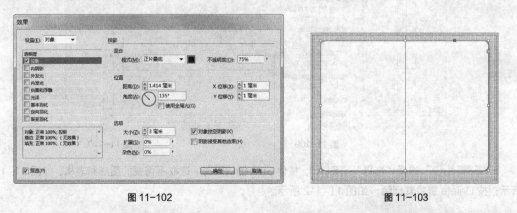

图 11-102　　　　　　　　　　　　　　　　　图 11-103

STEP 12 选择"椭圆"工具 ◯ ，按住 Shift 键的同时，在适当的位置绘制一个圆形，设置图形 填充色的 CMYK 值为 0、50、100、0，填充图形，并设置描边色为无，效果如图 11-104 所示。

STEP 13 选择"文字"工具 **T** ，在页面左下方拖曳一个文本框，按 Ctrl+Shift+Alt+N 组合键， 在文本框中添加自动页码，填充页码为白色，效果如图 11-105 所示。将添加的页码选取，在"控制"面 板中选择合适的字体并设置文字大小，效果如图 11-106 所示。

STEP 14 选择"选择"工具 ▶ ，选择"对象 > 适合 > 使框架适合内容"命令，使文本框适 合文字，如图 11-107 所示。按住 Shift 键的同时，将页码和圆形同时选取，按住 Alt+Shift 组合键的同时， 用鼠标向右拖曳页码和圆形到跨页上适当的位置，复制页码和圆形，效果如图 11-108 所示。

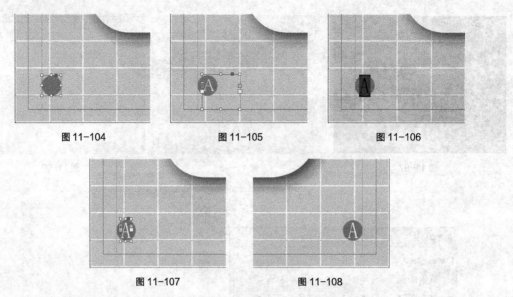

图 11-104　　　　　　　　图 11-105　　　　　　　　图 11-106

图 11-107　　　　　　　　图 11-108

STEP 15 单击"页面"面板右上方的图标，在弹出的菜单中选择"直接复制主页跨页'A-主页'"命令，如图 11-109 所示；将"A-主页"的内容直接复制到自动创建的"B-主页"中，页面面板如图 11-110 所示。

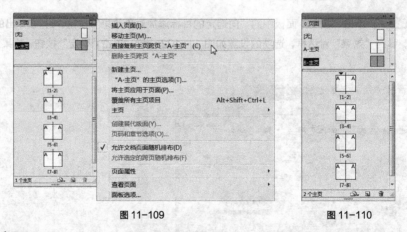

图 11-109　　　　　　　　　　　　　　图 11-110

STEP 16 选择"选择"工具，按住 Shift 键的同时，选取不需要的图形和表格，如图 11-111所示；按 Delete 键将其删除，如图 11-112 所示。

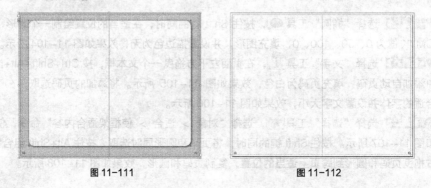

图 11-111　　　　　　　　图 11-112

STEP 17 选择"选择"工具 ，按住 Shift 键的同时，选取需要的圆形，如图 11-113 所示；设置图形填充色的 CMYK 值为 70、0、100、10，填充图形，效果如图 11-114 所示。

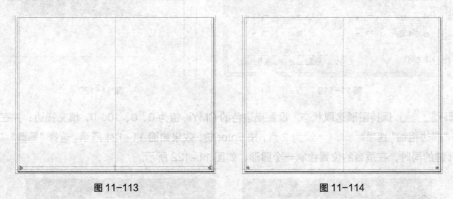

图 11-113 图 11-114

STEP 18 选择"版面 > 边距和分栏"命令，弹出"边距和分栏"对话框，选项的设置如图 11-115 所示；单击"确定"按钮，页面如图 11-116 所示。

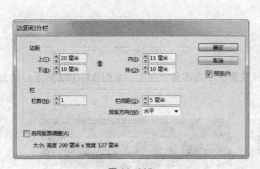 

图 11-115 图 11-116

STEP 19 选择"矩形"工具 ，在页面中适当的位置绘制一个矩形，设置图形填充色的 CMYK 值为 70、0、100、10，填充图形，并设置描边色为无，效果如图 11-117 所示。再绘制一个矩形，设置图形填充色的 CMYK 值为 0、39、100、0，填充图形，并设置描边色为无，效果如图 11-118 所示。

图 11-117 图 11-118

STEP 20 选择"对象 > 角选项"命令，在弹出的对话框中进行设置，如图 11-119 所示；单击"确定"按钮，效果如图 11-120 所示。

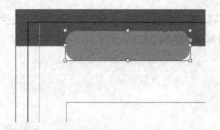

图 11-119　　　　　　　　　　　　　　图 11-120

STEP⤵21 保持图形选取状态。设置描边色的 CMYK 值为 0、0、10、0，填充描边；并在"控制"面板中将"描边粗细"选项 0.283 设为 2 点，按 Enter 键，效果如图 11-121 所示。选择"椭圆"工具，按住 Shift 键的同时，在适当的位置绘制一个圆形，如图 11-122 所示。

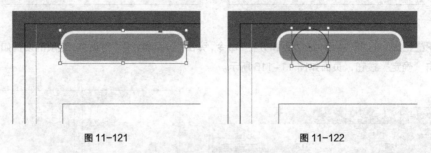

图 11-121　　　　　　　　　　　　　　图 11-122

STEP⤵22 选择"吸管"工具，将指针放置在下方圆角矩形上，如图 11-123 所示；单击鼠标左键吸取颜色，效果如图 11-124 所示。

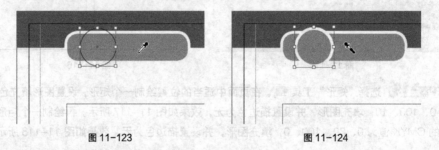

图 11-123　　　　　　　　　　　　　　图 11-124

STEP⤵23 在"控制"面板中将"描边粗细"选项 0.283 设为 1 点，按 Enter 键，效果如图 11-125 所示。选择"文字"工具，在适当的位置分别拖曳文本框，输入需要的文字，将输入的文字选取，在"控制"面板中分别选择合适的字体并设置文字大小，填充文字为白色，效果如图 11-126 所示。

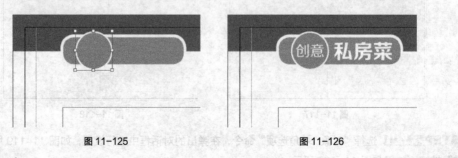

图 11-125　　　　　　　　　　　　　　图 11-126

STEP⤵24 选择"直线"工具，按住 Shift 键的同时，在适当的位置拖曳鼠标绘制一条直线，设置描边色的 CMYK 值为 0、0、10、0，填充描边；并在"控制"面板中将"描边粗细"选项 0.283点 设为 2 点，按 Enter 键，效果如图 11-127 所示。

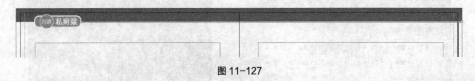

图 11-127

STEP 25 单击"页面"面板右上方的图标 ，在弹出的菜单中选择"将主页应用于页面"命令，如图 11-128 所示；在弹出的对话框中进行设置，如图 11-129 所示；单击"确定"按钮，页面面板显示如图 11-130 所示。

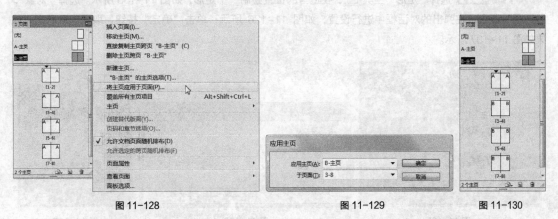

图 11-128   图 11-129   图 11-130

11.1.6 制作内页 3 和 4

STEP 1 在"状态栏"中单击"文档所属页面"选项右侧的按钮 ，在弹出的页码中选择"3"。选择"矩形"工具 ，在页面中适当的位置绘制一个矩形，设置图形填充色的 CMYK 值为 0、40、100、0，填充图形，并设置描边色为无，效果如图 11-131 所示。再绘制一个矩形，填充描边为白色并在"控制"面板中将"描边粗细"选项 0.283点 设为 1 点，按 Enter 键，效果如图 11-132 所示。

制作菜谱书籍 4

 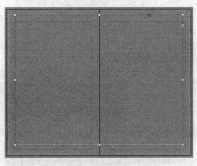

图 11-131   图 11-132

STEP 2 选择"对象 > 角选项"命令，在弹出的对话框中进行设置，如图 11-133 所示；单击"确定"按钮，效果如图 11-134 所示。

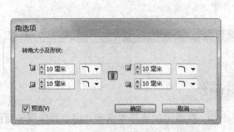

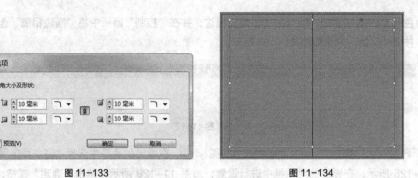

图 11-133　　　　　　　　　　　　　　　　　　　　图 11-134

STEP⏎3 选择"矩形"工具■，在适当的位置绘制一个矩形，如图 11-135 所示。选择"对象 >
角选项"命令，在弹出的对话框中进行设置，如图 11-136 所示；单击"确定"按钮，取消选取状态，效
果如图 11-137 所示。

图 11-135　　　　　　　　　　图 11-136　　　　　　　　　　图 11-137

STEP⏎4 选择"文件 > 置入"命令，弹出"置入"对话框，选择资源包中的"Ch11 > 素材 > 制
作菜谱书籍 > 10"文件，单击"打开"按钮，在页面空白处单击鼠标置入图片。选择"自由变换"工具■，
拖曳图片到适当的位置并调整其大小，效果如图 11-138 所示。

STEP⏎5 保持图片选取状态。按 Ctrl+X 组合键，将图片剪切到剪贴板上。选择"选择"工具■，
选中下方的圆角矩形，选择"编辑 > 贴入内部"命令，将图片贴入圆角矩形的内部，并设置描边色为无，
效果如图 11-139 所示。

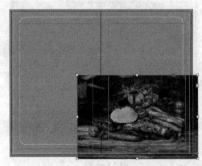

图 11-138　　　　　　　　　　　　　　　　　　图 11-139

STEP⏎6 使用相同方法置入其他图片并制作出如图 11-140 所示的效果。选择"文字"工具T，
在适当的位置分别拖曳文本框，输入需要的文字，将输入的文字选取，在"控制"面板中分别选择合适的

字体并设置文字大小，填充文字为白色，取消文字选取状态，效果如图 11-141 所示。

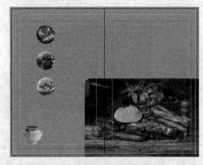 

图 11-140 图 11-141

STEP 7 选择"选择"工具 ，选取文字"无肉不欢"，在"控制"面板中将"旋转角度"选项 0° 设为 3°，按 Enter 键，效果如图 11-142 所示。选取文字"荤菜烹饪秘籍"，在"控制"面板中将"旋转角度"选项 0° 设为-1.5°，按 Enter 键，效果如图 11-143 所示。

图 11-142 图 11-143

STEP 8 选择"矩形"工具 ，在适当的位置绘制一个矩形，填充图形为白色，并设置描边色为无，效果如图 11-144 所示。选择"添加锚点"工具 ，分别在矩形上适当的位置单击鼠标左键添加两个锚点，如图 11-145 所示。选择"直接选择"工具 ，按住 Shift 键的同时，选取添加的锚点，向右拖曳锚点到适当的位置，效果如图 11-146 所示。

图 11-144 图 11-145 图 11-146

STEP 9 选择"文字"工具 ，在适当的位置拖曳一个文本框，输入需要的文字，将输入的文字选取，在"控制"面板中选择合适的字体并设置文字大小，效果如图 11-147 所示。设置文字填充色的 C、M、Y、K 值为 0、40、100、0，填充文字，取消文字选取状态，效果如图 11-148 所示。

图 11-147 图 11-148

STEP 10 选择"钢笔"工具 ，在适当的位置绘制一个闭合路径，填充图形为白色，并设置描边色为无，效果如图 11-149 所示。选择"选择"工具 ，按住 Alt+Shift 组合键的同时，垂直向下拖曳图形到适当的位置，复制图形，效果如图 11-150 所示。

图 11-149 图 11-150

STEP↘11 单击"控制"面板中的"垂直翻转"按钮 ，垂直翻转图形，效果如图 11-151 所示。选择"选择"工具 ，按住 Shift 键的同时，拖曳右下角的控制手柄到适当的位置，调整其大小，效果如图 11-152 所示。

STEP↘12 按 Ctrl+O 组合键，打开资源包中的"Ch11 > 素材 > 制作菜谱书籍 > 25"文件，按 Ctrl+A 组合键，将其全选。按 Ctrl+C 组合键，复制选取的图形。返回到正在编辑的页面中，按 Ctrl+V 组合键，将其粘贴到页面中，选择"自由变换"工具 ，拖曳复制图形到适当的位置，效果如图 11-153 所示。

图 11-151 图 11-152 图 11-153

11.1.7 制作内页 5 和 6

STEP↘1 在"状态栏"中单击"文档所属页面"选项右侧的按钮 ，在弹出的页码中选择"5"。选择"矩形"工具 ，在适当的位置绘制一个矩形，设置图形填充色的 CMYK 值为 28、0、54、0，填充图形，并设置描边色为无，效果如图 11-154 所示。

STEP↘2 选择"添加锚点"工具 ，分别在矩形上适当的位置单击鼠标左键添加三个锚点，如图 11-155 所示。选择"直接选择"工具 ，选取需要的锚点，向左下方拖曳锚点到适当的位置，效果如图 11-156 所示。

制作菜谱书籍 5

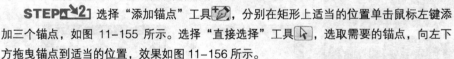

图 11-155

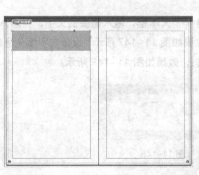

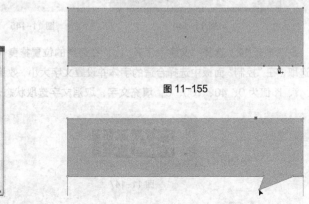

图 11-154 图 11-156

STEP 3 选取并复制记事本文档中需要的文字。返回到 InDesign 页面中，选择"文字"工具 T，在适当的位置拖曳一个文本框，将复制的文字粘贴到文本框中，将输入的文字选取，在"控制"面板中选择合适的字体并设置文字大小，效果如图 11-157 所示。设置文字填充色的 CMYK 值为 100、0、100、40，填充文字，效果如图 11-158 所示。

图 11-157   图 11-158

STEP 4 选取并复制记事本文档中需要的文字。返回到 InDesign 页面中，选择"文字"工具 T，在适当的位置拖曳一个文本框，将复制的文字粘贴到文本框中，将输入的文字选取，在"控制"面板中选择合适的字体并设置文字大小，效果如图 11-159 所示。在"控制"面板中将"行距"选项 0点 ▼ 设为 14，按 Enter 键，效果如图 11-160 所示。

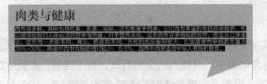

图 11-159   图 11-160

STEP 5 保持文字的选取状态。按 Ctrl+Alt+T 组合键，弹出"段落"面板，选项的设置如图 11-161 所示；按 Enter 键，取消文字选取状态，效果如图 11-162 所示。

图 11-161   图 11-162

STEP 6 选择"选择"工具 ，选取文字"肉类与健康"，按 F11 键，弹出"段落样式"面板，单击面板下方的"创建新样式"按钮 ，生成新的段落样式并将其命名为"一级标题 1"，如图 11-163 所示。选取英文"肉有…膳食"，单击面板下方的"创建新样式"按钮 ，生成新的段落样式并将其命名为"内文段落 1"，如图 11-164 所示。

STEP 7 在"页面"面板中，按住 Shift 键的同时，单击第 6 页的页面图标，将其同时选取。选择"版面 > 边距和分栏"命令，弹出"边距和分栏"对话框，选项的设置如图 11-165 所示；单击"确定"按钮，如图 11-166 所示。

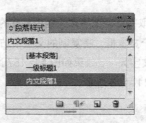

图 11-163 图 11-164

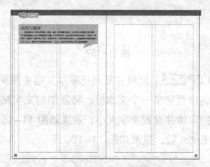

图 11-165 图 11-166

STEP 8 选取并复制记事本文档中需要的文字。返回到 InDesign 页面中，选择"文字"工具 T，在适当的位置拖曳一个文本框，将复制的文字粘贴到文本框中，将输入的文字选取，在"控制"面板中选择合适的字体并设置文字大小，效果如图 11-167 所示。设置文字填充色的 CMYK 值为 100、0、100、40，填充文字，效果如图 11-168 所示。

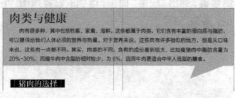

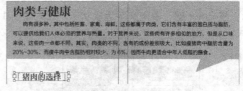

图 11-167 图 11-168

STEP 9 选择"选择"工具 ，选取文字，单击"段落样式"面板下方的"创建新样式"按钮 ，生成新的段落样式并将其命名为"二级标题 1"，如图 11-169 所示。

STEP 10 选取并复制记事本文档中需要的文字。返回到 InDesign 页面中，选择"文字"工具 T，在适当的位置拖曳一个文本框，将复制的文字粘贴到文本框中，将输入的文字同时选取，在"段落样式"面板中单击"内文段落 1"样式，效果如图 11-170 所示。

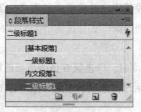

图 11-169 图 11-170

STEP ↘11 选择"文件 > 置入"命令,弹出"置入"对话框,选择资源包中的"Ch11> 素材 > 制作菜谱书籍 >13"文件,单击"打开"按钮,在页面空白处单击鼠标左键置入图片。选择"自由变换"工具 ,将图片拖曳到适当的位置并调整其大小,选择"选择"工具 ,裁剪图片,效果如图 11-171 所示。

STEP ↘12 选取并复制记事本文档中需要的文字。返回到 InDesign 页面中,选择"文字"工具 ,在适当的位置拖曳一个文本框,将复制的文字粘贴到文本框中,将输入的文字同时选取,在"段落样式"面板中单击"二级标题 1"样式,效果如图 11-172 所示。

图 11-171

图 11-172

STEP ↘13 选取并复制记事本文档中需要的文字。返回到 InDesign 页面中,选择"文字"工具 ,在适当的位置拖曳一个文本框,将复制的文字粘贴到文本框中,将输入的文字同时选取,在"段落样式"面板中单击"内文段落 1"样式,效果如图 11-173 所示。使用上述相同方法制作出如图 11-174 所示的效果。

图 11-173

图 11-174

11.1.8 制作内页 7 和 8

STEP ↘1 在"状态栏"中单击"文档所属页面"选项右侧的按钮 ,在弹出的页码中选择"7"。选择"矩形"工具 ,在适当的位置绘制一个矩形,设置图形填充色的 CMYK 值为 0、8、28、0,填充图形,并设置描边色为无,效果如图 11-175 所示。再绘制一个矩形,设置图形填充色的 CMYK 值为 100、0、100、60,填充图形,并设置描边色为无,效果如图 11-176 所示。

制作菜谱书籍 6

STEP ↘2 选择"添加锚点"工具 ,分别在矩形上适当的位置单击鼠标左键添加三个锚点,如图 11-177 所示。选择"直接选择"工具 ,选取需要的锚点,向上拖曳锚点到适当的位置,效果如图 11-178 所示。

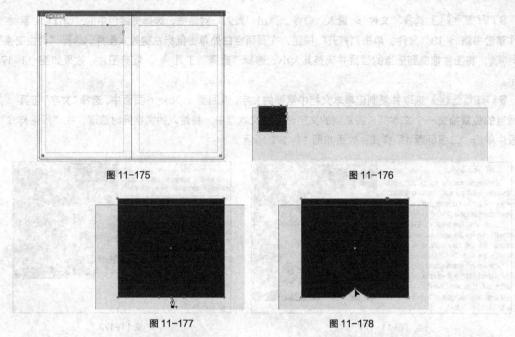

图 11-175   图 11-176

图 11-177   图 11-178

STEP 3 选择"矩形"工具 ▣，在适当的位置绘制一个矩形，设置图形填充色的 CMYK 值为 34、0、56、35，填充图形，并设置描边色为无，效果如图 11-179 所示。按 Ctrl+Shift+[组合键，将图形置于最底层，效果如图 11-180 所示。

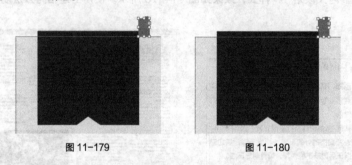

图 11-179   图 11-180

STEP 4 选择"矩形"工具 ▣，在适当的位置绘制一个矩形，设置图形填充色的 CMYK 值为 100、0、100、80，填充图形，并设置描边色为无，效果如图 11-181 所示。在"控制"面板中将"X 切变角度"选项 ▱ ⬍ 0° ▾ 设为 40° ，按 Enter 键，图形倾斜变形，效果如图 11-182 所示。

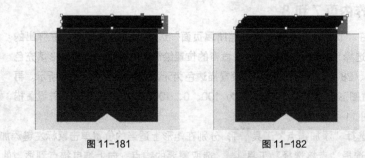

图 11-181   图 11-182

STEP 5 选取并复制记事本文档中需要的文字。返回到 InDesign 页面中，选择"文字"工具 Ｔ，在适当的位置拖曳一个文本框，将复制的文字粘贴到文本框中，将输入的文字选取，在"控制"面板中选择合适的字体并设置文字大小，填充文字为白色，效果如图 11-183 所示。

STEP 6 选择"选择"工具 ，选取文字，单击"段落样式"面板下方的"创建新样式"按钮 ，生成新的段落样式并将其命名为"一级标题 2"，如图 11-184 所示。

图 11-183　　　　　　　　　　　图 11-184

STEP 7 选择"文件 > 置入"命令，弹出"置入"对话框，选择资源包中的"Ch11 > 素材 > 制作菜谱书籍 > 15"文件，单击"打开"按钮，在页面空白处单击鼠标左键置入图片。选择"自由变换"工具 ，将图片拖曳到适当的位置并调整其大小，效果如图 11-185 所示。

STEP 8 选取并复制记事本文档中需要的文字。返回到 InDesign 页面中，选择"文字"工具 ，在适当的位置拖曳一个文本框，将复制的文字粘贴到文本框中，将输入的文字同时选取，在"段落样式"面板中单击"内文段落 1"样式，效果如图 11-186 所示。

图 11-185　　　　　　　　　　　　　　　图 11-186

STEP 9 选择"矩形框架"工具 ，在适当的位置绘制一个矩形框架，如图 11-187 所示。选择"文件 > 置入"命令，弹出"置入"对话框，选择资源包中的"Ch11 > 素材 > 制作菜谱书籍 > 16"文件，单击"打开"按钮，在页面空白处单击鼠标置入图片。选择"自由变换"工具 ，拖曳图片到适当的位置并调整其大小，效果如图 11-188 所示。

STEP 10 保持图片选取状态。按 Ctrl+X 组合键，将图片剪切到剪贴板上。选择"选择"工具 ，选中下方的矩形框架，选择"编辑 > 贴入内部"命令，将图片贴入矩形框架的内部，效果如图 11-189 所示。

图 11-187　　　　　　　　　图 11-188　　　　　　　　　图 11-189

STEP 11 按 Ctrl+O 组合键，打开资源包中的"Ch11> 素材 > 制作菜谱书籍 > 26"文件，按 Ctrl+A 组合键，将其全选。按 Ctrl+C 组合键，复制选取的图形。返回到正在编辑的页面中，按 Ctrl+V 组合键，将其粘贴到页面中，选择"自由变换"工具 ，拖曳复制的图形到适当的位置，效果如图 11-190 所示。选择"矩形"工具 ，在适当的位置绘制一个矩形，如图 11-191 所示。

图 11-190   图 11-191

STEP 12 选择"窗口 > 描边"命令，弹出"描边"面板，在"类型"选项的下拉列表中选择"虚线"，其他选项的设置如图 11-192 所示，虚线效果如图 11-193 所示。

STEP 13 选取并复制记事本文档中需要的文字。返回到 InDesign 页面中，选择"文字"工具 ，在适当的位置拖曳一个文本框，将复制的文字粘贴到文本框中，将输入的文字选取，在"控制"面板中选择合适的字体并设置文字大小，效果如图 11-194 所示。

图 11-192   图 11-193   图 11-194

STEP 14 选取并复制记事本文档中需要的文字。返回到 InDesign 页面中，选择"文字"工具 ，在适当的位置拖曳一个文本框，将复制的文字粘贴到文本框中，将输入的文字选取，在"控制"面板中选择合适的字体并设置文字大小，效果如图 11-195 所示。设置文字填充色的 CMYK 值为 100、0、100、40，填充文字，效果如图 11-196 所示。

图 11-195   图 11-196

STEP 15 选择"选择"工具 ，选取文字，单击"段落样式"面板下方的"创建新样式"按钮，生成新的段落样式并将其命名为“二级标题 2”，如图 11–197 所示。

STEP 16 选取并复制记事本文档中需要的文字。返回到 InDesign 页面中，选择“文字”工具，在适当的位置拖曳一个文本框，将复制的文字粘贴到文本框中，将输入的文字选取，在“控制”面板中选择合适的字体并设置文字大小，效果如图 11–198 所示。设置文字填充色的 CMYK 值为 100、0、100、40，填充文字，效果如图 11–199 所示。

段落样式
二级标题2
内文段落1
二级标题1
一级标题2
二级标题2

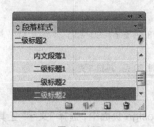

图 11–197

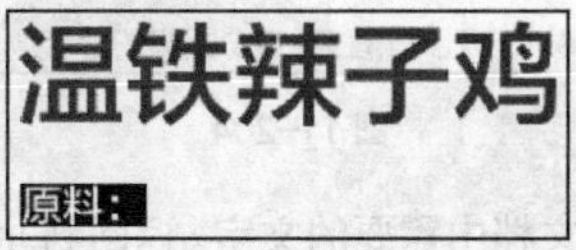
温铁辣子鸡
原料：

图 11–198

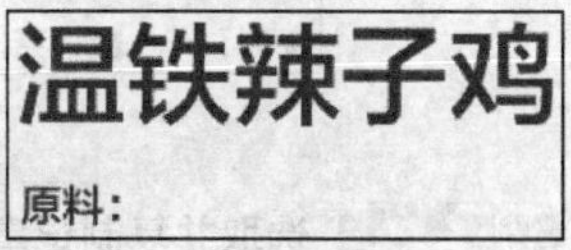
温铁辣子鸡
原料：

图 11–199

STEP 17 选取并复制记事本文档中需要的文字。返回到 InDesign 页面中，选择“文字”工具，在适当的位置拖曳一个文本框，将复制的文字粘贴到文本框中，将输入的文字同时选取，在“段落样式”面板中单击“内文段落 1”样式，效果如图 11–200 所示。

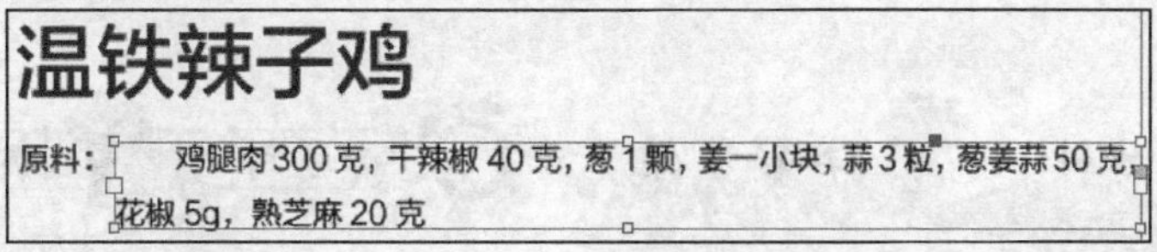
温铁辣子鸡
原料： 鸡腿肉 300 克，干辣椒 40 克，葱 1 颗，姜一小块，蒜 3 粒，葱姜蒜 50 克，
花椒 5g，熟芝麻 20 克

图 11–200

STEP 18 选择“选择”工具，选取文字“原料”，按住 Alt+Shift 组合键的同时，垂直向下拖曳文字到适当的位置，复制文字，效果如图 11–201 所示。选择“文字”工具，选取并重新输入需要的文字，效果如图 11–202 所示。

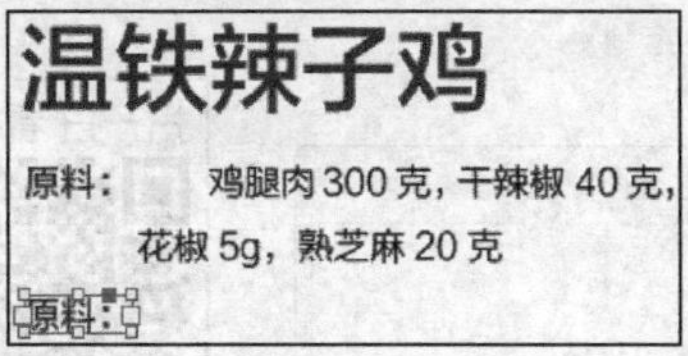
温铁辣子鸡
原料： 鸡腿肉 300 克，干辣椒 40 克，
花椒 5g，熟芝麻 20 克
原料：

图 11–201

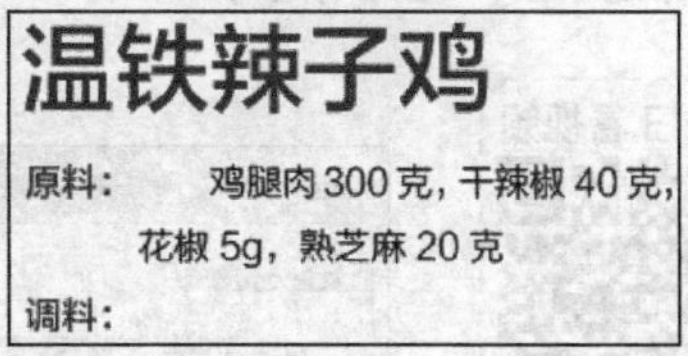
温铁辣子鸡
原料： 鸡腿肉 300 克，干辣椒 40 克，
花椒 5g，熟芝麻 20 克
调料：

图 11–202

STEP 19 选取并复制记事本文档中需要的文字。返回到 InDesign 页面中，选择“文字”工具，在适当的位置拖曳一个文本框，将复制的文字粘贴到文本框中，将输入的文字同时选取，在“段落样式”面板中单击“内文段落 1”样式，效果如图 11–203 所示。

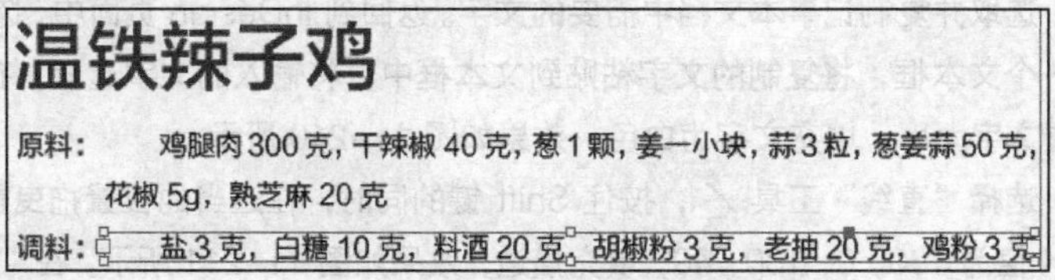
温铁辣子鸡
原料： 鸡腿肉 300 克，干辣椒 40 克，葱 1 颗，姜一小块，蒜 3 粒，葱姜蒜 50 克，
花椒 5g，熟芝麻 20 克
调料： 盐 3 克，白糖 10 克，料酒 20 克，胡椒粉 3 克，老抽 20 克，鸡粉 3 克

图 11–203

STEP 20 按 Ctrl+O 组合键，打开资源包中的“Ch11 > 素材 > 制作菜谱书籍 > 27”文件，按 Ctrl+A 组合键，将其全选。按 Ctrl+C 组合键，复制选取的图形。返回到正在编辑的页面中，按 Ctrl+V 组合键，将其粘贴到页面中，选择“自由变换”工具，拖曳复制的图形到适当的位置，效果如图 11-204 所示。

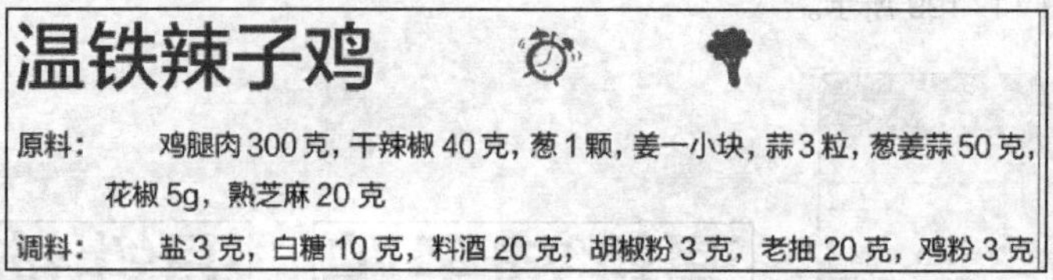

温铁辣子鸡
原料： 鸡腿肉 300 克，干辣椒 40 克，葱 1 颗，姜一小块，蒜 3 粒，葱姜蒜 50 克，花椒 5g，熟芝麻 20 克
调料： 盐 3 克，白糖 10 克，料酒 20 克，胡椒粉 3 克，老抽 20 克，鸡粉 3 克
图 11-204

STEP 21 选取并复制记事本文档中需要的文字。返回到 InDesign 页面中，选择“文字”工具，在适当的位置拖曳一个文本框，将复制的文字粘贴到文本框中，将输入的文字选取，在“控制”面板中选择合适的字体并设置文字大小，效果如图 11-205 所示。

STEP 22 选择“选择”工具，按住 Shift 键的同时，将输入的文字同时选取，单击工具箱中的“格式针对文本”按钮，设置文字填充色的 CMYK 值为 0、0、0、70，填充文字，效果如图 11-206 所示。

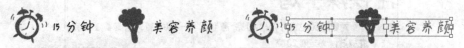

15 分钟
美容养颜
图 11-205

15 分钟
美容养颜
图 11-206

STEP 23 选择“矩形”工具，在适当的位置绘制一个矩形，设置图形填充色的 CMYK 值为 100、0、100、40，填充图形，并设置描边色为无，效果如图 11-207 所示。

STEP 24 选择“对象 > 角选项”命令，在弹出的对话框中进行设置，如图 11-208 所示；单击“确定”按钮，效果如图 11-209 所示。

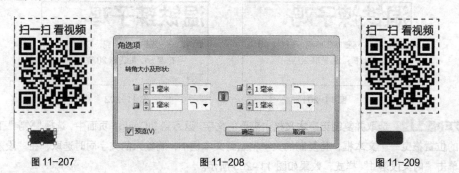

扫一扫 看视频
图 11-207

角选项
转角大小及形状:
1 毫米
1 毫米
1 毫米
1 毫米
预览(V)
确定
取消
图 11-208

扫一扫 看视频
图 11-209

STEP 25 选取并复制记事本文档中需要的文字。返回到 InDesign 页面中，选择“文字”工具，在适当的位置拖曳一个文本框，将复制的文字粘贴到文本框中，将输入的文字选取，在“控制”面板中选择合适的字体并设置文字大小，填充文字为白色，效果如图 11-210 所示。

STEP 26 选择“直线”工具，按住 Shift 键的同时，在适当的位置拖曳鼠标绘制一条直线，设置描边色的 CMYK 值为 100、0、100、40，填充描边，效果如图 11-211 所示。在“控制”面板中将“描边粗细”选项 0.283 点 设为 0.5 点，按 Enter 键，取消选取状态，效果如图 11-212 所示。

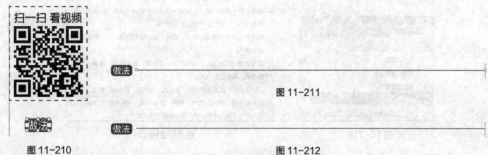

图 11-211

图 11-210　　　　　　　　　　　　　图 11-212

STEP 27 选取并复制记事本文档中需要的文字。返回到 InDesign 页面中,选择"文字"工具 T,在适当的位置拖曳一个文本框,将复制的文字粘贴到文本框中,将输入的文字选取,在"控制"面板中选择合适的字体并设置文字大小,效果如图 11-213 所示。在"控制"面板中将"行距"选项 设为 12,按 Enter 键,效果如图 11-214 所示。

图 11-213 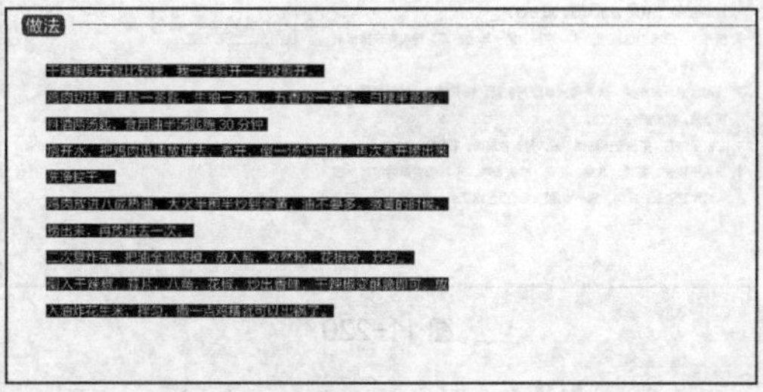　　　　　　　　　　　　　图 11-214

STEP 28 选择"选择"工具 ,选取文字,单击"段落样式"面板下方的"创建新样式"按钮 ,生成新的段落样式并将其命名为"内文段落 2",如图 11-215 所示。

STEP 29 选取并复制记事本文档中需要的文字。返回到 InDesign 页面中,选择"文字"工具 T,在适当的位置拖曳一个文本框,将复制的文字粘贴到文本框中,将输入的文字选取,在"控制"面板中选择合适的字体并设置文字大小,效果如图 11-216 所示。设置文字填充色的 CMYK 值为 0、0、0、70,填充文字,效果如图 11-217 所示。

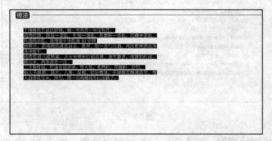

图 11-215 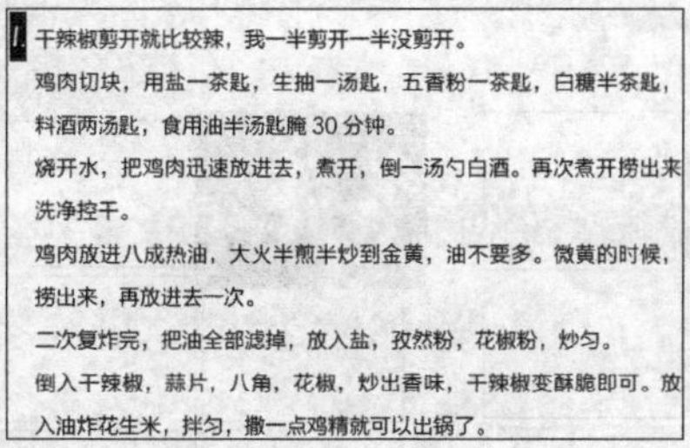　　　　　　　图 11-216 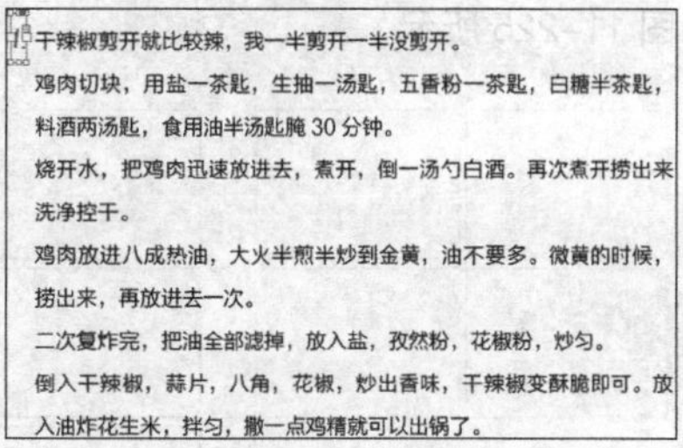　　　　　　　图 11-217

STEP 30 选择"选择"工具 ,选取文字,单击"段落样式"面板下方的"创建新样式"按钮 ,生成新的段落样式并将其命名为"编号",如图 11-218 所示。使用相同方法输入其他文字并应用"编号"样式,效果如图 11-219 所示。

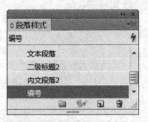

图 11-218

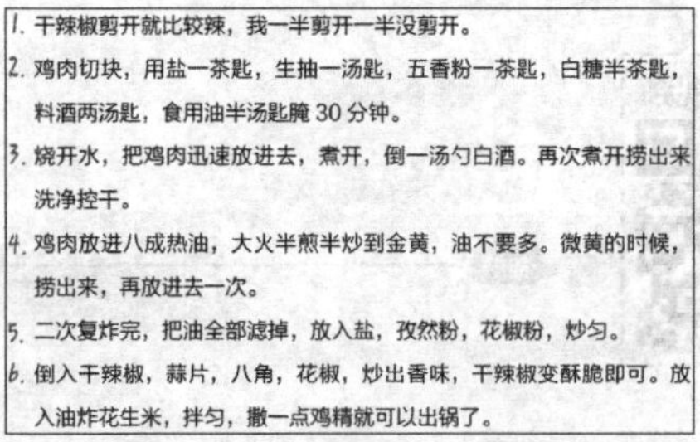

/. 干辣椒剪开就比较辣，我一半剪开一半没剪开。

2. 鸡肉切块，用盐一茶匙，生抽一汤匙，五香粉一茶匙，白糖半茶匙，
料酒两汤匙，食用油半汤匙腌 30 分钟。

3. 烧开水，把鸡肉迅速放进去，煮开，倒一汤勺白酒。再次煮开捞出来
洗净控干。

4. 鸡肉放进八成热油，大火半煎半炒到金黄，油不要多。微黄的时候，
捞出来，再放进去一次。

5. 二次复炸完，把油全部滤掉，放入盐，孜然粉，花椒粉，炒匀。

6. 倒入干辣椒，蒜片，八角，花椒，炒出香味，干辣椒变酥脆即可。放
入油炸花生米，拌匀，撒一点鸡精就可以出锅了。

图 11-219

STEP 31 选择"矩形"工具█，在适当的位置绘制一个矩形，效果如图 11-220 所示。选择"选
择"工具▶，按住 Alt+Shift 组合键的同时，水平向右拖曳图形到适当的位置，复制图形，效果如图 11-221
所示。

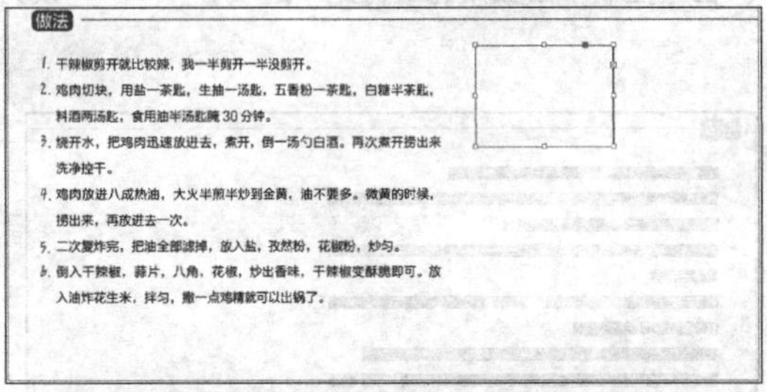

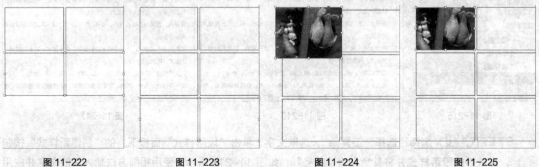

图 11-220 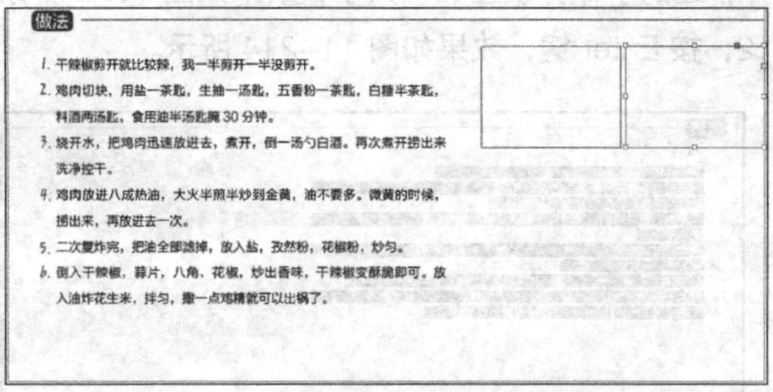   图 11-221

STEP 32 选择"选择"工具▶，按住 Shift 键的同时，单击原矩形将其同时选取，按住 Alt+Shift
组合键的同时，垂直向下拖曳图形到适当的位置，复制图形，效果如图 11-222 所示。按 Ctrl+Alt+4 组合
键，按需要再复制一组图形，效果如图 11-223 所示。

STEP 33 选择"文件 > 置入"命令，弹出"置入"对话框，选择资源包中的"Ch11 > 素材 >
制作菜谱书籍 > 17"文件，单击"打开"按钮，在页面空白处单击鼠标置入图片。选择"自由变换"工具
▦，拖曳图片到适当的位置并调整其大小，效果如图 11-224 所示。

STEP 34 保持图片选取状态。按 Ctrl+X 组合键，将图片剪切到剪贴板上。选择"选择"工具▶，
选中下方的矩形，选择"编辑 > 贴入内部"命令，将图片贴入矩形的内部，并设置描边色为无，效果如
图 11-225 所示。

图 11-222   图 11-223   图 11-224   图 11-225

STEP 35 选择"文字"工具▧，在适当的位置拖曳一个文本框，输入需要的文字，将输入的文
字选取，在"段落样式"面板中单击"编号"样式，效果如图 11-226 所示。填充文字为白色，取消文字

选取状态，效果如图 11-227 所示。使用相同的方法置入其他图片并制作出图 11-228 所示的效果。

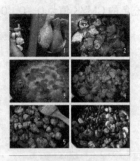

图 11-226   图 11-227   图 11-228

STEP 36 在"状态栏"中单击"文档所属页面"选项右侧的按钮 ▼ ，在弹出的页码中选择"8"。选择"直线"工具 ／，按住 Shift 键的同时，在适当的位置拖曳鼠标绘制一条竖线，设置描边色的 CMYK 值为 0、48、100、0，填充描边，效果如图 11-229 所示。

STEP 37 选择"描边"面板，在"类型"选项的下拉列表中选择"虚线"，其他选项的设置如图 11-230 所示，虚线效果如图 11-231 所示。使用上述相同方法制作出图 11-232 所示的效果。

图 11-229   图 11-230

图 11-231   图 11-232

11.1.9 制作书籍目录

STEP 1 在"状态栏"中单击"文档所属页面"选项右侧的按钮 ▼ ，在弹出的页码中选择"1"。选择"直排文字"工具 ，在页面左上角分别拖曳文本框，输入需要的文字，将输入的文字选取，在"控制"面板中分别选择合适的字体并设置文字大小，取消文字选取状态，效果如图 11-233 所示。

制作菜谱书籍 7

STEP 2 选择"选择"工具 ，选取下方英文，单击工具箱中的"格式针对文本"按钮 ，设置文字填充色的 CMYK 值为 0、0、0、70，填充文字，效果如图 11-234 所示。

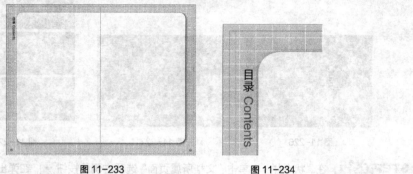

图 11-233   图 11-234

STEP 3 在"状态栏"中单击"文档所属页面"选项右侧的按钮 ，在弹出的页码中选择"4"。选择"选择"工具 ，按住 Shift 键的同时，选取需要的图形和文字，如图 11-235 所示，按 Ctrl+C 组合键，复制图形和文字。在"状态栏"中单击"文档所属页面"选项右侧的按钮 ，在弹出的页码中选择"1"，选择"编辑 > 粘贴"命令，将图形和文字粘贴，并将其拖曳到适当的位置，填充相应的颜色，效果如图 11-236 所示。

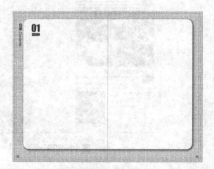

图 11-235   图 11-236

STEP 4 选取并复制记事本文档中需要的文字。返回到 InDesign 页面中，选择"直排文字"工具 ，在适当的位置拖曳一个文本框，将复制的文字粘贴到文本框中，将输入的文字选取，在"控制"面板中选择合适的字体并设置文字大小，效果如图 11-237 所示。

STEP 5 在"控制"面板中将"字符间距"选项 设为-200，按 Enter 键，效果如图 11-238 所示。设置文字填充色的 CMYK 值为 100、0、100、36，填充文字，取消选取状态，效果如图 11-239 所示。

图 11-237   图 11-238   图 11-239

STEP 6 选择"窗口 > 颜色 > 色板"命令，在弹出的面板中单击右上角的 ▼ 按钮，在弹出的菜单中选择"新建颜色色板"命令，在弹出的对话框中进行设置，如图 11-240 所示；单击"确定"按钮，如图 11-241 所示。

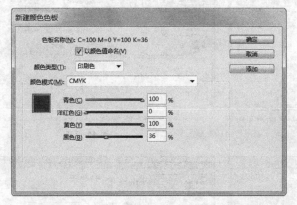

图 11-240　　　　　　　　　　　　　　　　图 11-241

STEP 7 在"字符样式"面板中，单击面板下方的"创建新样式"按钮 ，生成新的字符样式并将其命名为"页码"。双击"页码"样式，弹出"字符样式选项"对话框，单击"基本字符格式"选项，弹出相应的对话框，设置如图 11-242 所示；单击左侧的"字符颜色"选项，弹出相应的对话框，设置如图 11-243 所示，单击"确定"按钮。

图 11-242　　　　　　　　　　　　　　　　图 11-243

STEP 8 在"字符样式"面板中，单击面板下方的"创建新样式"按钮 ，生成新的字符样式并将其命名为"点"。双击"点"样式，弹出"字符样式选项"对话框，单击"基本字符格式"选项，弹出相应的对话框，设置如图 11-244 所示；单击左侧的"字符颜色"选项，弹出相应的对话框，设置如图 11-245 所示，单击"确定"按钮。

STEP 9 在"段落样式"面板中，单击面板下方的"创建新样式"按钮 ，生成新的段落样式并将其命名为"目录"。双击"目录"样式，弹出"段落样式选项"对话框，单击"基本字符格式"选项，弹出相应的对话框，设置如图 11-246 所示；单击左侧的"字符颜色"选项，弹出相应的对话框，设置如图 11-247 所示，单击"确定"按钮。

图 11-244　　　　　　　　　　　　　　图 11-245

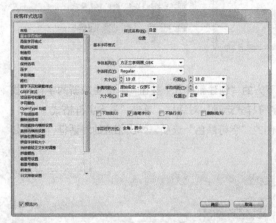

图 11-246

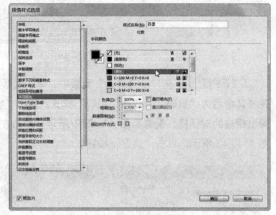

图 11-247

STEP 10 选择"版面 > 目录"命令，弹出"目录"对话框，在"其他样式"列表中选择"一级标题 1"，如图 11-248 所示；单击"添加"按钮 << 添加(A)，将"一级标题 1"添加到"包含段落样式"列表中，如图 11-249 所示。在"样式：一级标题 1"选项组中，单击"条目样式"选项右侧的按钮，在弹出的菜单中选择"目录"，单击"页码"选项右侧的按钮，在弹出的菜单中选择"条目前"，单击"样式"选项右侧的按钮，在弹出的菜单中选择"页码"，其他选项设置如图 11-250 所示。

图 11-248

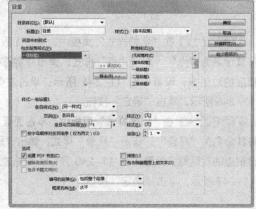

图 11-249

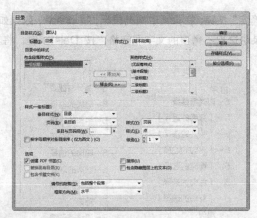

图 11-250

STEP 11 在"其他样式"列表中选择"一级标题 2",单击"添加"按钮 ＜＜ 添加(A) ,将"一级标题 2"添加到"包含段落样式"列表中,其他选项设置如图 11-251 所示。在"其他样式"列表中选择"二级标题 1",单击"添加"按钮 ＜＜ 添加(A) ,将"二级标题 1"添加到"包含段落样式"列表中,其他选项的设置如图 11-252 所示。在"其他样式"列表中选择"二级标题 2",单击"添加"按钮 ＜＜ 添加(A) ,将"二级标题 2"添加到"包含段落样式"列表中,其他选项的设置如图 11-253 所示。

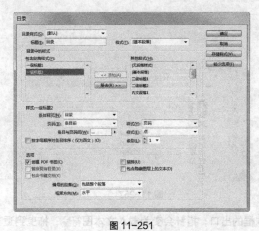

图 11-251

图 11-252

图 11-253

STEP⬇12 单击"确定"按钮，在页面中拖曳鼠标，提取目录，效果如图 11-254 所示。选择"文字"工具 **T**，在提取的目录中选取不需要的文字和空格，按 Delete 键，将其删除，效果如图 11-255 所示。

图 11-254　　　　　　图 11-255

STEP⬇13 选择"选择"工具 ▶，拖曳目录到页面中适当的位置，如图 11-256 所示。向上拖曳文本框中间的控制手柄到适当的位置，调整文本框大小，效果如图 11-257 所示。

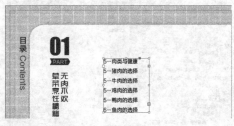

图 11-256　　　　　　　　　　图 11-257

STEP⬇14 选择"选择"工具 ▶，单击文本框的出口，指针会变为载入文本图符 ⬚，拖曳到适当的位置，如图 11-258 所示。单击创建一个文本框，文本自动排入框中，效果如图 11-259 所示。

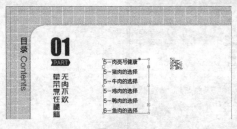
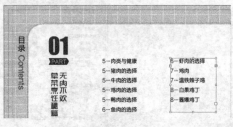

图 11-258　　　　　　　　　　图 11-259

STEP⬇15 选择"文件 > 置入"命令，弹出"置入"对话框，选择资源包中的"Ch11 > 素材 > 制作菜谱书籍 > 01"文件，单击"打开"按钮，在页面空白处单击鼠标置入图片。选择"自由变换"工具 ▣，拖曳图片到适当的位置并调整其大小，效果如图 11-260 所示。选择"矩形框架"工具 ⊠，在适当的位置绘制一个矩形框架，如图 11–161 所示。

图 11–260

图 11–261

STEP 16 选择"选择"工具 ，选取下方图片，按 Ctrl+X 组合键，将图片剪切到剪贴板上。选中矩形框架，选择"编辑 > 贴入内部"命令，将图片贴入矩形框架的内部，效果如图 11–262 所示。使用上述相同方法制作出图 11–263 所示的效果。

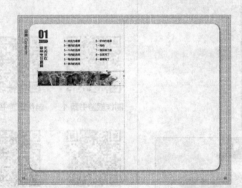

图 11–262

图 11–263

11.2 课后习题——制作旅游书籍

⊕ 习题知识要点

在 CorelDRAW 中，使用选项命令添加辅助线，使用导入命令、矩形工具和图框精确剪裁命令制作图片剪切效果，使用文本工具添加封面信息，使用星形工具、轮廓笔工具制作装饰图形，使用轮廓图工具为文字添加轮廓，使用阴影工具为图形添加阴影效果，使用插入条码命令在封底中插入条码；在 InDesign 中，使用页码和章节选项命令更改起始页码，使用置入命令、选择工具添加并裁剪图片，使用矩形工具和贴入内部命令制作图片剪切效果，使用段落样式面板添加标题和正文样式，使用文字工具添加相关文字，使用字符面板和段落面板调整字距、行距和缩进，使用文本绕排面板制作文本绕排效果，使用目录命令提取目录。旅游书籍封面、内页效果如图 11-264 所示。

⊕ 效果所在位置

资源包 > Ch11 > 效果 > 制作旅游书籍 > 旅游书籍封面.ai、旅游书籍内页.indd。

图 11-264

制作旅游书籍 1   制作旅游书籍 2

制作旅游书籍 3   制作旅游书籍 4

制作旅游书籍 5   制作旅游书籍 6

制作旅游书籍 7   制作旅游书籍 8

12

第 12 章
网页设计

网页是构成网站的基本元素，是承载各种网站应用的平台。它实际上是一个文件，存放在世界某个角落的某一台计算机中，与互联网相连并通过网址来识别与存取信息。当输入网址后，浏览器快速运行一段程序，将网页文件传送到用户的计算机中，解释并展示网页的内容。本章以休闲生活网页设计为例，讲解网页的设计方法和技巧。

课堂学习目标

● 在 Photoshop 软件中制作网页

12.1 制作休闲生活网页

案例学习目标

在 Photoshop 中，学习使用绘图工具、文字工具和创建剪贴蒙版命令制作休闲生活网页。

案例知识要点

在 Photoshop 中，使用圆角矩形工具和创建剪贴蒙版命令制作广告栏，使用矩形工具、椭圆工具、文字工具和添加图层样式命令制作导航栏和底部，使用添加图层蒙版按钮、渐变工具、色相/饱和度命令和色彩平衡命令制作 logo，使用椭圆工具、直线工具和创建剪贴蒙版命令制作网页中心部分。休闲生活网页效果如图 12-1 所示。

效果所在位置

资源包 > Ch12 > 效果 > 制作休闲生活网页 > 休闲生活网页.psd。

图 12-1

Photoshop 应用

12.1.1 制作广告栏

STEP 1 打开 Photoshop CS6 软件，按 Ctrl+N 组合键，新建一个文件，宽度为 1400 像素，高度为 1050 像素，分辨率为 72 像素/英寸，颜色模式为 RGB，背景内容为白色，单击"确定"按钮。

制作休闲生活网页 1

STEP 2 选择"渐变"工具 ，单击属性栏中的"点按可编辑渐变"按钮 ，弹出"渐变编辑器"对话框，将渐变色设为从白色到米白色（其 R、G、B 的值分别为 245、243、239），如图 12-2 所示。单击"确定"按钮，在图像窗口中从下向上拖曳光标填充渐变色，效果如图 12-3 所示。

STEP 3 选择"圆角矩形"工具 ，在属性栏的"选择工具模式"选项中选择"形状"，将"填充"选项设为绿色（其 R、G、B 的值分别为 2、194、179），"半径"选项设为 10 像素，在图像窗口中绘制圆角矩形，效果如图 12-4 所示。在"图层"控制面板中生成新的形状图层并将其命名为"绿色圆角矩形"。

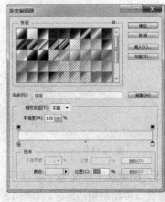

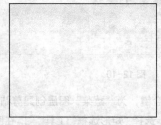

图 12-2   图 12-3   图 12-4

STEP 4 按 Ctrl + O 组合键，打开资源包中的"Ch12 > 素材 > 制作休闲生活网页 > 01"文件，选择"移动"工具，将图片拖曳到图像窗口中适当的位置，效果如图 12-5 所示。在"图层"控制面板中生成新的图层并将其命名为"彩带"。按 Ctrl+Alt+G 组合键，为"彩带"图层创建剪贴蒙版，效果如图 12-6 所示。

图 12-5   图 12-6

STEP 5 选择"圆角矩形"工具，将"填充"选项设为灰色（其 R、G、B 的值分别为 234、234、234），在图像窗口中绘制圆角矩形，如图 12-7 所示。在"图层"控制面板中生成新的形状图层并将其命名为"灰色圆角矩形"。

STEP 6 按 Ctrl + O 组合键，打开资源包中的"Ch12 > 素材 > 制作休闲生活网页 > 02"文件，选择"移动"工具，将图片拖曳到图像窗口中适当的位置，效果如图 12-8 所示。在"图层"控制面板中生成新的图层并将其命名为"蔬菜"。

图 12-7   图 12-8

STEP 7 在"图层"控制面板下方单击"添加图层蒙版"按钮，为"蔬菜"图层添加图层蒙版，如图 12-9 所示。将前景色设为黑色。选择"画笔"工具，单击"画笔"选项右侧的按钮，在弹出的面板中选择需要的画笔形状，并设置适当的画笔大小，如图 12-10 所示。在图像窗口中擦除不需要的图像，效果如图 12-11 所示。

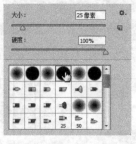

图 12-9　　　　　　　　　　图 12-10　　　　　　　　　　　　　图 12-11

STEP 8 按 Ctrl+Alt+G 组合键，为"蔬菜"图层创建剪贴蒙版，图像效果如图 12-12 所示。新建图层并将其命名为"灰色渐变条"。选择"矩形选框"工具 ，在图像窗口中绘制矩形选区，如图 12-13 所示。

图 12-12　　　　　　　　　　　　　　　　图 12-13

STEP 9 选择"渐变"工具 ，单击属性栏中的"点按可编辑渐变"按钮 ，弹出"渐变编辑器"对话框，在"位置"选项中分别输入 0、25、75、100 四个位置点，分别设置四个位置点颜色的 RGB 值为 0（255、255、255），25（152、152、152），75（152、152、152），100（255、255、255），如图 12-14 所示。单击"确定"按钮。在矩形选框中从左向右拖曳光标填充渐变色，效果如图 12-15 所示。按 Ctrl+D 组合键，取消选区。按 Ctrl+Alt+G 组合键，为"灰色渐变条"图层创建剪贴蒙版，图像效果如图 12-16 所示。

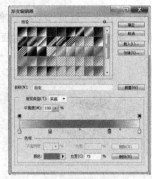

图 12-14　　　　　　　　图 12-15　　　　　　　　　　图 12-16

STEP 10 在"图层"控制面板上方，将"灰色渐变条"图层的"不透明度"选项设为20%，如图12-17所示，图像效果如图12-18所示。

STEP 11 选择"矩形"工具 ，在属性栏的"选择工具模式"选项中选择"形状"，将"填充"选项设为无，在图像窗口中绘制矩形，如图 12-19 所示。在"图层"控制面板中生成新的形状图层并将其命名为"橙色渐变条"。

图 12-17

图 12-18

图 12-19

STEP 12 单击"图层"控制面板下方的"添加图层样式"按钮 ，在弹出的菜单中选择"渐变叠加"命令，弹出对话框，单击对话框中"点按可编辑渐变"按钮 ，弹出"渐变编辑器"对话框，将渐变色设为从橙色（其 R、G、B 的值分别为 240、129、34）到透明色，如图 12-20 所示，其他选项的设置如图 12-21 所示。单击"确定"按钮，效果如图 12-22 所示。用相同方法添加其他的渐变条，并填充相应的颜色，效果如图 12-23 所示。

图 12-20

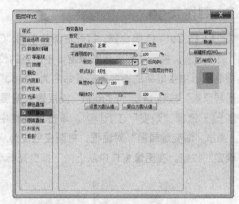

图 12-21

图 12-22

图 12-23

STEP 13 将前景色设为白色。选择"横排文字"工具 ，在适当的位置输入需要的文字并选取文字，在属性栏中选择合适的字体并设置大小，效果如图 12-24 所示，在"图层"控制面板中生成新的文字图层。用相同方法添加其他的文字，并设置需要的字体，如图 12-25 所示。

图 12-24

图 12-25

STEP 14 按 Ctrl + O 组合键，打开资源包中的"Ch12 > 素材 > 制作休闲生活网页 > 03"文件，选择"移动"工具 ，将图片拖曳到图像窗口中适当的位置，效果如图 12-26 所示。在"图层"控制面板中生成新的图层并将其命名为"人物"。按住 Shift 键的同时，单击"人物"图层和"绿色圆角矩形"图层，将之间的所有图层同时选取，按 Ctrl + G 组合键，编组图层并将其命名为"广告栏"，如图 12-27 所示。

图 12-26

图 12-27

12.1.2 制作 logo

STEP 1 按 Ctrl + O 组合键，打开资源包中的"Ch12 > 素材 > 制作休闲生活网页 > 04"文件，选择"移动"工具 ，将图片拖曳到图像窗口中适当的位置，效果如图 12-28 所示。在"图层"控制面板中生成新的图层并将其命名为"logo"。在"图层"控制面板下方单击"添加图层蒙版"按钮 ，为"logo"图层添加图层蒙版，如图 12-29 所示。

制作休闲生活网页 2

STEP 2 选择"渐变"工具 ，单击属性栏中的"点按可编辑渐变"按钮 ，弹出"渐变编辑器"对话框，将渐变色设为从黑色到白色，如图 12-30 所示，单击"确定"按钮。在图像窗口中从上向下拖曳光标填充渐变色，图像效果如图 12-31 所示。

图 12-28

图 12-29

图 12-30

图 12-31

STEP 3 在"图层"控制面板上方,将"logo"图层的"不透明度"选项设为 70%,如图 12-32 所示,图像效果如图 12-33 所示。

图 12-32   图 12-33

STEP 4 单击"图层"控制面板下方的"创建新的填充或调整图层"按钮 ,在弹出的菜单中选择"色相/饱和度"命令,在"图层"控制面板中生成"色相/饱和度 1"图层,同时在弹出的"色相/饱和度"面板中进行设置,如图 12-34 所示;按 Enter 键确认操作,图像效果如图 12-35 所示。按 Ctrl+Alt+G 组合键,为"色相/饱和度 1"图层创建剪贴蒙版,图像效果如图 12-36 所示。

图 12-34   图 12-35   图 12-36

STEP 5 单击"图层"控制面板下方的"创建新的填充或调整图层"按钮 ,在弹出的菜单中选择"色彩平衡"命令,在"图层"控制面板中生成"色彩平衡 1"图层,同时在弹出的"色彩平衡"面板中进行设置,如图 12-37 所示;按 Enter 键确认操作,图像效果如图 12-38 所示。按 Ctrl+Alt+G 组合键,为"色彩平衡 1"图层创建剪贴蒙版,图像效果如图 12-39 所示。

图 12-37   图 12-38   图 12-39

STEP 6 按住 Shift 键的同时，单击"logo"图层和"色彩平衡 1"图层，选取需要的图层，并将其拖曳到"图层"控制面板下方的"创建新图层"按钮 ⬛ 上进行复制，生成新的副本图层，如图 12-40 所示。删除"logo 副本"图层的图层蒙版，如图 12-41 所示，效果如图 12-42 所示。

图 12-40

图 12-41

图 12-42

STEP 7 按住 Shift 键的同时，单击"logo 副本"图层和"色彩平衡 1 副本"图层，选取需要的图层，按 Ctrl+T 组合键，图像周围出现变换框。按住 Shift 键的同时，向内拖曳变换框右上角的控制手柄，等比例缩小图形，按 Enter 键确认操作，效果如图 12-43 所示。

STEP 8 选择"横排文字"工具 T，在适当的位置输入需要的文字并选取文字，在属性栏中选择合适的字体并设置大小，并分别填充适当的颜色，效果如图 12-44 所示，在"图层"控制面板中生成新的文字图层。按住 Shift 键的同时，单击"logo"图层和"休闲生活&Lifestyle"文字图层，选取需要的图层，按 Ctrl + G 组合键，编组图层并将其命名为"logo"，如图 12-45 所示。

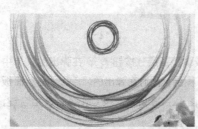
图 12-43

图 12-44

图 12-45

12.1.3 制作导航栏

STEP 1 选择"圆角矩形"工具 ⬛，将"填充"选项设为绿色（其 R、G、B 的值分别为 2、194、179），在图像窗口中绘制圆角矩形，如图 12-46 所示。在"图层"控制面板生成新的形状图层并将其命名为"绿色"。用相同的方法绘制其他圆角矩形，并填充适当的颜色，如图 12-47 所示。

STEP 2 按住 Shift 键的同时，单击"绿色"图层和"绿色 副本"图层，选取需要的图层，并将其拖曳到"图层"控制面板下方的"创建新图层"按钮 ⬛ 上进行复制，生成新的副本图层，如图 12-48 所示；按 Ctrl + E 组合键，合并副本图层并将其命名为"合并图形"，效果如图 12-49 所示。

图 12-46

图 12-47

图 12-48

图 12-49

STEP 3 单击"图层"控制面板下方的"添加图层样式"按钮 **fx.**，在弹出的菜单中选择"描边"命令，弹出对话框，将描边颜色设为白色，其他选项的设置如图 12-50 所示；单击"确定"按钮，效果如图 12-51 所示。

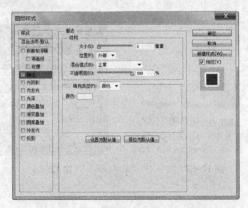
图 12-50

图 12-51

STEP 4 将"合并图形"图层拖曳到"绿色"图层的下方，调整图层顺序，效果如图 12-52 所示。选择"横排文字"工具 **T**，在适当的位置输入需要的文字并选取文字，在属性栏中选择合适的字体并设置大小，效果如图 12-53 所示，在"图层"控制面板中生成新的文字图层。用相同方法添加其他文字，效果如图 12-54 所示。

STEP 5 按住 Shift 键的同时，单击"合并图形"图层和"美容美体"文字图层，选取需要的图层，按 Ctrl + G 组合键，编组图层并将其命名为"导航栏"，如图 12-55 所示。

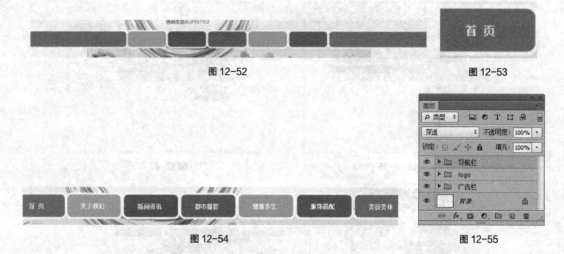

图 12-52　　　　　　　　　　　　　　　　　　　　　　图 12-53

图 12-54　　　　　　　　　　　　　　　　　　　图 12-55

12.1.4　制作联系方式

STEP1 按 Ctrl + O 组合键，打开资源包中的"Ch12 > 素材 > 制作休闲生活网页 > 05、06、07、08"文件，选择"移动"工具，将图片拖曳到图像窗口中适当的位置，效果如图 12-56 所示。在"图层"控制面板中生成新的图层并分别将其命名为"腾讯微博""新浪微博""微信"和"电话"。

STEP2 选择"横排文字"工具 T ，在适当的位置输入需要的文字并选取文字，在属性栏中选择合适的字体并设置大小，效果如图 12-57 所示，在"图层"控制面板中生成新的文字图层。

STEP3 按住 Shift 键的同时，单击"腾讯微博"图层和"服务热线……"文字图层，选取需要的图层，按 Ctrl + G 组合键，编组图层并将其命名为"联系方式"，如图 12-58 所示。

服务热线：010-87654321
广告热线：010-86543210
xiuxianshenghuo@163.com

图 12-56　　　　　　　　　　图 12-57　　　　　　　　　　图 12-58

12.1.5　制作热门讨论

STEP1 选择"椭圆"工具 ，将"填充"选项设为白色，在图像窗口中绘制椭圆形，如图 12-59 所示。在"图层"控制面板中生成新的形状图层并将其命名为"白色椭圆"。

STEP2 按 Ctrl + O 组合键，打开资源包中的"Ch12 > 素材 > 制作休闲生活网页 >09"文件，选择"移动"工具 ，将图片拖曳到图像窗口中适当的位置，效果如图 12-60 所示。在"图层"控制面板中生成新的图层并分别将其命名为"橙汁"。

制作休闲生活网页 3

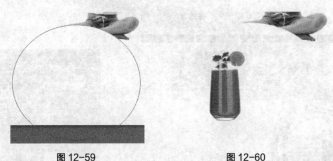

图 12-59 图 12-60

STEP 3 选择"横排文字"工具 $\boxed{T}$ ，在适当的位置输入需要的文字并选取文字，在属性栏中选择合适的字体并设置大小，效果如图 12-61 所示，在"图层"控制面板中生成新的文字图层。用相同的方法添加其他文字，效果如图 12-62 所示。

图 12-61 图 12-62

STEP 4 按住 Shift 键的同时，单击"logo"图层组中的"logo 副本"图层和"色彩平衡 1 副本"图层，选取需要的图层，如图 12-63 所示。将其拖曳到"图层"控制面板下方的"创建新图层"按钮 $\boxed{}$ 上进行复制，生成新的副本图层，拖曳副本图层到最顶层，如图 12-64 所示。选择"移动"工具 $\boxed{+}$ ，将图片拖曳到图像窗口中适当的位置，效果如图 12-65 所示。

图 12-63 图 12-64 图 12-65

STEP 5 按 Ctrl+T 组合键，图像周围出现变换框，向外拖曳控制手柄，等比例放大图形，在变换框中单击鼠标右键，在弹出的菜单中选择"垂直翻转"命令，将图像垂直翻转，按 Enter 键确认操作，效果如图 12-66 所示。在"图层"控制面板下方单击"添加图层蒙版"按钮 $\boxed{}$ ，为"logo 副本 2"图层添加图层蒙版，如图 12-67 所示。

图 12-66　　　　　　　　　　　　　　　　　　　　图 12-67

STEP 6 选择"渐变"工具 ，单击属性栏中的"点按可编辑渐变"按钮 ，弹出"渐变编辑器"对话框，将渐变色设为从黑色到白色，如图 12-68 所示，单击"确定"按钮。在图像窗口中从左下方向右上方拖曳光标填充渐变色，图像效果如图 12-69 所示。

STEP 7 按住 Shift 键的同时，单击"白色椭圆"图层和"色彩平衡 1 副本 2"图层，选取需要的图层，按 Ctrl＋G 组合键，编组图层并将其命名为"热门讨论"，如图 12-70 所示。

图 12-68　　　　　　　　　　　图 12-69　　　　　　　　　　　图 12-70

12.1.6　制作最新推荐

STEP 1 选择"横排文字"工具 ，在适当的位置输入需要的文字并选取文字，在属性栏中选择合适的字体并设置大小，效果如图 12-71 所示，在"图层"控制面板中生成新的文字图层。选择"直线"工具 ，在属性栏的"选择工具模式"选项中选择"形状"，将"填充"选项设为灰色（其 R、G、B 的值分别为 200、200、200），"半径"选项设为 1 像素，在图像窗口中绘制直线，如图 12-72 所示。

图 12-71　　　　　　　　　　　　　　　　　　　　图 12-72

STEP 2 选择"横排文字"工具 T，在适当的位置输入需要的文字并选取文字，在属性栏中选择合适的字体并设置大小，效果如图 12-73 所示，在"图层"控制面板中生成新的文字图层。

图 12-73

STEP 3 用相同方法添加其他文字，效果如图 12-74 所示。按住 Shift 键的同时，单击"最新推荐"文字图层和"·镜头拉远……"文字图层，选取需要的图层，按 Ctrl + G 组合键，编组图层并将其命名为"最新推荐"，如图 12-75 所示。

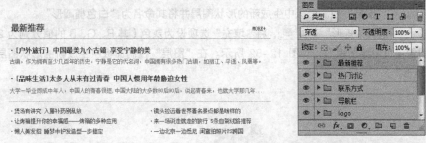

图 12-74　　　　　　　　　　　　　　图 12-75

12.1.7　制作分类

STEP 1 选择"椭圆"工具，将"填充"选项设为红色（其 R、G、B 的值分别为 226、87、90），按住 Shift 键的同时，在图像窗口中绘制圆形，效果如图 12-76 所示。在"图层"控制面板中生成新的形状图层并将其命名为"红色圆形"。

STEP 2 按 Ctrl + O 组合键，打开资源包中的"Ch12 > 素材 > 制作休闲生活网页 > 10"文件，选择"移动"工具，将图片拖曳到图像窗口中适当的位置，如图 12-77 所示。在"图层"控制面板中生成新的图层并将其命名为"电脑"。

STEP 3 选择"横排文字"工具 T，在适当的位置输入需要的文字并选取文字，在属性栏中选择合适的字体并设置大小，效果如图 12-78 所示，在"图层"控制面板中生成新的文字图层。用相同的方法添加其他图形和文字，效果如图 12-79 所示。

STEP 4 按住 Shift 键的同时，单击"最新推荐"文字图层和"·镜头拉远……"文字图层，选取需要的图层，按 Ctrl + G 组合键，编组图层并将其命名为"分类"，如图 12-80 所示。

图 12-76　　　　　　　　　図 12-77　　図 12-78

图 12-79   图 12-80

12.1.8 制作底图

STEP 1 选择"椭圆"工具 ●，将"填充"选项设为白色，在图像窗口中绘制椭圆形，效果如图 12-81 所示。在"图层"控制面板中生成新的形状图层并将其命名为"白色椭圆形"。

STEP 2 选择"矩形"工具 ■，将"填充"选项设为灰色（其 R、G、B 的值分别为 214、214、214），在图像窗口中绘制矩形，如图 12-82 所示。在"图层"控制面板中生成新的形状图层并将其命名为"灰色矩形"。

图 12-81   图 12-82

STEP 3 单击"图层"控制面板下方的"添加图层样式"按钮 fx.，在弹出的菜单中选择"渐变叠加"命令，弹出对话框，单击对话框中"点按可编辑渐变"按钮，弹出"渐变编辑器"对话框，将渐变色设为从深绿色（其 R、G、B 的值分别为 0、148、135）到浅绿色（其 R、G、B 的值分别为 2、194、178），如图 12-83 所示；单击"确定"按钮，返回到"图层样式"对话框，其他选项的设置如图 12-84 所示。单击"确定"按钮，效果如图 12-85 所示。

STEP 4 选择"横排文字"工具 T.，在适当的位置分别输入需要的文字并选取文字，在属性栏中选择合适的字体并设置大小，效果如图 12-86 所示，在"图层"控制面板中生成新的文字图层。

   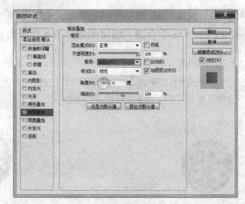

图 12-83   图 12-84

图 12-85   图 12-86

STEP 5 按住 Shift 键的同时，单击"白色椭圆形"图层和"关于我们……"文字图层，选取需要的图层，按 Ctrl+G 组合键，编组图层并将其命名为"底图"，如图 12-87 所示。将"底图"图层组拖曳到"广告栏"图层组下方，如图 12-88 所示，图像效果如图 12-89 所示。休闲生活网页制作完成。

图 12-87   图 12-88   图 12-89

12.2 课后习题——制作橄榄球比赛网页

习题知识要点

在 Photoshop 中，使用钢笔工具、矩形工具和自定形状工具绘制图形，使用文字工具添加宣传文字，使用创建剪贴蒙版命令制作图片剪切效果，使用图层蒙版命令为图形添加蒙版，使用图层样式命令为图片和文字添加特殊效果。橄榄球比赛网页效果如图 12-90 所示。

效果所在位置

资源包 > Ch12 > 效果 > 制作橄榄球比赛网页 > 橄榄球比赛网页.psd。

图 12-90

制作橄榄球比赛网页 1

制作橄榄球比赛网页 2

制作橄榄球比赛网页 3

制作橄榄球比赛网页 4

13

第 13 章
UI 设计

UI 设计（User Interface），即用户界面设计，主要包括人机交互、操作逻辑和界面美观的整体设计。随着信息技术的高速发展，用户对信息的需求量不断增加，图形界面的设计也越来越多样化。本章以手机 UI 界面设计为例，讲解手机 UI 界面的设计方法和制作技巧。

课堂学习目标

- 在 Photoshop 软件中制作手机 UI 界面

13.1 手机 UI 界面设计

案例学习目标

在 Photoshop 中，学习使用绘图工具、图层样式命令、字符面板和创建剪贴蒙版命令制作手机 UI 界面。

案例知识要点

在 Photoshop 中，使用圆角矩形、矩形工具、椭圆工具、直线工具绘制图形，使用渐变工具和绘图工具绘制手机外形，使用钢笔工具和剪贴蒙版命令制作手机高光，使用绘图工具和文字工具绘制手机界面。手机 UI 界面效果如图 13-1 所示。

效果所在位置

资源包 > Ch13 > 效果 > 手机 UI 界面设计 > 手机界面展示.psd。

图 13-1

Photoshop 应用

13.1.1 制作手机相机图标

STEP 1 打开 Photoshop CS6 软件，按 Ctrl+N 组合键，新建一个文件，宽度为 660 像素，高度为 660 像素，分辨率为 72 像素/英寸，颜色模式为 RGB，背景内容为白色。

手机 UI 界面设计 1

STEP 2 选择"圆角矩形"工具 ▣ ，在属性栏的"选择工具模式"选项中选择"形状"，将"填充"选项设为浅灰色（其 R、G、B 的值分别为 241、236、233），"半径"选项设为 160 像素，在图像窗口中绘制圆角矩形，如图 13-2 所示。在"图层"控制面板中生成新的形状图层并将其命名为"圆角矩形"。

STEP 3 单击"图层"控制面板下方的"添加图层样式"按钮 *fx* ，在弹出的菜单中选择"斜面和浮雕"命令，弹出对话框，选项的设置如图 13-3 所示。单击"确定"按钮，效果如图 13-4 所示。

图 13-2

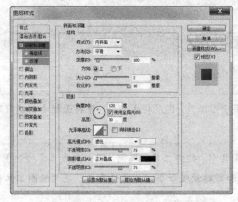
图 13-3

图 13-4

STEP 4 选择"矩形"工具 ，在属性栏的"选择工具模式"选项中选择"形状"，将"填充"选项设为橙色（其 R、G、B 的值分别为 250、171、76），在图像窗口中绘制矩形，如图 13-5 所示。在"图层"控制面板中生成新的形状图层并将其命名为"橙色矩形"。用相同方法添加其他矩形，并填充适当的颜色，如图 13-6 所示。

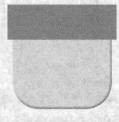

图 13-5

图 13-6

STEP 5 按住 Shift 键的同时，单击"橙色矩形"图层和"绿色矩形"图层，选取需要的图层，如图 13-7 所示。按 Ctrl + Alt+G 组合键，为选中的图层创建剪贴蒙版，效果如图 13-8 所示。

STEP 6 选择"椭圆"工具 ，在属性栏的"选择工具模式"选项中选择"形状"，将"填充"选项设为白色，按住 Shift 键的同时，在图像窗口中绘制圆形，效果如图 13-9 所示。在"图层"控制面板中生成新的形状图层并将其命名为"白色圆形"。

图 13-7

图 13-8

图 13-9

STEP 7 单击"图层"控制面板下方的"添加图层样式"按钮 ，在弹出的菜单中选择"投影"命令，弹出对话框，将投影颜色设为黑色，其他选项的设置如图 13-10 所示；选择"斜面和浮雕"命令，切换到相应的对话框，选项的设置如图 13-11 所示。单击"确定"按钮，效果如图 13-12 所示。

STEP⤵8 选择"椭圆"工具 ⬤，将"填充"选项设为黑色，按住 Shift 键的同时，在图像窗口中绘制圆形，效果如图 13-13 所示。在"图层"控制面板中生成新的形状图层并将其命名为"黑色圆形"。用相同的方法绘制其他圆形，效果如图 13-14 所示。

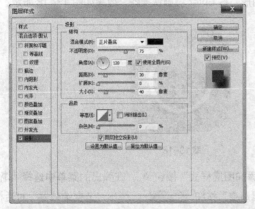

图 13-10

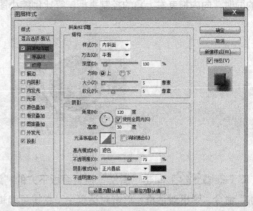

图 13-11

图 13-12

图 13-13

图 13-14

STEP⤵9 单击"图层"控制面板下方的"添加图层样式"按钮 fx.，在弹出的菜单中选择"描边"命令，弹出对话框，将描边颜色设为紫色（其 R、G、B 的值分别为 38、6、37），其他选项的设置如图 13-15 所示。单击"确定"按钮，效果如图 13-16 所示。

图 13-15

图 13-16

STEP⤵10 选择"椭圆"工具 ⬤，将"填充"选项设为墨绿色（其 R、G、B 的值分别为 8、30、

27），按住 Shift 键的同时，在图像窗口中绘制圆形，效果如图 13-17 所示。在"图层"控制面板中生成新的形状图层并将其命名为"绿色圆形"。

STEP 11 选择"绿色圆形"图层，将其拖曳到"图层"控制面板下方的"创建新图层"按钮 上进行复制，生成新的图层"绿色圆形 副本"。按 Ctrl + T 组合键，图像周围出现变换框，按住 Alt+Shift 组合键的同时，向内拖曳右上角的控制手柄，等比例缩小图形，按 Enter 键确认操作，效果如图 13-18 所示。

图 13-17　　　　　　　图 13-18

STEP 12 单击"图层"控制面板下方的"添加图层样式"按钮 ，在弹出的菜单中选择"渐变叠加"命令，弹出对话框，单击对话框中"点按可编辑渐变"按钮 ，弹出"渐变编辑器"对话框，将渐变色设为从深绿色（其 R、G、B 的值分别为 0、18、1）到浅绿色（其 R、G、B 的值分别为 85、122、125），其他选项的设置如图 13-19 所示。单击"确定"按钮，效果如图 13-20 所示。

STEP 13 选择"椭圆"工具 ，将"填充"选项设为墨绿色（其 R、G、B 的值分别为 8、30、27），按住 Shift 键的同时，在图像窗口中绘制圆形，效果如图 13-21 所示。在"图层"控制面板中生成新的形状图层并将其命名为"绿色圆形 2"。

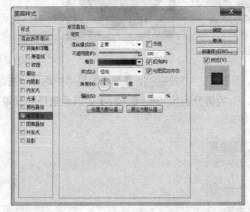  

图 13-19　　　　　　　图 13-20　　　　　　　图 13-21

STEP 14 选择"绿色圆形 2"图层，将其拖曳到"图层"控制面板下方的"创建新图层"按钮 上进行复制，生成新的图层"绿色圆形 2 副本"。按 Ctrl + T 组合键，图像周围出现变换框，按住 Alt+Shift 组合键的同时，向内拖曳右上角的控制手柄，等比例缩小图形，按 Enter 键确认操作，效果如图 13-22 所示。

STEP 15 选取"绿色圆形 2"图层和"绿色圆形 2 副本"图层，单击鼠标右键，在弹出的菜单中选择"栅格化图层"命令，如图 13-23 所示。按住 Ctrl 键的同时，单击"绿色圆形 2 副本"图层缩览图，如图 13-24 所示；在图层"绿色圆形 2 副本"的图像周围生成选区，如图 13-25 所示。

图 13-22   图 13-23   图 13-24   图 13-25

STEP 16 选择"绿色圆形 2"图层。按 Delete 键，删除该图层选区内的图像，按 Ctrl + D 组合键，取消选区，效果如图 13-26 所示。将"绿色圆形 2"图层重命名为"圆环"，并删除"绿色圆形 2 副本"图层，如图 13-27 所示，效果如图 13-28 所示。

图 13-26   图 13-27   图 13-28

STEP 17 单击"图层"控制面板下方的"添加图层样式"按钮 *fx*，在弹出的菜单中选择"渐变叠加"命令，弹出对话框，单击对话框中"点按可编辑渐变"按钮 ▭▾，弹出"渐变编辑器"对话框，将渐变色设为从墨绿色（其 R、G、B 的值分别为 3、40、47）到浅绿（其 R、G、B 的值分别为 52、81、83）到墨绿色（其 R、G、B 的值分别为 13、41、51）再到浅绿（其 R、G、B 的值分别为 52、81、83），如图 13-29 所示，其他选项的设置如图 13-30 所示。单击"确定"按钮，效果如图 13-31 所示。

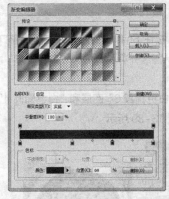

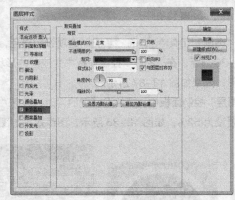

图 13-29   图 13-30   图 13-31

STEP 18 选择"椭圆"工具 ▭，将"填充"选项设为黑色，按住 Shift 键的同时，在图像窗口中绘制圆形，效果如图 13-32 所示。在"图层"控制面板中生成新的形状图层并将其命名为"蓝色圆形"。

STEP 19 单击"图层"控制面板下方的"添加图层样式"按钮 *fx*，在弹出的菜单中选择"渐变叠加"命令，弹出对话框，单击对话框中"点按可编辑渐变"按钮 ，弹出"渐变编辑器"对话框，将渐变色设为从深蓝色（其 R、G、B 的值分别为 5、9、34）到蓝色（其 R、G、B 的值分别为 7、7、34），其他选项的设置如图 13-33 所示。选择"描边"命令，切换到相应的对话框，选项的设置如图 13-34 所示。单击"确定"按钮，效果如图 13-35 所示。

图 13-32

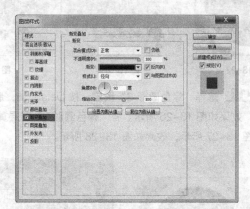

图 13-33

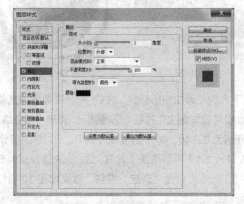

图 13-34

图 13-35

STEP 20 选择"椭圆"工具 ，将"填充"选项设为白色，按住 Shift 键的同时，在图像窗口中绘制圆形，效果如图 13-36 所示。在"图层"控制面板中生成新的形状图层并将其命名为"白色圆形"。用相同的方法添加其他圆形，效果如图 13-37 所示。

STEP 21 在"图层"控制面板中，按住 Ctrl 键的同时，选择"白色椭圆 3"图层和"白色椭圆 4"图层，将"不透明度"选项设为 52%，如图 13-38 所示，图像效果如图 13-39 所示。

图 13-36

图 13-37

图 13-38

图 13-39

STEP 22 选择"矩形"工具，将"填充"选项设为白色，在图像窗口中绘制矩形，如图 13-40 所示。在"图层"控制面板中生成新的形状图层并将其命名为"白色矩形"。在"图层"控制面板中，将"不透明度"选项设为 52%，如图 13-41 所示，图像效果如图 13-42 所示。

图 13-40   图 13-41   图 13-42

STEP 23 选择"椭圆"工具，将"填充"选项设为白色，在图像窗口中绘制椭圆形，效果如图 13-43 所示。在"图层"控制面板中生成新的形状图层并将其命名为"椭圆 1"。

STEP 24 选择"移动"工具，按住 Shift+Alt 组合键的同时，在图像窗口中拖曳白色椭圆形到适当位置，复制图形和图层，在"图层"控制面板中生成新的图层"椭圆 1 副本"，如图 13-44 示，图像效果如图 13-45 所示。

图 13-43   图 13-44   图 13-45

STEP 25 按住 Shift 键的同时，选择"椭圆 1"图层和"椭圆 1 副本"图层，单击鼠标右键，在弹出的菜单中选择"栅格化图层"命令，如图 13-46 所示。选择"椭圆 1"图层，按住 Ctrl 键的同时，单击"椭圆 1 副本"图层缩览图，如图 13-47 所示；在"椭圆 1 副本"图层的图像周围生成选区，如图 13-48 所示。按 Delete 键，删除"椭圆 1"图层选区内的图像。按 Ctrl＋D 组合键，取消选区，效果如图 13-49 所示。将"椭圆 1"图层重命名为"月牙"，并删除"椭圆 1 副本"图层，如图 13-50 所示，效果如图 13-51 所示。

图 13-46   图 13-47   图 13-48

图 13-49 　　　　　　　　　　图 13-50 　　　　　　　　　　图 13-51

STEP 26 在"图层"控制面板上方，将"月牙"图层的"不透明度"选项设为 52%，如图 13-52 所示，效果如图 13-53 所示。选择"移动"工具 ，按住 Alt + Shift 组合键的同时，在图像窗口中拖曳月牙图形到适当位置，复制月牙图形，效果如图 13-54 所示；在"图层"控制面板中生成新的图层"月牙 副本"，如图 13-55 所示。

图 13-52 　　　　　　图 13-53 　　　　　　图 13-54 　　　　　　图 13-55

STEP 27 按 Ctrl + T 组合键，图像周围出现变换框，按住 Alt + Shift 组合键的同时，向内拖曳右上角的控制手柄，等比例缩小图形，如图 13-56 所示。在变换框中单击鼠标右键，在弹出的菜单中选择"垂直翻转"命令，按 Enter 键确认操作，效果如图 13-57 所示。

图 13-56 　　　　　　　　　　图 13-57

STEP 28 按住 Shift 键的同时，单击"圆角矩形"图层和"月牙 副本"图层，选取全部图层，按 Ctrl + G 组合键，编组图层并将其命名为"相机图标"，如图 13-58 所示。手机相机图标绘制完成，效果如图 13-59 所示。

图 13-58 　　　　　　　　　　图 13-59

13.1.2 制作手机外形

STEP 1 按 Ctrl+N 组合键，新建一个文件，宽度为 1587 像素，高度为 1786 像素，分辨率为 72 像素/英寸，颜色模式为 RGB，背景内容为白色，单击"确定"按钮，如图 13-60 所示。

手机 UI 界面设计 2

STEP 2 单击"图层"控制面板下方的"添加图层样式"按钮 *fx.*，在弹出的菜单中选择"渐变叠加"命令，弹出对话框，单击对话框中"点按可编辑渐变"按钮，弹出"渐变编辑器"对话框，将渐变色设为从黑色到白色，单击"确定"按钮，返回到"图层样式"对话框，其他选项的设置如图 13-61 所示。单击"确定"按钮，效果如图 13-62 所示。

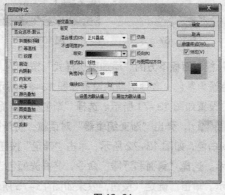

| 图 13-60 | 图 13-61 | 图 13-62 |

STEP 3 单击"图层"控制面板下方的"添加图层样式"按钮 *fx.*，在弹出的菜单中选择"图案叠加"命令，弹出对话框，单击"图案"选项右侧的按钮，弹出"图案"选择面板，单击选择面板右侧的按钮，在弹出的下拉列表中选择"彩色纸"命令，弹出提示对话框，单击"确定"按钮。在"图案"选择面板选取需要的图案，如图 13-63 所示。返回到"图层样式"对话框，其他选项的设置如图 13-64 所示。单击"确定"按钮，效果如图 13-65 所示。

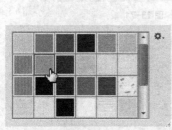
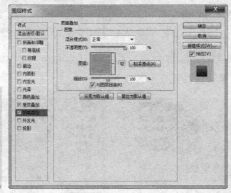

| 图 13-63 | 图 13-64 | 图 13-65 |

STEP 4 按 Ctrl+O 组合键，打开资源包中的"Ch13 > 素材 > 手机 UI 界面设计 > 01"文件，选择"移动"工具，将图片拖曳到图像窗口中适当的位置并调整图像大小，效果如图 13-66 所示。在"图层"控制面板中生成新的图层并将其命名为"底图"。在"图层"控制面板上方，将"底图"图层的混合模式选项设为"正片叠底"，"不透明度"选项设为 25%，如图 13-67 所示，图像效果如图 13-68 所示。

STEP 5 选择"圆角矩形"工具 ，将"填充"选项设为黑色，"半径"选项设为 100 像素，在图像窗口中绘制圆角矩形，效果如图 13-69 所示。在"图层"控制面板中生成新的形状图层并将其命名为"手机型"。

图 13-66　　　　　　　图 13-67　　　　　　　图 13-68　　　　　　　图 13-69

STEP 6 单击"图层"控制面板下方的"添加图层样式"按钮 ，在弹出的菜单中选择"投影"命令，弹出对话框，将投影颜色设为黑色，其他选项的设置如图 13-70 所示。选择"外发光"命令，将外发光颜色设为黑色，其他选项的设置如图 13-71 所示。选择"渐变叠加"命令，弹出对话框，单击对话框中"点按可编辑渐变"按钮 ，弹出"渐变编辑器"对话框，将渐变色设为从灰色（其 R、G、B 的值分别为 220、220、220）到白色，如图 13-72 所示；单击"确定"按钮，返回到"图层样式"对话框，其他选项的设置如图 13-73 所示。选择"斜面和浮雕"命令，将高光颜色设为白色，阴影颜色设为黑色，其他选项的设置如图 13-74 所示。单击"确定"按钮，效果如图 13-75 所示。

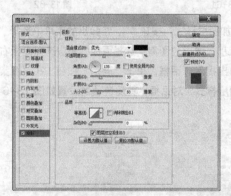 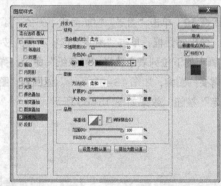

图 13-70　　　　　　　　　　　　　图 13-71

 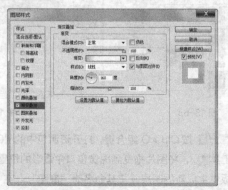

图 13-72　　　　　　　　　　　　　图 13-73

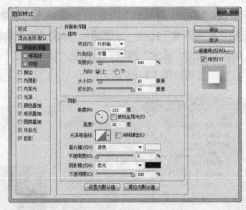

图 13-74 图 13-75

STEP 7 新建图层并将其命名为"白色方块"。将前景色设为白色。选择"矩形选框"工具 ⊡，在图像窗口中绘制矩形选区，如图 13-76 所示。按 Alt+Delete 组合键，用前景色填充选区。按 Ctrl+D 组合键，取消选区，效果如图 13-77 所示。

STEP 8 按 Ctrl+O 组合键，打开资源包中的"Ch13 > 素材 > 手机 UI 界面设计 > 01"文件，选择"移动"工具 ⊕，将图片拖曳到图像窗口中适当的位置并调整图像大小，效果如图 13-78 所示。在"图层"控制面板中生成新的图层并将其命名为"壁纸"。按 Ctrl+Alt+G 组合键，为"壁纸"图层创建剪贴蒙版，图像效果如图 13-79 所示。

图 13-76 图 13-77 图 13-78 图 13-79

STEP 9 新建图层并将其命名为"高光"。选择"钢笔"工具 ✎，在属性栏的"选择工具模式"选项中选择"路径"，在图像窗口中绘制需要的路径，效果如图 13-80 所示。按 Ctrl+Enter 组合键，将路径转换为选区，如图 13-81 所示。按 Alt+Delete 组合键，填充选区为白色。按 Ctrl+D 组合键，取消选区，效果如图 13-82 所示。

图 13-80 图 13-81 图 13-82

STEP⤴10 单击"图层"控制面板下方的"添加图层样式"按钮 **fx**，在弹出的菜单中选择"渐变叠加"命令，弹出对话框，单击对话框中"点按可编辑渐变"按钮 ▬▬▬▬ ，弹出"渐变编辑器"对话框，将渐变色设为从白色到透明色，如图 13-83 所示；单击"确定"按钮，返回到"图层样式"对话框，其他选项的设置如图 13-84 所示。单击"确定"按钮，效果如图 13-85 所示。

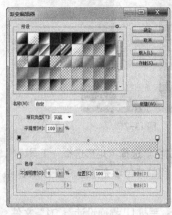

图 13-83　　　　　　　　　　　　图 13-84　　　　　　　　　　　　图 13-85

STEP⤴11 在"图层"控制面板上方，将"高光"图层的混合模式选项设为"柔光"，将"不透明度"选项设为 10%，如图 13-86 所示，图像效果如图 13-87 所示。按 Ctrl+Alt+G 组合键，为"高光"图层创建剪贴蒙版，效果如图 13-88 所示。

STEP⤴12 选择"圆角矩形"工具 ▢ ，将"填充"选项设为黑色，"半径"选项设为 100 像素，在图像窗口中绘制圆角矩形，效果如图 13-89 所示。在"图层"控制面板中生成新的形状图层并将其命名为"听筒 1"。

图 13-86　　　　　　　图 13-87　　　　　　　图 13-88　　　　　　　图 13-89

STEP⤴13 单击"图层"控制面板下方的"添加图层样式"按钮 **fx**，在弹出的菜单中选择"渐变叠加"命令，弹出对话框，单击对话框中"点按可编辑渐变"按钮 ▬▬▬▬ ，弹出"渐变编辑器"对话框，将渐变色设为从灰色（其 R、G、B 的值分别为 63、63、63）到白色，单击"确定"按钮，返回到"图层样式"对话框，其他选项的设置如图 13-90 所示。单击"确定"按钮，效果如图 13-91 所示。

STEP⤴14 在"图层"控制面板上方，将"听筒 1"图层的"不透明度"选项设为 30%，如图 13-92 所示，图像效果如图 13-93 所示。选择"圆角矩形"工具 ▢ ，将"填充"选项设为黑色，"半径"选项设为 100 像素，在图像窗口中绘制圆角矩形，效果如图 13-94 所示。在"图层"控制面板中生成新的形状图层并将其命名为"听筒 2"。

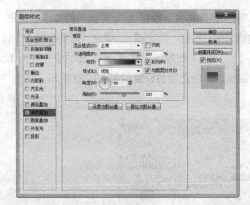

图 13-90   图 13-91

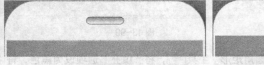

图 13-92   图 13-93   图 13-94

STEP 15 选择 "椭圆" 工具 ●，将 "填充" 选项设为黑色，按住 Shift 键的同时，在图像窗口中绘制圆形，效果如图 13-95 所示。在 "图层" 控制面板中生成新的形状图层并将其命名为 "摄像头 1"。

STEP 16 单击 "图层" 控制面板下方的 "添加图层样式" 按钮 fx，在弹出的菜单中选择 "渐变叠加" 命令，弹出对话框，单击对话框中 "点按可编辑渐变" 按钮 ▼，弹出 "渐变编辑器" 对话框，将渐变色设为从灰色（其 R、G、B 的值分别为 204、204、204）到白色，单击 "确定" 按钮，返回到 "图层样式" 对话框，其他选项的设置如图 13-96 所示。单击 "确定" 按钮，效果如图 13-97 所示。

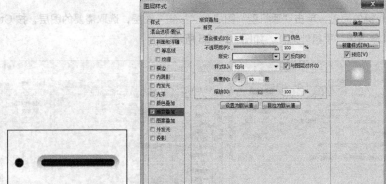

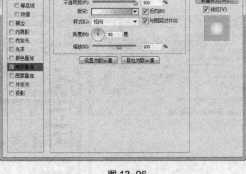
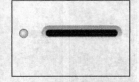

图 13-95   图 13-96   图 13-97

STEP 17 选择 "椭圆" 工具 ●，将 "填充" 选项设为黑色，按住 Shift 键的同时，在图像窗口中绘制圆形，效果如图 13-98 所示。在 "图层" 控制面板中生成新的形状图层并将其命名为 "摄像头 2"。

STEP 18 单击"图层"控制面板下方的"添加图层样式"按钮 _fx_，在弹出的菜单中选择"渐变叠加"命令，弹出对话框，单击对话框中"点按可编辑渐变"按钮 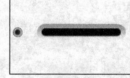，弹出"渐变编辑器"对话框，将渐变色设为从紫色（其 R、G、B 的值分别为 79、55、184）到粉色（其 R、G、B 的值分别为 124、3、180），单击"确定"按钮，返回到"图层样式"对话框，其他选项的设置如图 13-99 所示。单击"确定"按钮，效果如图 13-100 所示。

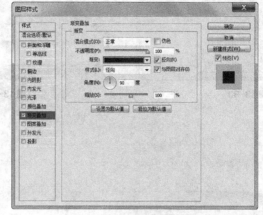

图 13-98   图 13-99   图 13-100

STEP 19 选择"圆角矩形"工具 ⬛，将"填充"选项设为黑色，将"半径"选项设为 10 像素，在图像窗口中绘制圆角矩形，效果如图 13-101 所示。在"图层"控制面板中生成新的形状图层并将其命名为"按钮"。

STEP 20 单击"图层"控制面板下方的"添加图层样式"按钮 _fx_，在弹出的菜单中选择"渐变叠加"命令，弹出对话框，单击对话框中"点按可编辑渐变"按钮 ▬▬▬▬，弹出"渐变编辑器"对话框，将渐变色设为从灰色（其 R、G、B 的值分别为 232、232、232）到白色，单击"确定"按钮，返回到"图层样式"对话框，其他选项的设置如图 13-102 所示。选择"描边"命令，切换到相应的对话框，将描边颜色设为灰色（其 R、G、B 的值分别为 120、120、120），其他选项的设置如图 13-103 所示。单击"确定"按钮，效果如图 13-104 所示。

STEP 21 按住 Shift 键的同时，单击"手机型"图层和"按钮"图层，选取需要的图层，按 Ctrl+G 组合键，编组图层并将其命名为"手机外形"，如图 13-105 所示。

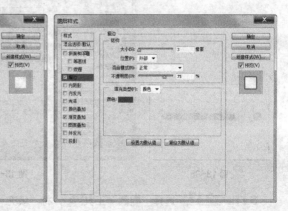

图 13-101   图 13-102   图 13-103

图 13-104   图 13-105

13.1.3 制作顶部信息

STEP 1 选择"椭圆"工具 ●，将"填充"选项设为白色，按住 Shift 键的同
时，在图像窗口中绘制圆形，效果如图 13-106 所示。在"图层"控制面板中生成新的形
状图层并将其命名为"信号"。

手机 UI 界面设计 3

STEP 2 选择"移动"工具 ，按住 Alt + Shift 组合键的同时，在图像窗口中
拖曳白色椭圆形到适当位置，复制图形，效果如图 13-107 所示，在"图层"控制面板中
生成新的图层"信号 副本"。使用相同方法添加其他图形，图像效果如图 13-108 所示。

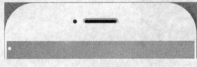

图 13-106   图 13-107   图 13-108

STEP 3 选择"自定形状"工具 ，在属性栏中单击"形状"选项右侧的按钮 ，在弹出的面板
中选择需要的图形，如图 13-109 所示，在属性栏的"选择工具模式"选项中选择"形状"，在图像窗口中
拖曳鼠标，绘制图形，效果如图 13-110 所示。

STEP 4 在"图层"控制面板中，按住 Shift 键的同时，选择"信号 1"图层和"信号 2"图层，
按 Ctrl + G 组合键，编组图层并将其命名为"圆"，如图 13-111 所示。

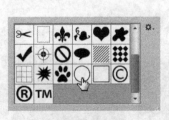

图 13-109   图 13-110   图 13-111

STEP 5 新建图层并将其命名为"圆环 1"。将前景色设为白色，选择"椭圆"工具 ●，在属性
栏的"选择工具模式"选项中选择"像素"，按住 Shift 键的同时，在图像窗口中绘制圆形，效果如图 13-112
所示。

STEP 6 将"圆环 1"图层拖曳到"图层"控制面板下方的"创建新图层"按钮 上进行复制，
生成新的图层"圆环 1 副本"。按 Ctrl + T 组合键，图像周围出现变换框，按住 Alt + Shift 组合键的同时，

向内拖曳右上角的控制手柄，等比例缩小图形，按 Enter 键确认操作。按住 Ctrl 键的同时，单击"圆环 1 副本"图层的缩览图，如图 13-113 所示，图像周围生成选区，如图 13-114 所示。

图 13-112　　　　　　　图 13-113　　　　　　　图 13-114

STEP 7 选择"圆环 1"图层，按 Delete 键，删除"圆环 1"图层选区内的图像，按 Ctrl + D 组合键，取消选区。删除"圆环 1 副本"图层，效果如图 13-115 所示。

STEP 8 将"圆环 1"图层拖曳到"图层"控制面板下方的"创建新图层"按钮 上进行复制，生成新的图层"圆环 1 副本"。按 Ctrl + T 组合键，图像周围出现变换框，按住 Alt + Shift 组合键的同时，向内拖曳右上角的控制手柄，等比例缩小图形，按 Enter 键确认操作，效果如图 13-116 所示。

图 13-115　　　　　　　图 13-116

STEP 9 新建图层并将其命名为"圆环 2"。选择"椭圆"工具 ，按住 Shift 键的同时，在图像窗口中绘制圆形，效果如图 13-117 所示。按住 Shift 键的同时，将"圆环 2"图层和"圆环 1"图层之间的所有图层同时选取。按 Ctrl+E 组合键，合并图层并将其命名为"wifi"，如图 13-118 所示。

STEP 10 选择"多边形套索"工具 ，在图像窗口中绘制不规则选区，如图 13-119 所示。按 Delete 键，将选区内的图像删除，按 Ctrl + D 组合键，取消选区，效果如图 13-120 所示。

图 13-117　　　　　　图 13-118　　　　　　图 13-119　　　　　　图 13-120

STEP 11 选择"横排文字"工具 ，在适当的位置输入需要的文字并选取文字，在属性栏中选择合适的字体并设置大小，效果如图 13-121 所示，在"图层"控制面板中生成新的文字图层。

STEP 12 新建图层并将其命名为"指针"。将前景色设为白色。选择"钢笔"工具 ，在属性栏的"选择工具模式"选项中选择"像素"，在图像窗口中绘制图形，效果如图 13-122 所示。

图 13-121　　　　　　　　　　　　　　　图 13-122

STEP 13 按 Ctrl＋O 组合键，打开资源包中的"Ch13 > 素材 > 手机 UI 界面设计 > 02、03"文件，选择"移动"工具 ，将图片拖曳到图像窗口中适当的位置，如图 13-123 所示。在"图层"控制面板中生成新的图层并分别将其命名为"闹铃""电池"。

STEP 14 选择"横排文字"工具 ，在适当的位置输入需要的文字并选取文字，在属性栏中选择合适的字体并设置大小，效果如图 13-124 所示，在"图层"控制面板中生成新的文字图层。

STEP 15 按住 Shift 键的同时，单击"圆"图层组和"60%"文字图层，选取需要的图层，按Ctrl＋G 组合键，编组图层并将其命名为"顶部信息"，如图 13-125 所示。

图 13-123　　　　　　　　　图 13-124　　　　　　　　　图 13-125

13.1.4　制作解锁和时间

STEP 1 选择"横排文字"工具 ，在适当的位置输入需要的文字并选取文字，在属性栏中选择合适的字体并设置大小，效果如图 13-126 所示；在"图层"控制面板中生成新的文字图层。用相同方法添加其他文字，效果如图 13-127 所示。

手机 UI 界面设计 4

图 13-126　　　　　　　　　　　　　　　图 13-127

STEP 2 选择"椭圆"工具 ，将"填充"选项设为黑色，按住 Shift 键的同时，在图像窗口中绘制圆形，效果如图 13-128 所示。在"图层"控制面板中生成新的形状图层并将其命名为"解锁按钮"。

STEP 3 单击"图层"控制面板下方的"添加图层样式"按钮 ，在弹出的菜单中选择"描边"命令，弹出对话框，将描边颜色设为白色，其他选项的设置如图 13-129 所示。单击"确定"按钮，效果如图 13-130 所示。

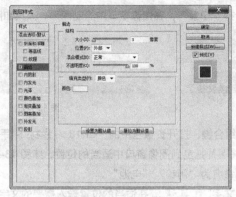

图 13-128　　　　　　　　　　图 13-129　　　　　　　　　　图 13-130

STEP 4 在"图层"控制面板上方，将"不透明度"选项设为 30%，如图 13-131 所示，图像效果如图 13-132 所示。按 Ctrl + O 组合键，打开资源包中的"Ch13 > 素材 > 手机 UI 界面设计 > 04"文件，选择"移动"工具，将图片拖曳到图像窗口中适当的位置，效果如图 13-133 所示。在"图层"控制面板中生成新的图层并分别将其命名为"锁"。

图 13-131　　　　　　　　　图 13-132　　　　　　　　　图 13-133

STEP 5 选择"椭圆"工具，将"填充"选项设为白色，按住 Shift 键的同时，在图像窗口中绘制圆形，效果如图 13-134 所示。在"图层"控制面板中生成新的形状图层并将其命名为"圆"。

STEP 6 选择"移动"工具，按住 Shift + Alt 组合键的同时，垂直向下拖曳白色椭圆形到适当位置，复制图形，在"图层"控制面板中生成新的图层"圆 副本"，图像效果如图 13-135 所示。用相同方法添加其他图形，图像效果如图 13-136 所示。

图 13-134　　　　　　　　　图 13-135　　　　　　　　　图 13-136

STEP 7 选择"横排文字"工具，在适当的位置输入需要的文字并选取文字，在属性栏中选择合适的字体并设置大小，效果如图 13-137 所示，在"图层"控制面板中生成新的文字图层。选择"编辑 > 变换 > 旋转 90 度（顺时针）"命令，将文字旋转，效果如图 13-138 所示。

STEP 8 按住 Shift 键的同时，单击"解锁按钮"图层和">>"文字图层，选取需要的图层，按 Ctrl + G 组合键，编组图层并将其命名为"解锁"，如图 13-139 所示。

图 13-137　　　　　图 13-138　　　　　　图 13-139

13.1.5　制作应用图标

STEP 1　单击"解锁"图层组左侧的眼镜按钮 ，将"解锁"图层组隐藏，如图 13-140 所示。选择"直线"工具 ，将"填充"选项设为白色，在图像窗口中绘制直线，效果如图 13-141 所示。在"图层"控制面板中生成新的形状图层并将其命名为"直线"。在"图层"控制面板上方，将"不透明度"选项设为 60%，如图 13-142 所示，图像效果如图 13-143 所示。

图 13-140　　　　　图 13-141　　　　　　图 13-142　　　　　图 13-143

STEP 2　按 Ctrl + O 组合键，打开资源包中的"Ch13 > 素材 > 手机 UI 界面设计 > 05"文件，选择"移动"工具 ，将图片拖曳到图像窗口中适当的位置并调整图像大小，效果如图 13-144 所示。在"图层"控制面板中生成新的图层并将其命名为"图标 1"。

STEP 3　单击"图层"控制面板下方的"添加图层样式"按钮 *fx.*，在弹出的菜单中选择"投影"命令，弹出对话框，将投影颜色设为黑色，其他选项的设置如图 13-145 所示。单击"确定"按钮，效果如图 13-146 所示。

 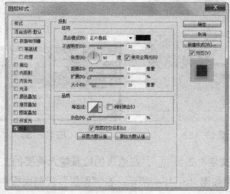 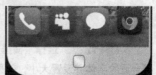

图 13-144　　　　　　　　图 13-145　　　　　　　　图 13-146

STEP 4 选择"移动"工具 ▶₊，按住 Shift + Alt 组合键的同时，垂直向下拖曳"图标 1"图像到适当位置，复制图片，在"图层"控制面板中生成新的图层"图标 1 副本"，图像效果如图 13-147 所示。按 Ctrl + T 组合键，图像周围出现变换框，在变换框中单击鼠标右键，选择"垂直翻转"命令，按 Enter 键确认操作，效果如图 13-148 所示。

图 13-147　　　　　　　　　图 13-148

STEP 5 在"图层"控制面板下方单击"添加图层蒙版"按钮 ▣，为"图标 1 副本"图层添加图层蒙版，如图 13-149 所示。选择"渐变"工具 ▣，单击属性栏中的"点按可编辑渐变"按钮 ▭▾，弹出"渐变编辑器"对话框，将渐变色设为从黑色到白色，如图 13-150 所示，单击"确定"按钮。在图像窗口中从上向下拖曳渐变色，图像效果如图 13-151 所示。

  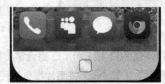

图 13-149　　　　　　　　图 13-150　　　　　　　　图 13-151

STEP 6 在"图层"控制面板上方，将"不透明度"选项设为 36%，如图 13-152 所示，图像效果如图 13-153 所示。

图 13-152　　　　　　　　图 13-153

STEP 7 选择"横排文字"工具 Ｔ，在适当的位置输入需要的文字并选取文字，在属性栏中选择合适的字体并设置大小，效果如图 13-154 所示，在"图层"控制面板中生成新的文字图层。用相同方法添加其他文字，效果如图 13-155 所示。

图 13-154   图 13-155

STEP 8 选择"椭圆"工具 ⬤，按住 Shift 键的同时，在图像窗口中绘制圆形，效果如图 13-156 所示，在"图层"控制面板中生成新的形状图层并将其命名为"圆点"。在"图层"控制面板上方，将"不透明度"选项设为 60%，如图 13-157 所示，图像效果如图 13-158 所示。

STEP 9 选择"移动"工具 ⊕，按住 Shift + Alt 组合键的同时，拖曳白色圆形到适当位置，复制图形，在"图层"控制面板中生成新的图层"圆点 副本"。在"图层"控制面板上方，将"不透明度"选项设为 100%，图像效果如图 13-159 所示。

图 13-156   图 13-157   图 13-158   图 13-159

STEP 10 选择"圆点"图层，选择"移动"工具 ⊕，按住 Shift + Alt 组合键的同时，拖曳白色圆形到适当位置，复制图形，在"图层"控制面板中生成新的图层"圆点 副本 2"，图像效果如图 13-160 所示。用相同的方法添加其他图形，图像效果如图 13-161 所示。

STEP 11 按 Ctrl + O 组合键，打开资源包中的"Ch13 > 素材 > 手机 UI 界面设计 > 06"文件，选择"移动"工具 ⊕，将图片拖曳到图像窗口中适当的位置并调整图像大小，如图 13-162 所示。在"图层"控制面板中生成新的图层并将其命名为"图标 2"。

图 13-160   图 13-161   图 13-162

STEP 12 按 Ctrl + O 组合键，打开资源包中的"Ch13 > 效果 > 手机 UI 界面设计 > 手机相机图标"文件，选择"移动"工具 ⊕，将"相机图标"图层组复制到"手机界面设计"文件中，将图片拖曳到图像窗口中适当的位置并调整图像大小，如图 13-163 所示。在"图层"控制面板中生成新的图层组并将其命名为"相机图标"。

STEP 13 选择"横排文字"工具 T，在适当的位置输入需要的文字并选取文字，在属性栏中选择合适的字体并设置大小，效果如图 13-164 所示，在"图层"控制面板中生成新的文字图层。用相同方法添加其他文字，效果如图 13-165 所示。

图 13-163　　　　　　　　图 13-164　　　　　　　　图 13-165

STEP 14 按 Ctrl + O 组合键，打开资源包中的"Ch13 > 素材 > 手机 UI 界面设计 > 07"文件，选择"移动"工具，将图片拖曳到图像窗口中适当的位置并调整图像大小，如图 13-166 所示。在"图层"控制面板中生成新的图层并将其命名为"图标 3"。

STEP 15 选择"横排文字"工具 T，在适当的位置输入需要的文字并选取文字，在属性栏中选择合适的字体并设置大小，效果如图 13-167 所示，在"图层"控制面板中生成新的文字图层。用相同方法添加其他文字，效果如图 13-168 所示。

STEP 16 按住 Shift 键的同时，单击"直线"图层和"设置"文字图层，选取需要的图层，按 Ctrl + G 组合键，编组图层并将其命名为"应用图标"，如图 13-169 所示。

图 13-166　　　　　　　　　　图 13-167

图 13-168　　　　　　　　　　图 13-169

13.1.6　制作广播

STEP 1 单击"应用图标"图层组左侧的眼睛图标，将"应用图标"图层组隐藏，如图 13-170 所示。用相同方法将其他图层隐藏，如图 13-171 所示，效果如图 13-172 所示。

STEP 2 按 Ctrl + O 组合键，打开资源包中的"Ch13 > 素材 > 手机 UI 界面设计 > 08"文件，选择"移动"工具，将图片拖曳到图像窗口中适当的位置并调整图像大小，效果如图 13-173 所示。在"图层"控制面板中生成新的图层并将其命名为"音律"。

手机 UI 界面设计 5

图 13-170　　　　　　　图 13-171　　　　　　　图 13-172　　　　　　　图 13-173

STEP　3 选择"椭圆"工具 ⬭，按住 Shift 键的同时，在图像窗口中绘制圆形，效果如图 13-174 所示，在"图层"控制面板中生成新的形状图层并将其命名为"音乐环"。在"图层"控制面板上方，将 "填充"选项设为 0%，如图 13-175 所示，图像效果如图 13-176 所示。

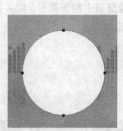

图 13-174　　　　　　　图 13-175　　　　　　　图 13-176

STEP　4 单击"图层"控制面板下方的"添加图层样式"按钮 ⨍x，在弹出的菜单中选择"描边" 命令，弹出对话框，将描边颜色设为粉色（其 R、G、B 的值分别为 255、140、155），其他选项的设置 如图 13-177 所示。单击"确定"按钮，效果如图 13-178 所示。

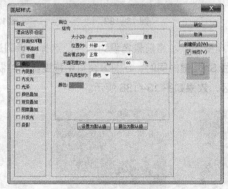

图 13-177　　　　　　　　　　　　图 13-178

STEP　5 选取"音乐环"图层，将其拖曳到"图层"控制面板下方的"创建新图层"按钮 🖼 上进 行复制，生成新的图层"音乐环 副本"。删除"音乐环 副本"图层的图层样式，在"图层"控制面板上 方，将"不透明度"选项设为 30%，"填充"选项设为 100%，如图 13-179 所示，图像效果如图 13-180 所示。

STEP⫶6 选择"椭圆"工具 ，按住 Shift 键的同时，在图像窗口中绘制圆形，效果如图 13-181 所示。在"图层"控制面板中生成新的形状图层并将其命名为"白色圆点"。

图 13-179   图 13-180   图 13-181

STEP⫶7 单击"图层"控制面板下方的"添加图层样式"按钮 fx ，在弹出的菜单中选择"投影"命令，弹出对话框，将投影颜色设为黑色，其他选项的设置如图 13-182 所示。单击"确定"按钮，效果如图 13-183 所示。

STEP⫶8 选择"椭圆"工具 ，按住 Shift 键的同时，在图像窗口中绘制圆形，效果如图 13-184 所示。在"图层"控制面板中生成新的形状图层并将其命名为"灰色圆点"。

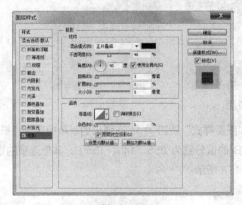

图 13-182   图 13-183   图 13-184

STEP⫶9 新建图层并将其命名为"渐变环"。将前景色设为白色。选择"椭圆选框"工具 ，在属性栏中单击"从选区减去"按钮 ，按住 Shift 键的同时，在图像窗口中拖曳鼠标绘制圆形选区，效果如图 13-185 所示。用相同方法再次绘制选区，效果如图 13-186 所示。

图 13-185   图 13-186

STEP⫶10 按 Alt+Delete 组合键，用前景色填充选区。按 Ctrl+D 组合键，取消选区，效果如图 13-187 所示。在"图层"控制面板上方，将"渐变环"图层的"填充"选项设为 0%，如图 13-188 所示，图像效果如图 13-189 所示。

图 13-187　　　　　　　　图 13-188　　　　　　　　图 13-189

STEP 11 单击"图层"控制面板下方的"添加图层样式"按钮 *fx.*，在弹出的菜单中选择"渐变叠加"命令，弹出对话框，单击对话框中"点按可编辑渐变"按钮，在"位置"选项中分别输入 0、27、100 三个位置点，分别设置三个位置点颜色的 RGB 值为 0（37、242、255），27（187、88、138），100（77、196、226），如图 13-190 所示；单击"确定"按钮，返回到"图层样式"对话框，其他选项的设置如图 13-191 所示。单击"确定"按钮，效果如图 13-192 所示。

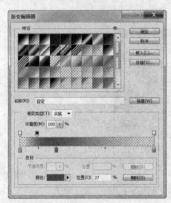

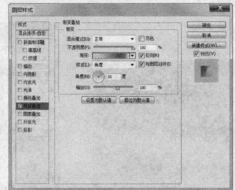

图 13-190　　　　　　　　图 13-191　　　　　　　　图 13-192

STEP 12 选择"横排文字"工具 *T.*，在适当的位置输入需要的文字并选取文字，在属性栏中选择合适的字体并设置大小，效果如图 13-193 所示，在"图层"控制面板中生成新的文字图层。用相同方法添加其他文字，效果如图 13-194 所示。

STEP 13 选择"矩形"工具，将"颜色"选项设为黑色，在图像窗口中绘制矩形，如图 13-195 所示。在"图层"控制面板中生成新的形状图层并将其命名为"方块"。

图 13-193　　　　　　　　图 13-194　　　　　　　　图 13-195

STEP⤴14 在"图层"控制面板上方，将"不透明度"选项设为 30%，如图 13-196 所示，图像效果如图 13-197 所示。选择"横排文字"工具 T，在适当的位置输入需要的文字并选取文字，在属性栏中选择合适的字体并设置大小，效果如图 13-198 所示，在"图层"控制面板中生成新的文字图层。

图 13-196

图 13-197

图 13-198

STEP⤴15 按 Ctrl + O 组合键，打开资源包中的"Ch13 > 素材 > 手机 UI 界面设计 > 09、10、11、12"文件，选择"移动"工具 ，分别将图片拖曳到图像窗口中适当的位置，并调整图像大小，效果如图 13-199 所示。在"图层"控制面板中生成新的图层并分别将其命名为"菜单""快关""下一页"和"上一页"，如图 13-200 所示。

图 13-199

图 13-200

STEP⤴16 选择"直线"工具 ，将"填充"选项设为白色，在图像窗口中绘制多条直线，效果如图 13-201 所示。在"图层"控制面板中生成新的形状图层并将其命名为"频道条"。在"图层"控制面板上方，将"不透明度"选项设为 60%，如图 13-202 所示，效果如图 13-203 所示。

图 13-201

图 13-202

图 13-203

STEP⤴17 选择"横排文字"工具 T，在适当的位置输入需要的文字并选取文字，在属性栏中选择合适的字体并设置大小,效果如图 13-204 所示,在"图层"控制面板中生成新的文字图层。用相同方法添加其他文字,效果如图 13-205 所示。按住 Shift 键的同时,单击"65"文字图层和"100"文字图层,选取需要的图层,按 Ctrl + G 组合键,编组图层并将其命名为"应用图标",如图 13-206 所示。

图 13-204   图 13-205   图 13-206

STEP 18 选择"直线"工具 ⬚,将"颜色"选项设为红色(其 R、G、B 的值分别为 182、61、93),在图像窗口中绘制一条直线,效果如图 13-207 所示。在"图层"控制面板中生成新的形状图层并将其命名为"长线"。

STEP 19 按 Ctrl + O 组合键,打开资源包中的"Ch13 > 素材 > 手机 UI 界面设计 > 13、14"文件,选择"移动"工具 ⬚,分别将图片拖曳到图像窗口中适当的位置并调整图像大小,效果如图 13-208 所示。在"图层"控制面板中生成新的图层并分别将其命名为"按钮""人物"。

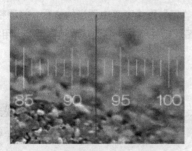

图 13-207   图 13-208

STEP 20 在"图层"控制面板中,按住 Shift 键的同时,将"音律"图层和"人物"图层之间的所有图层同时选取,按 Ctrl + G 组合键,编组图层并将其命名为"广播",如图 13-209 所示,图像效果如图 13-210 所示。

图 13-209   图 13-210

13.1.7 手机界面展示

STEP⬇1 按 Ctrl + O 组合键，打开资源包中的"Ch13 > 素材 > 手机 UI 界面设计 > 15"文件，如图 13-211 所示。

STEP⬇2 按 Ctrl + O 组合键，打开资源包中的"Ch13 > 效果 > 手机 UI 界面设计 > 手机界面设计"文件，在"图层"控制面板中，按住 Shift 键的同时，将"手机外形"图层组和"解锁"图层组之间的所有图层和图层组同时选取，如图 13-212 所示。

手机 UI 界面设计 6

图 13-211

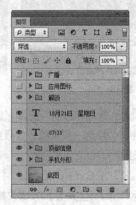

图 13-212

STEP⬇3 选择"移动"工具，将图片拖曳到"15"图像窗口中适当的位置，并调整图像大小，效果如图 13-213 所示。在"图层"控制面板中生成新的图层组并将其命名为"解锁界面"。用相同方法添加其他图像，效果如图 13-214 所示。

图 13-213

图 13-214

13.2 课后习题——UI 界面设计

习题知识要点

在 Photoshop 中，使用图案叠加命令制作背景，使用钢笔工具、矩形工具和自定形状工具绘制图形，使用文字工具添加手机界面文字，创建剪贴蒙版命令制作图片剪切效果。UI 界面效果如图 13-215 所示。

效果所在位置

资源包 > Ch13 > 效果 > UI 界面设计 > UI 界面.psd。

图 13-215

UI 界面设计 1

UI 界面设计 2

UI 界面设计 3

Chapter

14

Photoshop+Illustrator
+
CorelDRAW+InDesign

第 14 章
VI 设计

　　VI 是企业形象设计的整合。它通过具体的符号将企业理念、文化素质、企业规范等抽象概念进行充分的表达，以标准化、系统化、统一化的方式塑造良好的企业形象，传播企业文化。本章以盛发游戏公司 VI 手册设计为例，讲解 VI 的设计方法和制作技巧。

课堂学习目标

● 在 Illustrator 软件中制作标志及其他相关元素

14.1 制作盛发游戏 VI 手册

案例学习目标

在 Illustrator 中，学习使用绘图工具、路径查找器命令、文字工具和其他辅助工具制作 VI 设计手册基础部分和 VI 设计手册应用部分。

案例知识要点

在 Illustrator 中，使用联集命令将图形相加，使用缩放工具、旋转工具调整图形大小和角度，使用直接选择工具为图形调节节点，使用直线段工具、文字工具、填充工具制作 VI 手册模板；使用矩形网格工具绘制需要的网格，使用直线段工具和文字工具对图形进行标注，使用绘图工具和镜像命令制作信封效果，使用描边控制面板制作虚线效果。盛发游戏 VI 手册效果如图 14-1 所示。

效果所在位置

资源包 > Ch14 > 效果 > 制作盛发游戏 VI 手册 > 标志设计.ai、模板 A.ai、模板 B.ai、标志制图.ai、标志组合规范.ai、标志墨稿与反白应用规范.ai、标准色.ai、公司名片.ai、信纸.ai、信封.ai、传真.ai。

图 14-1

Illustrator 应用

14.1.1　标志设计

STEP⤵1 打开 Illustrator CS6 软件，按 Ctrl+N 组合键，新建一个文档：宽度为 210mm，高度为 297mm，取向为竖向，颜色模式为 CMYK，单击"确定"按钮。

STEP⤵2 选择"钢笔"工具 ✍，在页面中绘制一个图形，效果如图 14-2 所示。

STEP⤵3 选择"椭圆"工具 ⬭，在页面中分别绘制三个椭圆形，效果如图 14-3 所示。

制作盛发游戏
VI 手册 1

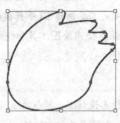

图 14-2

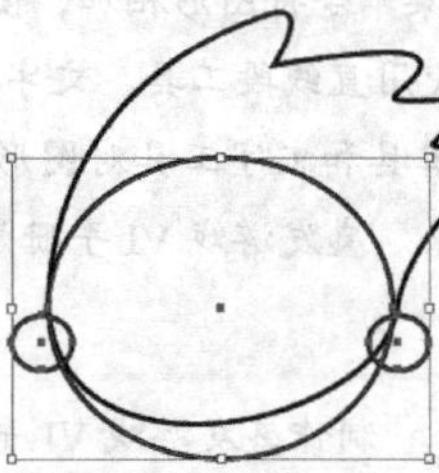

图 14-3

STEP⤵4 选择"选择"工具 ▶，用圈选的方法将所绘制的图形同时选取。选择"窗口 > 路径查找器"命令，弹出"路径查找器"控制面板，单击"联集"按钮 ⬚，如图 14-4 所示；生成新的对象，如图 14-5 所示。设置图形填充颜色为蓝色（其 CMYK 值分别为 100、30、0、0），填充图形，并设置描边色为无，效果如图 14-6 所示。

图 14-4

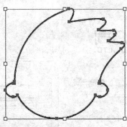

图 14-5

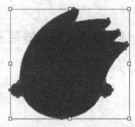

图 14-6

STEP⤵5 选择"椭圆"工具 ⬭，按住 Shift 键的同时，在适当的位置绘制一个圆形，如图 14-7 所示。填充图形为白色，并设置描边色为无，效果如图 14-8 所示。

图 14-7

图 14-8

STEP⤵6 选择"选择"工具 ▶，按住 Alt+Shift 键的同时，水平向右拖曳圆形到适当的位置，复制圆形，效果如图 14-9 所示。

STEP ╲7╱ 选择"矩形"工具 ■，在适当的位置绘制一个矩形，如图 14-10 所示。填充图形为白色，并设置描边色为无，效果如图 14-11 所示。

图 14-9　　　　　　　图 14-10　　　　　　　图 14-11

STEP ╲8╱ 选择"选择"工具 ▶，按住 Shift 键的同时，将矩形和两个圆形同时选取，在"路径查找器"控制面板中，单击"联集"按钮 □，生成新的对象，效果如图 14-12 所示。

STEP ╲9╱ 选择"钢笔"工具 ✐，在适当的位置绘制一个图形，如图 14-13 所示。填充图形为白色，并设置描边色为无，效果如图 14-14 所示。

图 14-12　　　　　　　图 14-13　　　　　　　图 14-14

STEP ╲10╱ 选择"文字"工具 T，输入需要的文字。选择"选择"工具 ▶，在属性栏中选择合适的字体并设置文字大小，效果如图 14-15 所示。

STEP ╲11╱ 双击"旋转"工具 ↻，在弹出的对话框中进行设置，如图 14-16 所示；单击"确定"按钮，填充文字为白色，并将其拖曳到适当的位置，效果如图 14-17 所示。

STEP ╲12╱ 选择"选择"工具 ▶，选择"文字 > 创建轮廓"命令，将文字转换为轮廓路径。用圈选的方法将所有图形和文字同时选取，选择"对象 > 复合路径 > 建立"命令，建立复合路径，效果如图 14-18 所示。

图 14-15　　　　　　图 14-16　　　　　　图 14-17　　　　　　图 14-18

STEP ╲13╱ 选择"圆角矩形"工具 ▣，在页面中单击鼠标，弹出"圆角矩形"对话框，选项的设置如图 14-19 所示。单击"确定"按钮，得到一个圆角矩形，选择"选择"工具 ▶，拖曳图形到适当的位置，效果如图 14-20 所示。设置图形填充颜色为蓝色（其 CMYK 值分别为 100、30、0、0），填充图形，并设置描边色为无，效果如图 14-21 所示。

图 14-19　　　　　图 14-20　　　　　图 14-21

STEP 14 双击"旋转"工具 ，在弹出的对话框中进行设置，如图 14-22 所示；单击"复制"按钮，效果如图 14-23 所示。

STEP 15 选择"矩形"工具 ，在适当的位置绘制一个矩形。设置图形填充颜色为蓝色（其 CMYK 值分别为 100、30、0、0），填充图形，并设置描边色为无，效果如图 14-24 所示。

图 14-22　　　　　图 14-23　　　　　图 14-24

STEP 16 选择"椭圆"工具 ，按住 Shift 键的同时，绘制一个圆形。设置图形填充颜色为蓝色（其 CMYK 值分别为 100、30、0、0），填充图形，并设置描边色为无，效果如图 14-25 所示。

STEP 17 选择"选择"工具 ，按住 Alt+Shift 组合键的同时，水平向右拖曳圆形到适当的位置，复制图形。设置图形填充颜色为红色（其 CMYK 值分别为 0、100、100、0），填充图形，并设置描边色为无，效果如图 14-26 所示。

STEP 18 选择"多边形"工具 ，在页面中单击鼠标，弹出"多边形"对话框，在对话框中进行设置，如图 14-27 所示，单击"确定"按钮，得到一个三角形。选择"选择"工具 ，拖曳图形到适当的位置，设置图形填充颜色为黄色（其 CMYK 值分别为 0、20、100、0），填充图形，并设置描边色为无，效果如图 14-28 所示。

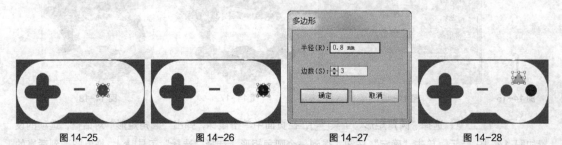

图 14-25　　　　　图 14-26　　　　　图 14-27　　　　　图 14-28

STEP¹⁹ 选择"矩形"工具 ■ ，按住 Shift 键的同时，绘制一个正方形。设置图形填充颜色为绿色（其 CMYK 值分别为 75、0、100、0），填充图形，并设置描边色为无，效果如图 14-29 所示。

STEP²⁰ 选择"多边形"工具 ● ，在页面中单击鼠标，弹出"多边形"对话框，在对话框中进行设置，如图 14-30 所示。单击"确定"按钮，得到一个多边形，选择"选择"工具 ▶ ，拖曳图形到适当的位置，效果如图 14-31 所示。

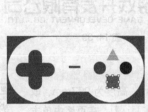

| 图 14-29 | 图 14-30 | 图 14-31 |

STEP²¹ 双击"旋转"工具 ↻ ，在弹出的对话框中进行设置，如图 14-32 所示；单击"确定"按钮，效果如图 14-33 所示。设置图形描边色为蓝色（其 CMYK 值分别为 100、30、0、0），填充描边；在属性栏中将"描边粗细"选项设为 2 pt，按 Enter 键确认操作，效果如图 14-34 所示。

| 图 14-32 | 图 14-33 | 图 14-34 |

STEP²² 选择"效果 > 风格化 > 圆角"命令，在弹出的对话框中进行设置，如图 14-35 所示；单击"确定"按钮，效果如图 14-36 所示。选择"对象 > 路径 > 轮廓化描边"命令，创建对象的描边轮廓，效果如图 14-37 所示。

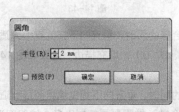

| 图 14-35 | 图 14-36 | 图 14-37 |

STEP²³ 选择"文字"工具 T ，在页面中分别输入需要的文字，选择"选择"工具 ▶ ，在属性栏中分别选择合适的字体并设置文字大小，效果如图 14-38 所示。选择下方的英文，按 Alt+ → 组合键，调整文字间距，取消文字选取状态，效果如图 14-39 所示。标志设计完成。

STEP²⁴ 按 Ctrl+S 组合键，弹出"存储为"对话框，将其命名为"标志设计"，保存为 AI 格式，单击"保存"按钮，将文件保存。

图 14-38   图 14-39

14.1.2　制作模板 A

STEP 1 按 Ctrl+N 组合键，新建一个文档，宽度为 210mm，高度为 297mm，取向为竖向，颜色模式为 CMYK，单击"确定"按钮。选择"矩形"工具 ▣，在页面中单击鼠标左键，弹出"矩形"对话框，选项的设置如图 14-40 所示，单击"确定"按钮，得到一个矩形。选择"选择"工具 ▶，拖曳矩形到页面中适当的位置，如图 14-41 所示。

制作盛发游戏
VI 手册 2

图 14-40   图 14-41

STEP 2 选择"直线段"工具 ⁄，按住 Shift 键的同时，绘制一条直线，如图 14-42 所示。设置图形描边色为蓝色（其 CMYK 值分别为 22、0、0、0），填充描边，效果如图 14-43 所示。

图 14-42   图 14-43

STEP 3 选择"选择"工具 ▶，按住 Alt+Shift 组合键的同时，垂直向下拖曳直线到适当的位置，复制直线。设置描边色为浅蓝色（其 CMYK 值分别为 10、0、0、0），填充描边，效果如图 14-44 所示。选中两条直线，按 Ctrl+G 组合键，将其编组。

STEP 4 选择"选择"工具 ▶，按住 Alt+Shift 键的同时，垂直向下拖曳编组图形到适当的位置，复制编组图形，效果如图 14-45 所示。连续按 Ctrl+D 组合键，按需要再复制出多个编组图形，效果如图 14-46 所示。

STEP 5 选择"矩形"工具 ▣，在适当的位置绘制一个矩形，如图 14-47 所示。

图 14-44   图 14-45

图 14-46   图 14-47

STEP 6 选择"直接选择"工具 ，选取矩形左上角的锚点，按住 Shift 键的同时，向右拖曳到适当的位置，如图 14-48 所示。选择"选择"工具 ，设置图形填充颜色为蓝色（其 CMYK 值分别为 100、30、0、0），填充图形，并设置描边色为无，效果如图 14-49 所示。

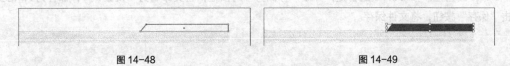

图 14-48   图 14-49

STEP 7 选择"矩形"工具 ，再绘制一个矩形，如图 14-50 所示。设置图形填充颜色为深蓝色（其 CMYK 值分别为 95、67、21、9），填充图形，并设置描边色为无，效果如图 14-51 所示。

图 14-50   图 14-51

STEP 8 选择"文字"工具 ，在适当的位置分别输入需要的文字，选择"选择"工具 ，在属性栏中选择合适的字体并设置文字大小，效果如图 14-52 所示。选择"文字"工具 ，选取文字"基础系统"，在属性栏中选择合适的字体并设置文字的大小，效果如图 14-53 所示。选择"选择"工具 ，选择需要的文字，填充文字为白色，效果如图 14-54 所示。

图 14-52    图 14-53

图 14-54

STEP 9 选择"矩形"工具 ，在页面中绘制一个矩形，如图 14-55 所示。设置图形填充颜色为深蓝色（其 CMYK 值分别为 100、70、40、0），填充图形，并设置描边色为无，效果如图 14-56 所示。

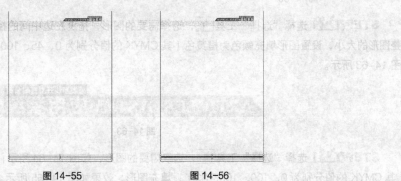

图 14-55   图 14-56

STEP✎10 选择"选择"工具 🔺，按 Ctrl+C 组合键，复制图形，按 Ctrl+F 组合键，将复制的图形粘贴在前面，拖曳右边中间的控制手柄到适当的位置，调整图形的大小，设置图形填充颜色为蓝色（其 CMYK 的值分别为 100、30、0、0），填充图形，效果如图 14-57 所示。

STEP✎11 用相同的方法再复制一组图形，调整图形的大小并设置图形填充颜色为浅蓝色（其 CMYK 的值分别为 10、0、0、0），填充图形，效果如图 14-58 所示。模板 A 制作完成，效果如图 14-59 所示。模板 A 部分表示 VI 手册中的基础部分。

STEP✎12 按 Ctrl+S 组合键，弹出"存储为"对话框，将其命名为"模板 A"，保存为 AI 格式，单击"保存"按钮，将文件保存。

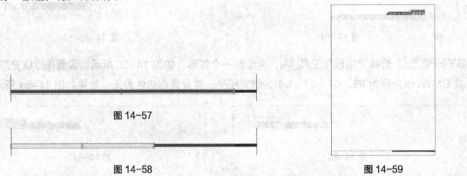

图 14-57

图 14-58

图 14-59

14.1.3 制作模板 B

STEP✎1 按 Ctrl+O 组合键，打开资源包中的"Ch14 > 效果 > 制作盛发游戏 VI 手册 > 模板 A"文件，如图 14-60 所示，选择"文字"工具 T，选取需要的文字，如图 14-61 所示，输入需要的文字。选择"选择"工具 🔺，将文字向左移动到适当的位置，效果如图 14-62 所示。

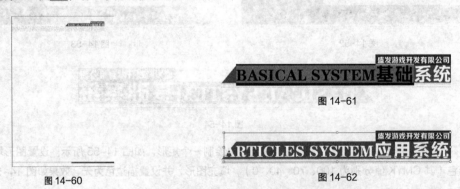

图 14-61

图 14-60

图 14-62

STEP✎2 选择"选择"工具 🔺，选择需要的图形，拖曳左边中间的控制手柄到适当的位置，调整图形的大小，设置图形填充颜色为橙黄色（其 CMYK 的值分别为 0、45、100、0），填充图形，效果如图 14-63 所示。

图 14-63

STEP✎3 选择"选择"工具 🔺，选取需要的图形，如图 14-64 所示；设置图形填充颜色为红色（其 CMYK 的值分别为 0、100、100、33），填充图形，效果如图 14-65 所示。

图 14-64　　　　　　　　　　　　　　　　图 14-65

STEP 4 选择"选择"工具 ，选取需要的图形组，如图 14-66 所示，按 Shift+Ctrl+G 组合键，取消编组。选取上方的直线，设置描边色为肤色（其 CMYK 值分别为 0、20、20、0），填充描边，效果如图 14-67 所示。

图 14-66　　　　　　　　　　　　　　　　图 14-67

STEP 5 选择"选择"工具 ，选取下方的直线，设置描边色为浅肤色（其 CMYK 值分别为 0、10、10、0），填充描边，效果如图 14-68 所示。使用相同的方法分别为其他直线填充适当的颜色，效果如图 14-69 所示。

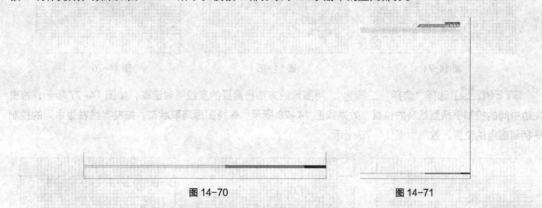

图 14-68　　　　　　　　　　　　　　　　图 14-69

STEP 6 使用相同的方法分别为"模板"下方的矩形填充适当的颜色，效果如图 14-70 所示。模板 B 制作完成，效果如图 14-71 所示。模板 B 部分表示 VI 手册中的应用部分。

图 14-70　　　　　　　　　　　　　　　　图 14-71

STEP 7 按 Ctrl+Shift+S 组合键，弹出"存储为"对话框，将其命名为"模板 B"，保存为 AI 格式，单击"保存"按钮，将文件保存。

14.1.4　标志制图

STEP 1 按 Ctrl+N 组合键，新建一个文档，宽度为 210mm，高度为 297mm，取向为竖向，颜色模式为 CMYK，单击"确定"按钮。选择"矩形网格"工具 ，在页面中需要的位置单击鼠标左键，弹出"矩形网格工具选项"对话框，选项的设置如图 14-72 所示；单击"确定"按钮，出现一个网格图形，效果如图 14-73 所示。按 Ctrl+Shift+G 组合键，取消网格图形编组。

制作盛发游戏
VI 手册 3

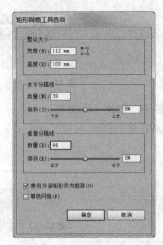

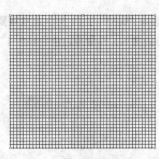

图 14-72   图 14-73

STEP⬇2 选择"选择"工具 ⬆，按住 Shift 键的同时，在网格图形上选取不需要的直线，如图 14-74 所示；按 Delete 键将其删除，效果如图 14-75 所示。使用相同的方法选取不需要的直线将其删除，效果如图 14-76 所示。

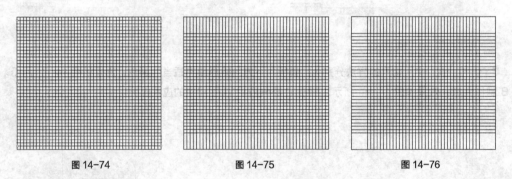

图 14-74   图 14-75   图 14-76

STEP⬇3 选择"选择"工具 ⬆，用圈选的方法将需要的直线同时选取，如图 14-77 所示；拖曳左边中间的控制手柄到适当的位置，效果如图 14-78 所示。保持图形选取状态，拖曳直线右边中间的控制手柄到适当的位置，效果如图 14-79 所示。

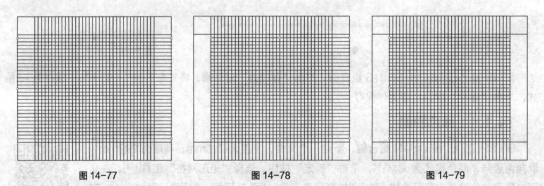

图 14-77   图 14-78   图 14-79

STEP⬇4 选择"选择"工具 ⬆，按住 Shift 键的同时，选取需要的直线，如图 14-80 所示；向下拖曳上边中间的控制手柄到适当的位置，效果如图 14-81 所示。保持图形选取状态，向上拖曳直线下边中间的控制手柄到适当的位置，效果如图 14-82 所示。

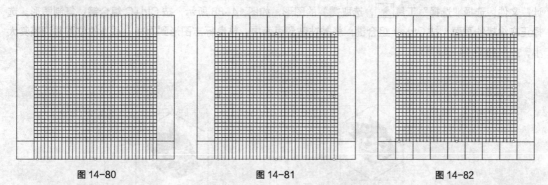

图 14-80　　　　　　　　　图 14-81　　　　　　　　　图 14-82

STEP 5 选择"选择"工具，用圈选的方法将所有直线同时选取，在属性栏中将"描边粗细"
选项设置为 0.25 pt，设置描边色为灰色（其 CMYK 的值分别为 0、0、0、80），填充直线描边，效果如
图 14-83 所示。

STEP 6 选择"选择"工具，按住 Shift 键的同时，依次单击需要的直线将其同时选取，如
图 14-84 所示。设置描边颜色为浅灰色（其 CMYK 的值分别为 0、0、0、30），填充直线描边，取消选取
状态，效果如图 14-85 所示。

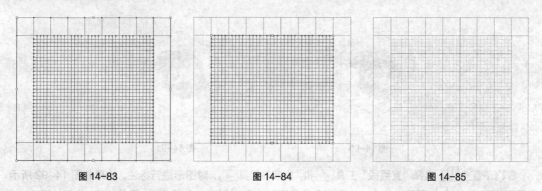

图 14-83　　　　　　　　　图 14-84　　　　　　　　　图 14-85

STEP 7 选择"矩形"工具，在图形左下方绘制一个矩形，设置图形填充色为浅灰色（其 CMYK
值分别为 0、0、0、10），填充图形，并设置描边色为灰色（其 CMYK 的值分别为 0、0、0、80），填充
图形描边，效果如图 14-86 所示。选择"选择"工具，用圈选的方法将所有直线和矩形同时选取，按
Ctrl+G 组合键，将其编组，效果如图 14-87 所示。

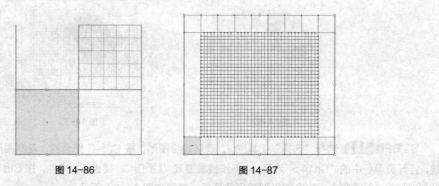

图 14-86　　　　　　　　　图 14-87

STEP 8 按 Ctrl+O 组合键，打开资源包中的"Ch14 > 效果 > 制作盛发游戏 VI 手册 > 标志设计"文件，选择"选择"工具 ▶，选取需要的图形，如图 14-88 所示，按 Ctrl+C 组合键，复制图形。选择正在编辑的页面，按 Ctrl+V 组合键，将其粘贴到页面中，拖曳标志图形到网格上适当的位置并调整其大小，效果如图 14-89 所示。

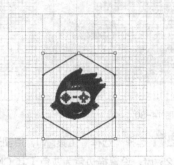

图 14-88　　　　　　　　　　　图 14-89

STEP 9 设置图形填充颜色为灰色（其 CMYK 值分别为 0、0、0、50），填充图形，效果如图 14-90 所示。按 Ctrl+Shift+[组合键，将标志图形置于最底层，取消选取状态，效果如图 14-91 所示。

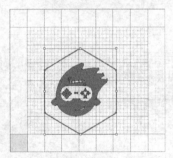

图 14-90　　　　　　　　　　　图 14-91

STEP 10 选择"直线段"工具 ／ 和"文字"工具 Ｔ，对图形进行标注，效果如图 14-92 所示。选择"选择"工具 ▶，用圈选的方法将图形和标注同时选取，按 Ctrl+G 组合键，将其编组，效果如图 14-93 所示。

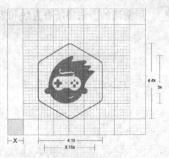
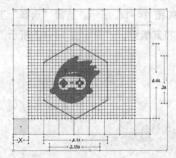

图 14-92　　　　　　　　　　　图 14-93

STEP 11 选择"选择"工具 ▶，选取编组图形，按 Ctrl+C 组合键，复制图形。按 Ctrl+O 组合键，打开资源包中的"Ch14 > 效果 > 制作盛发游戏 VI 手册 > 模板 A"文件，按 Ctrl+V 组合键，将其粘贴到"模板 A"页面中，拖曳图形到适当的位置，效果如图 14-94 所示。

STEP 12 选择"文字"工具 T ，在页面中输入需要的文字。选择"选择"工具 ，在属性栏中选择合适的字体并设置文字的大小，设置文字填充颜色为蓝色（其 CMYK 的值分别为 100、0、0、0），填充文字，效果如图 14-95 所示。

图 14-94   图 14-95

STEP 13 选择"文字"工具 T ，在页面中输入需要的文字。选择"选择"工具 ，在属性栏中选择合适的字体并设置文字的大小，设置文字填充颜色为深蓝色（其 CMYK 的值分别为 100、70、40、0），填充文字，效果如图 14-96 所示。选取文字"基础要素系统"，在属性栏中设置适当的文字大小，效果如图 14-97 所示。

图 14-96   图 14-97

STEP 14 选择"文字"工具 T ，在页面中输入需要的文字。选择"选择"工具 ，在属性栏中选择合适的字体并设置文字大小，效果如图 14-98 所示。使用相同的方法再次输入需要的文字，效果如图 14-99 所示。

STEP 15 按 Ctrl+T 组合键，弹出"字符"控制面板，将"设置行距" 选项设为 15 pt，其他选项的设置如图 14-100 所示；按 Enter 键确认操作，效果如图 14-101 所示。

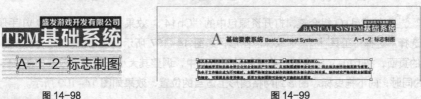

图 14-98   图 14-99

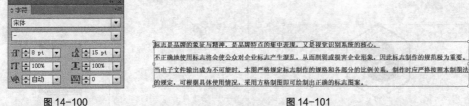

图 14-100   图 14-101

STEP 16 选择"矩形"工具 ，在适当的位置绘制一个矩形，设置图形填充颜色为浅灰色（其 CMYK 值分别为 0、0、0、25），填充图形，并设置描边色为无，效果如图 14-102 所示。

STEP 17 标志制图制作完成，效果如图 14-103 所示。按 Ctrl+Shift+S 组合键，弹出"存储为"
对话框，将其命名为"标志制图"，保存为 AI 格式，单击"保存"按钮，将文件保存。

图 14-102   图 14-103

14.1.5 标志组合规范

STEP 1 按 Ctrl+O 组合键，打开资源包中的"Ch14 > 效果 > 制作盛发游戏 VI
手册 > 标志制图"文件，选择"选择"工具 ▶，选取不需要的图形，如图 14-104 所示；
按 Delete 键将其删除，效果如图 14-105 所示。选取网格图形，调整到适当的位置，效果
如图 14-106 所示。

制作盛发游戏
VI 手册 4

      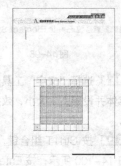

图 14-104   图 14-105   图 14-106

STEP 2 按 Ctrl+O 组合键，打开资源包中的"Ch14 > 效果 > 制作盛发游戏 VI 手册 > 标志设
计"文件，选择"选择"工具 ▶，选取标志图形，如图 14-107 所示，按 Ctrl+C 组合键，复制图形。选
择正在编辑的页面，按 Ctrl+V 组合键，将其粘贴到页面中，调整其大小和位置，效果如图 14-108 所示。
按住 Alt 键的同时，向下拖曳标志图形到网格图形上适当的位置，效果如图 14-109 所示。

图 14-107   图 14-108   图 14-109

STEP 3 选择"选择"工具 ，选择需要的图形，如图 14-110 所示。设置图形填充颜色为灰色（其 CMYK 值分别为 0、0、0、50），填充图形，效果如图 14-111 所示。

STEP 4 选择"选择"工具 ，选择需要的文字，设置文字填充颜色为灰色（其 CMYK 值分别为 0、0、0、50），填充文字，效果如图 14-112 所示。

图 14-110

图 14-111

图 14-112

STEP 5 选择"选择"工具 ，按住 Shift 键的同时，将标志和文字同时选取，连续按 Ctrl+ [组合键，将标志和文字向后移动到适当的位置，取消选取状态，效果如图 14-113 所示。根据"14.1.4 标志制图"中所讲的方法，对图形进行标注，效果如图 14-114 所示。

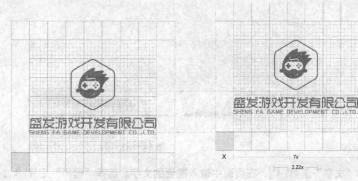

图 14-113   图 14-114

STEP 6 选择"文字"工具 T ，在页面右上方输入需要的文字。选择"选择"工具 ，在属性栏中选择合适的字体并设置文字的大小，效果如图 14-115 所示。使用相同的方法再次输入需要的文字，在属性栏中选择合适的字体并设置文字的大小，效果如图 14-116 所示。

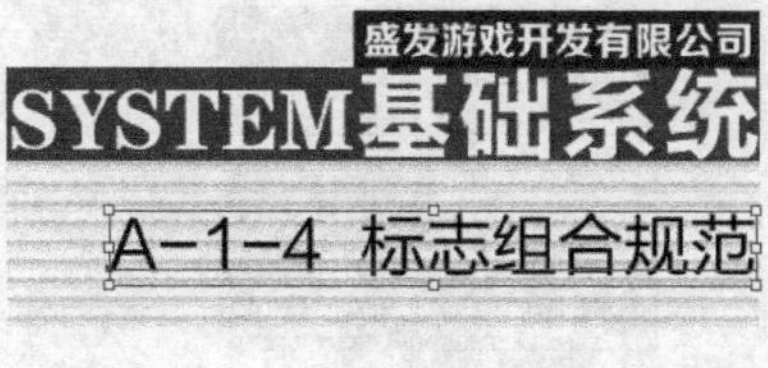

图 14-115 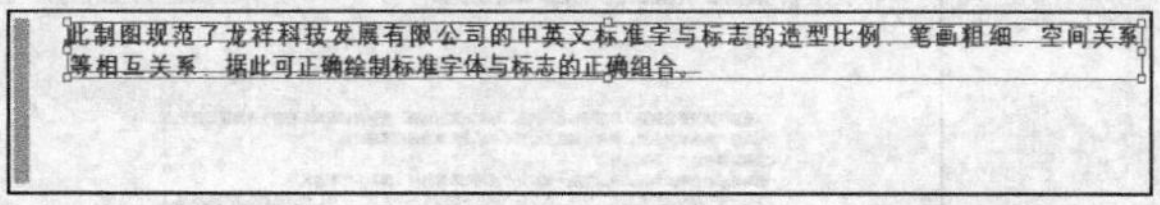   图 14-116

STEP 7 在"字符"控制面板中，将"设置行距" 选项设为 15 pt，其他选项的设置如图 14-117 所示；按 Enter 键确认操作，效果如图 14-118 所示。

STEP 8 标志组合规范制作完成，效果如图 14-119 所示。按 Ctrl+Shift+S 组合键，弹出"存储为"对话框，将其命名为"标志组合规范"，保存为 AI 格式，单击"保存"按钮，将文件保存。

图 14-117

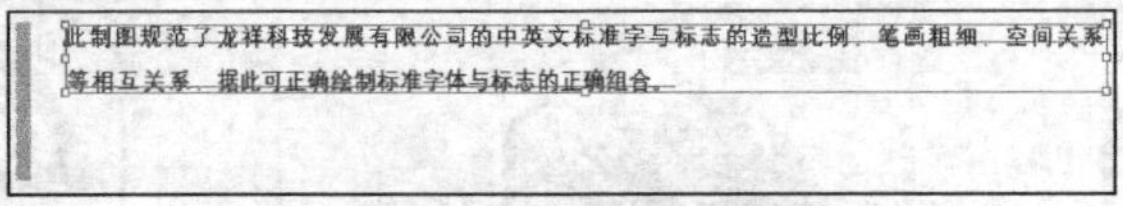

图 14-118

图 14-119

14.1.6 标志墨稿与反白应用规范

STEP 1 按 Ctrl+O 组合键，打开资源包中的"Ch14 > 效果 > 制作盛发游戏 VI 手册 > 模板 A"文件，如图 14-120 所示。选择"文字"工具 T，在页面中分别输入需要的文字，并设置适当的字体和文字的大小，填充适当的颜色，效果如图 14-121 所示。

制作盛发游戏
VI 手册 5

图 14-120

图 14-121

STEP 2 选择"文字"工具 T，在页面中输入需要的文字。选择"选择"工具 ，在属性栏中选择合适的字体并设置文字大小，效果如图 14-122 所示。在"字符"控制面板中，将"设置行距" 选项设为 15 pt，其他选项的设置如图 14-123 所示；按 Enter 键确认操作，效果如图 14-124 所示。

STEP 3 选择"矩形"工具 ，在文字左侧绘制一个矩形，设置图形填充颜色为浅灰色（其 CMYK 值分别为 0、0、0、25），填充图形，并设置描边色为无，效果如图 14-125 所示。

图 14-122

图 14-123

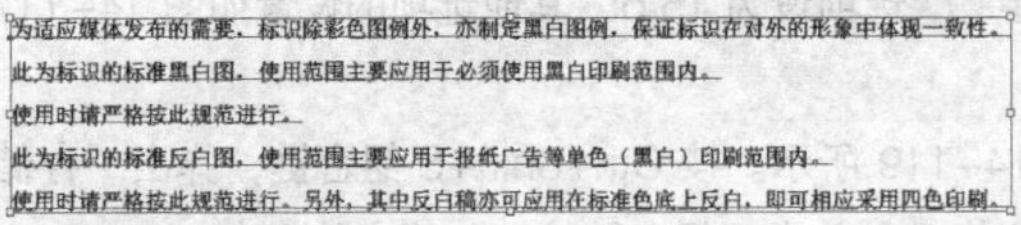

图 14-124

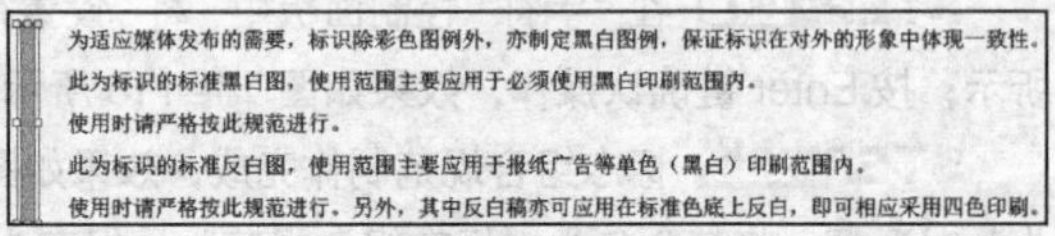

图 14-125

STEP 4 按 Ctrl+O 组合键，打开资源包中的 "Ch14 > 效果 > 制作盛发游戏 VI 手册 > 标志设计" 文件，选择 "选择" 工具 ，选取标志图形，如图 14-126 所示，按 Ctrl+C 组合键，复制图形。选择正在编辑的页面，按 Ctrl+V 组合键，将其粘贴到页面中，调整大小和位置，如图 14-127 所示。

STEP 5 选择 "选择" 工具 ，选择需要的图形，如图 14-128 所示。填充图形为黑色，如图 14-129 所示。

图 14-126　　　　　图 14-127　　　　　图 14-128　　　　　图 14-129

STEP 6 选择 "矩形" 工具 ，在适当的位置绘制一个矩形，填充图形为黑色，并设置描边色为无，效果如图 14-130 所示。选择 "选择" 工具 ，选取标志图形，按住 Alt 键的同时，向右拖曳图形到矩形上，填充图形和文字为白色，效果如图 14-131 所示。

STEP 7 选择 "文字" 工具 ，在页面中输入需要的文字。选择 "选择" 工具 ，在属性栏中选择合适的字体并设置文字的大小，填充文字为白色。按 Alt+ → 组合键，适当调整文字间距，效果如图 14-132 所示。

STEP 8 选择 "矩形" 工具 ，在页面中绘制

图 14-130　　　　　　　图 14-131

一个矩形，设置图形填充颜色为浅灰色（其 CMYK 值分别为 0、0、0、10），填充图形，并设置描边色为无，效果如图 14-133 所示。

图 14-132　　　　　　　图 14-133

STEP 9 选择 "选择" 工具 ，选取矩形，按住 Shift+Alt 组合键的同时，向右拖曳图形到适当的位置，复制图形，填充图形为黑色，效果如图 14-134 所示。选择 "选择" 工具 ，将两个矩形同时选取，双击 "混合" 工具 ，在弹出的对话框中进行设置，如图 14-135 所示；单击 "确定" 按钮，在两个

矩形上单击鼠标，生成混合，效果如图 14-136 所示。

图 14-134   图 14-135

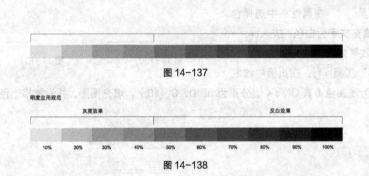

图 14-136

STEP 10 选择"直线段"工具 ，在页面中分别绘制需要的线段，效果如图 14-137 所示。选择"文字"工具 T，在页面中分别输入需要的文字。选择"选择"工具 ，在属性栏中分别选择合适的字体并设置文字大小，效果如图 14-138 所示。

STEP 11 标志墨稿与反白应用制作完成，效果如图 14-139 所示。按 Ctrl+Shift+S 组合键，弹出"存储为"对话框，将其命名为"标志墨稿与反白应用"，保存为 AI 格式，单击"保存"按钮，将文件保存。

图 14-137

图 14-138   图 14-139

14.1.7 标准色

STEP 1 按 Ctrl+O 组合键，打开资源包中的"Ch14 > 效果 > 制作盛发游戏 VI 手册 > 模板 A"文件，如图 14-140 所示。选择"文字"工具 T，在页面中分别输入需要的文字，并设置适当的字体和文字的大小，分别填充适当的颜色，效果如图 14-141 所示。

制作盛发游戏
VI 手册 6

STEP 2 选择"文字"工具 T，在页面中输入需要的文字。选择"选择"工具 ，在属性栏中选择合适的字体并设置文字大小，效果如图 14-142 所示。在"字符"控制面板中，将"设置行距" 选项设为 15 pt，其他选项的设置如图 14-143 所示；按 Enter 键确认操作，效果如图 14-144 所示。

图 14-140

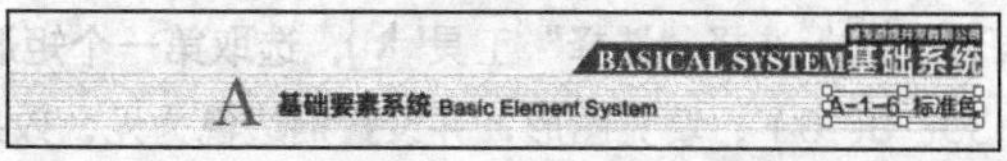

图 14-143

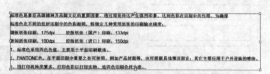

图 14-141

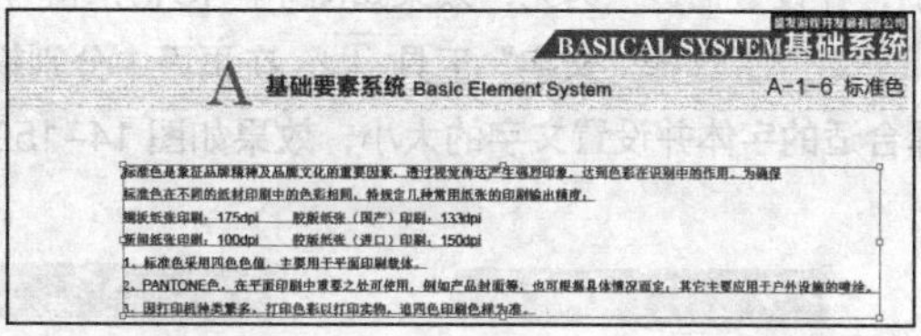

图 14-142

图 14-144

STEP 3 选择"矩形"工具 ▣，在文字左侧绘制一个矩形，设置图形填充颜色为浅灰色（其 CMYK 值分别为 0、0、0、25），填充图形，并设置描边色为无，效果如图 14-145 所示。

STEP 4 选择"矩形"工具 ▣，在页面中再绘制一个矩形，如图 14-146 所示。选择"选择"工具 ▸，按住 Alt+Shift 组合键的同时，垂直向下拖曳矩形到适当的位置，复制一个矩形，效果如图 14-147 所示。

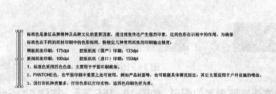

图 14-145

图 14-146

图 14-147

STEP 5 保持图形选取状态，按住 Alt+Shift 组合键的同时，垂直向下拖曳矩形到适当的位置，再复制一个矩形，如图 14-148 所示。连续按 2 次 Ctrl+D 组合键，按需要再复制出 2 个矩形，效果如图 14-149 所示。

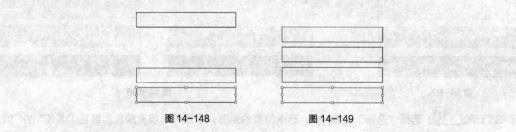

图 14-148

图 14-149

STEP 6 选择"选择"工具，选取第一个矩形，设置图形填充颜色为蓝色（其 CMYK 值分别为 100、30、0、0），填充图形，并设置描边色为无，效果如图 14-150 所示。分别选取下方的矩形，并依次填充为黑色、白色、黄色（其 CMYK 值分别为 0、20、100、0）、绿色（其 CMYK 值分别为 75、0、100、0），并设置描边色为无，效果如图 14-151 所示。

STEP 7 选择"文字"工具，在页面中分别输入需要的文字。选择"选择"工具，在属性栏中选择合适的字体并设置文字的大小，效果如图 14-152 所示。

图 14-150　　　　图 14-151　　　　图 14-152

STEP 8 选择"文字"工具，在最上方的矩形上输入矩形的 CMYK 颜色值，选择"选择"工具，在属性栏中选择合适的字体并设置文字大小，填充文字为白色，效果如图 14-153 所示。使用相同的方法为下方矩形进行数值标注，效果如图 14-154 所示。

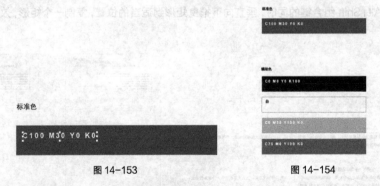

图 14-153　　　　　　　　图 14-154

STEP 9 选择"选择"工具，用圈选的方法选取需要的图形，如图 14-155 所示；按住 Alt+Shift 组合键的同时，水平向右拖曳图形到适当的位置，复制一组图形，效果如图 14-156 所示。

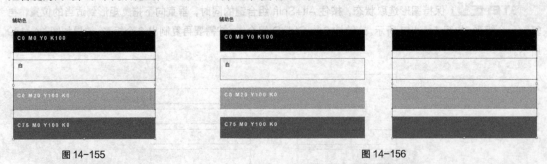

图 14-155　　　　　　　　图 14-156

STEP 10 选择"选择"工具，选取需要的矩形，设置图形填充颜色为红色（其 CMYK 值分别为 0、100、100、0），填充图形，效果如图 14-157 所示。选择"文字"工具 T ，在矩形上输入矩形的 CMYK 颜色值，选择"选择"工具 ，在属性栏中选择合适的字体并设置文字大小，填充文字为白色，效果如图 14-158 所示。

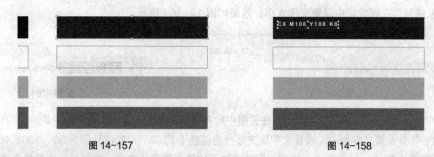

图 14-157　　　　　　　　　　　　　　图 14-158

STEP 11 使用上述相同的方法为下方矩形填充适当的颜色并进行数值标注，效果如图 14-159 所示。标准色制作完成，效果如图 14-160 所示。按 Ctrl+Shift+S 组合键，弹出"存储为"对话框，将其命名为"标准色"，保存为 AI 格式，单击"保存"按钮，将文件保存。

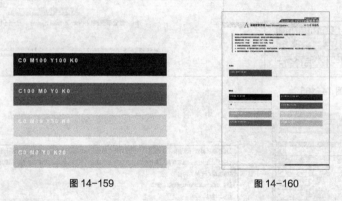

图 14-159　　　　　　　　　　　　　图 14-160

14.1.8　公司名片

STEP 1 按 Ctrl+O 组合键，打开资源包中的"Ch14 > 效果 > 制作盛发游戏 VI 手册 > 模板 B"文件，如图 14-161 所示。选择"文字"工具 T ，在页面的适当位置输入需要的文字。选择"选择"工具 ，在属性栏中选择合适的字体并设置文字的大小，设置文字填充颜色为橙黄色（其 CMYK 的值分别为 0、45、100、0），填充文字，效果如图 14-162 所示。

制作盛发游戏
VI 手册 7

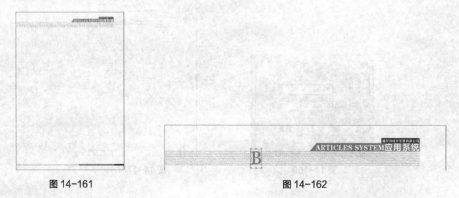

图 14-161　　　　　　　　　　　　　图 14-162

STEP 2 选择"文字"工具 T，在页面中分别输入需要的文字。选择"选择"工具 ▶，在属性栏中分别选择合适的字体并设置文字大小。将输入的文字同时选取，设置文字填充颜色为红色（其 CMYK 的值分别为 30、100、100、0），填充文字，效果如图 14-163 所示。选择"文字"工具 T，选取文字"办公事务系统"，在属性栏中设置文字大小，效果如图 14-164 所示。

图 14-163　　　　　　　　　　　　　　　　图 14-164

STEP 3 选择"文字"工具 T，在页面中输入需要的文字。选择"选择"工具 ▶，在属性栏中选择合适的字体并设置文字大小，设置文字填充颜色为红色（其 CMYK 的值分别为 30、100、100、0），填充文字，效果如图 14-165 所示。使用相同的方法再次输入需要的文字，在属性栏中选择合适的字体并设置文字大小，效果如图 14-166 所示。在"字符"控制面板中，将"设置行距" 选项设为 15 pt，其他选项的设置如图 14-167 所示；按 Enter 键确认操作，效果如图 14-168 所示。

图 14-165

图 14-166

图 14-167

图 14-168

STEP 4 选择"矩形"工具 ▢，在页面中单击鼠标左键，弹出"矩形"对话框，选项的设置如图 14-169 所示，单击"确定"按钮，得到一个矩形。选择"选择"工具 ▶，拖曳矩形到页面中适当的位置，在属性栏中将"描边粗细"选项设为 0.25 pt，填充图形为白色并设置描边色为灰色（其 CMYK 值分别为 0、0、0、50），填充描边，效果如图 14-170 所示。

图 14-169

图 14-170

STEP 5 按 Ctrl+O 组合键，打开资源包中的 "Ch14 > 效果 > 制作盛发游戏 VI 手册 > 标志设计" 文件，选取并复制标志图形，将其粘贴到页面中。选择 "选择" 工具 ▶，将标志文字拖曳到页面空白处，再将标志图形拖曳到矩形右上角适当的位置并调整其大小，效果如图 14-171 所示。

STEP 6 选择 "文字" 工具 T，在矩形中分别输入需要的文字。选择 "选择" 工具 ▶，在属性栏中选择合适的字体并设置文字大小，按 Alt+ →组合键，调整文字间距，效果如图 14-172 所示。

图 14-171

图 14-172

STEP 7 选择 "选择" 工具 ▶，选取空白处的标志文字，将其拖曳到页面中适当的位置，并适当地调整文字大小，效果如图 14-173 所示。选择 "文字" 工具 T，在标志文字下方输入需要的文字，选择 "选择" 工具 ▶，在属性栏中选择合适的字体并设置文字的大小，效果如图 14-174 所示。

图 14-173

图 14-174

STEP 8 选择 "选择" 工具 ▶，按住 Shift 键的同时，依次单击需要的文字将其同时选取，如图 14-175 所示；在 "属性栏" 中单击 "水平左对齐" 按钮 ▤，对齐文字，效果如图 14-176 所示。

图 14-175

图 14-176

STEP 9 选择 "选择" 工具 ▶，选取白色矩形，按 Ctrl+C 组合键，复制图形，按 Ctrl+B 组合键，将复制的图形粘贴在后面，拖曳图形到适当的位置，效果如图 14-177 所示。设置图形填充颜色为浅灰色

（其 CMYK 的值分别为 0、0、0、10），填充图形，并设置描边色为无，效果如图 14-178 所示。

图 14-177

图 14-178

STEP 10 选择"直线段"工具 ✏️ 和"文字"工具 T，对图形进行标注，效果如图 14-179 所示。选择"选择"工具 ▶️，按住 Shift 键的同时，单击需要的文字和图形，将其同时选取，如图 14-180 所示。

图 14-179

图 14-180

STEP 11 按住 Alt+Shift 组合键的同时，垂直向下拖曳图形到适当的位置，复制一组图形，取消选取状态，效果如图 14-181 所示。选择"选择"工具 ▶️，选取需要的图形，设置图形填充颜色为蓝色（其 CMYK 值分别为 100、0、0、15），填充图形，效果如图 14-182 所示。

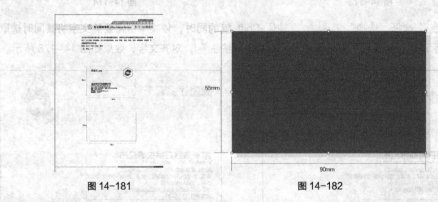
图 14-181   图 14-182

STEP 12 选择"标志设计"页面，选择"选择"工具 ▶️，选取并复制标志图形，将其粘贴到页面中适当的位置并调整其大小，填充图形为白色，效果如图 14-183 所示。公司名片制作完成，效果如图 14-184 所示。按 Ctrl+Shift+S 组合键，弹出"存储为"对话框，将其命名为"公司名片"，保存为 AI 格式，单击"保存"按钮，将文件保存。

图 14-183   图 14-184

14.1.9 信纸

STEP 1 按 Ctrl+O 组合键，打开资源包中的"Ch14 > 效果 > 制作盛发游戏VI 手册 > 模板 B"文件，如图 14-185 所示。选择"文字"工具 T，在页面中分别输入需要的文字，并设置适当的字体和文字大小，分别填充适当的颜色，效果如图 14-186所示。

制作盛发游戏
VI 手册 8

图 14-185   图 14-186

STEP 2 选择"文字"工具 T，在页面中输入需要的文字，选择"选择"工具 ▶，在属性栏中选择合适的字体并设置文字的大小，效果如图 14-187 所示。在"字符"控制面板中，将"设置行距" 选项设为 15 pt，其他选项的设置如图 14-188 所示，按 Enter 键确认操作，效果如图 14-189 所示。

图 14-187   图 14-188   图 14-189

STEP 3 选择"矩形"工具 ▢，在页面中单击鼠标左键，弹出"矩形"对话框，选项的设置如图 14-190 所示，单击"确定"按钮，得到一个矩形。选择"选择"工具 ▶，拖曳矩形到页面中适当的位置，在属性栏中将"描边粗细"选项设为 0.25 pt，填充图形为白色并设置描边色为深灰色（其 CMYK 值分别为 0、0、0、90），填充描边，效果如图 14-191 所示。

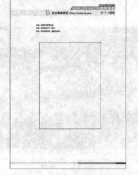

图 14-190   图 14-191

STEP 4 按 Ctrl+O 组合键，打开资源包中的"Ch14 > 效果 > 制作盛发游戏 VI 手册 > 标志设计"文件，选取并复制标志图形，将其粘贴到页面中。选择"选择"工具 ，将标志图形拖曳到页面中适当的位置并调整其大小，效果如图 14-192 所示。

STEP 5 选择"直线段"工具 ，按住 Shift 键的同时，在适当的位置绘制一条直线，设置描边色为灰色（其 CMYK 的值分别为 0、0、0、70），填充直线；在属性栏中"描边粗细"选项设为 0.6 pt，效果如图 14-193 所示。

图 14-192   图 14-193

STEP 6 选择"矩形"工具 ，绘制一个矩形，设置图形填充颜色为红色（其 CMYK 的值分别为 0、100、100、15），填充图形，并设置描边色为无，效果如图 14-194 所示。选择"文字"工具 ，在适当的位置输入需要的文字，选择"选择"工具 ，在属性栏中选择合适的字体并设置文字的大小，效果如图 14-195 所示。

图 14-194   图 14-195

STEP 7 选择"直线段"工具 和"文字"工具 ，对信纸进行标注，效果如图 14-196 所示。使用上述相同的方法在适当的位置制作出一个较小的信纸图形，效果如图 14-197 所示。信纸制作完成，效果如图 14-198 所示。按 Ctrl+Shift+S 组合键，弹出"存储为"对话框，将其命名为"信纸"，保存为 AI 格式，单击"保存"按钮，将文件保存。

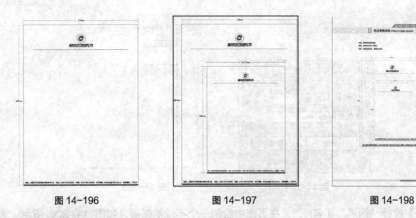

图 14-196   图 14-197   图 14-198

14.1.10 信封

STEP 1 按 Ctrl+O 组合键，打开资源包中的"Ch14 > 效果 > 制作盛发游戏
VI 手册 > 模板 B"文件，如图 14-199 所示。选择"文字"工具 T ，在页面中分别输
入需要的文字，并设置适当的字体和文字大小，分别填充适当的颜色，效果如图 14-200
所示。

制作盛发游戏
VI 手册 9

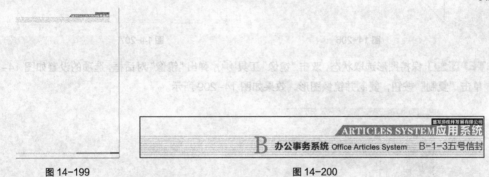

图 14-199   图 14-200

STEP 2 选择"文字"工具 T ，在页面中输入需要的文字，选择"选择"工具 ，在属性栏中
选择合适的字体并设置文字大小，效果如图 14-201 所示。在"字符"控制面板中，将"设置行距" 选
项设为 15 pt，其他选项的设置如图 14-202 所示；按 Enter 键，效果如图 14-203 所示。

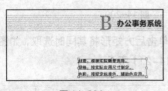

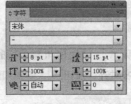

图 14-201   图 14-202   图 14-203

STEP 3 选择"矩形"工具 ，在页面中单击鼠标左键，弹出"矩形"对话框，选项的设置如
图 14-204 所示，单击"确定"按钮，得到一个矩形。选择"选择"工具 ，拖曳矩形到页面中适当的位
置，在属性栏中将"描边粗细"选项设为 0.25 pt，填充图形为白色并设置描边色为灰色（其 CMYK 值分别
为 0、0、0、80 ），填充描边，效果如图 14-205 所示。

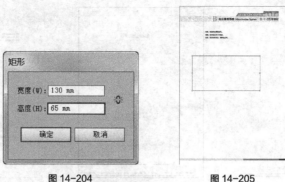

图 14-204   图 14-205

STEP 4 选择"钢笔"工具 ✐，在页面中绘制一个不规则图形，如图 14-206 所示。选择"选择"工具 ▶，在属性栏中将"描边粗细"选项设为 0.25 pt，填充图形为白色并设置描边色为灰色（其 CMYK 值分别为 0、0、0、50），填充描边，效果如图 14-207 所示。

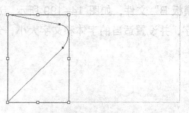

图 14-206   图 14-207

STEP 5 保持图形选取状态，双击"镜像"工具 ⬚，弹出"镜像"对话框，选项的设置如图 14-208 所示；单击"复制"按钮，复制并镜像图形，效果如图 14-209 所示。

图 14-208   图 14-209

STEP 6 选择"选择"工具 ▶，按住 Shift 键的同时，单击后方矩形将其同时选取，如图 14-210 所示；在"属性栏"中单击"水平右对齐"按钮 ⬚，效果如图 14-211 所示。

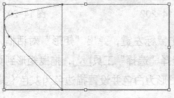
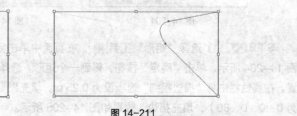

图 14-210   图 14-211

STEP 7 选择"钢笔"工具 🖊️，在页面中绘制一个不规则图形，在属性栏中将"描边粗细"选项设置为 0.25 pt，设置描边色为灰色（其 CMYK 值分别为 0、0、0、50），填充描边，效果如图 14-212 所示。使用相同的方法再绘制一个不规则图形，设置图形填充颜色为蓝色（其 CMYK 值分别为 100、50、0、0），填充图形，并设置描边颜色为无，效果如图 14-213 所示。

图 14-212

图 14-213

STEP 8 按 Ctrl+O 组合键，打开资源包中的"Ch14 > 效果 > 制作盛发游戏 VI 手册 > 标志设计"文件，选择"选择"工具 🔺，选取需要的图形，如图 14-214 所示；按 Ctrl+C 组合键，复制图形。选择正在编辑的页面，按 Ctrl+V 组合键，将其粘贴到页面中，拖曳标志到页面中适当的位置并调整其大小，填充图形为白色，取消选取状态，效果如图 14-215 所示。

盛发游戏开发有限公司
SHENG FA GAME DEVELOPMENT CO.,LTD.

图 14-214

图 14-215

STEP 9 选择"选择"工具 🔺，选取需要的图形，如图 14-216 所示。按 Ctrl+C 组合键，复制图形，按 Ctrl+F 组合键，将复制的图形粘贴在前面，并拖曳图形到适当的位置，效果如图 14-217 所示。

图 14-216

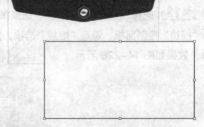

图 14-217

STEP 10 选择"矩形"工具 ⬛，在页面中单击鼠标左键，弹出"矩形"对话框，选项的设置如图 14-218 所示，单击"确定"按钮，得到一个矩形。选择"选择"工具 🔺，拖曳矩形到页面中适当的位置，在属性栏中将"描边粗细"选项设为 0.25 pt，设置描边色为红色（其 CMYK 值分别为 0、100、100、0），填充描边，效果如图 14-219 所示。

STEP 11 选择"选择"工具 🔺，按住 Alt+Shift 组合键的同时，水平向右拖曳矩形到适当的位置，复制一个矩形，如图 14-220 所示。连续按 Ctrl+D 组合键，按需要再复制出多个矩形，效果如图 14-221 所示。

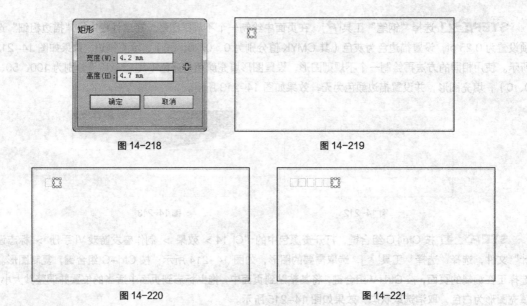

图 14-218   图 14-219

图 14-220   图 14-221

STEP 12 选择"矩形"工具 ▣，按住 Shift 键的同时，在页面的适当位置绘制一个正方形，在属性栏中将"描边粗细"选项设为 0.2 pt，如图 14-222 所示；按住 Alt+Shift 组合键的同时，水平向右拖曳图形到适当的位置，复制一个正方形，如图 14-223 所示。

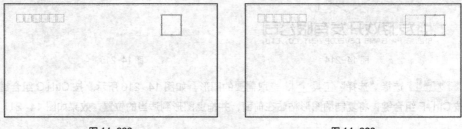

图 14-222   图 14-223

STEP 13 选择"选择"工具 ▶，选取第一个正方形，如图 14-224 所示。选择"窗口 > 描边"命令，弹出"描边"控制面板，勾选"虚线"选项，数值被激活，各选项的设置如图 14-225 所示；按 Enter 键确认操作，效果如图 14-226 所示。

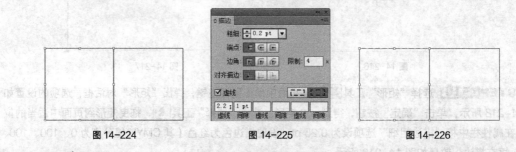

图 14-224   图 14-225   图 14-226

STEP 14 选择"选择"工具 ▶，选取第二个正方形，如图 14-227 所示。选择"剪刀"工具 ✂，在需要的节点上单击，选取不需要的直线，如图 14-228 所示；按 Delete 键，将其删除，效果如图 14-229 所示。

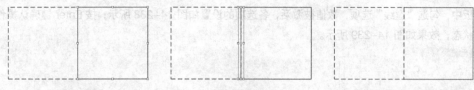

图 14-227　　　　　　　图 14-228　　　　　　　图 14-229

STEP 15 选择"文字"工具 T，在页面中输入需要的文字。选择"选择"工具 ，在属性栏中选择合适的字体并设置文字的大小，效果如图 14-230 所示。在"字符"控制面板中，将"设置所选字符的字距调整" 选项设为 660，其他选项的设置如图 14-231 所示；按 Enter 键确认操作，效果如图 14-232 所示。

图 14-230

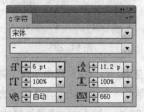

图 14-231

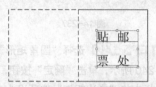

图 14-232

STEP 16 选择"标志设计"页面，选择"选择"工具 ，选取并复制标志图形，将其粘贴到页面中，分别将标志和标志文字拖曳到适当的位置并调整其大小，效果如图 14-233 所示。

STEP 17 选择"直线段"工具 ，按住 Shift 键的同时，在适当的位置绘制一条直线，效果如图 14-234 所示。

图 14-233

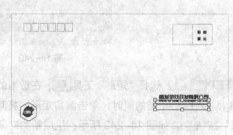

图 14-234

STEP 18 选择"选择"工具 ，按住 Alt+Shift 组合键的同时，垂直向下拖曳直线到适当的位置，复制一条直线，在属性栏中将"描边粗细"选项设置为 0.25 pt，按 Enter 键确认操作，效果如图 14-235 所示。选择"文字"工具 T，在"属性栏"中单击"右对齐"按钮 ，输入需要的文字。选择"选择"工具 ，在属性栏中选择合适的字体并设置文字的大小，效果如图 14-236 所示。

盛发游戏开发有限公司
SHENG FA GAME DEVELOPMENT CO.,LTD.

地址：北里市中关西村南大街695号C区
电话：0100-661234567　传真：0100-661234568
电子信箱：shengfa@163.com.cn
邮政编码：112000

盛发游戏开发有限公司
SHENG FA GAME DEVELOPMENT CO.,LTD.

图 14-235　　　　　　　　　　　　　　　图 14-236

STEP 19 选择"矩形"工具 ，在适当的位置绘制一个矩形，如图 14-237 所示。在"描边"

控制面板中，勾选"虚线"选项，数值被激活，各选项的设置如图 14-238 所示；按 Enter 键确认操作，取消选取状态，效果如图 14-239 所示。

图 14-237　　　　　　　　图 14-238　　　　　　　　图 14-239

STEP 20 选择"圆角矩形"工具，在页面中单击，弹出"圆角矩形"对话框，选项的设置如图 14-240 所示，单击"确定"按钮，得到一个圆角矩形。选择"选择"工具，拖曳图形到适当的位置，在属性栏中将"描边粗细"选项设为 0.25 pt，按 Enter 键确认操作，效果如图 14-241 所示。

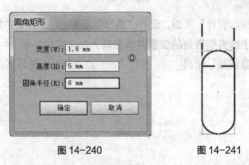

图 14-240　　　　　　　　图 14-241

STEP 21 选择"矩形"工具，在适当的位置绘制一个矩形，如图 14-242 所示。选择"选择"工具，按住 Shift 键的同时，单击圆角矩形，将其同时选取，在"路径查找器"控制面板中，单击"减去顶层"按钮，如图 14-243 所示；生成新的对象，效果如图 14-244 所示。

图 14-242　　　　　　　　图 14-243　　　　　　　　图 14-244

STEP 22 选择"钢笔"工具，在相减图形的左侧绘制一个不规则图形，填充图形为黑色，并设置描边色为无，效果如图 14-245 所示。选择"文字"工具，在"属性栏"中单击"左对齐"按钮，输入需要的文字。选择"选择"工具，在属性栏中选择合适的字体并设置文字的大小，效果如图 14-246 所示。

STEP 23 双击"旋转"工具，弹出"旋转"对话框，选项的设置如图 14-247 所示；单击"确定"按钮，旋转文字，效果如图 14-248 所示。

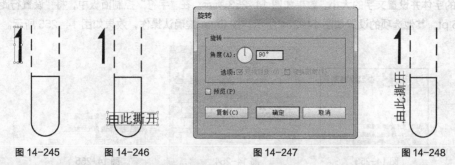

图 14-245   图 14-246   图 14-247   图 14-248

STEP⤒24 选择"直线段"工具 ✏ 和"文字"工具 T ，对图形进行标注，效果如图 14-249 所示。信封制作完成，效果如图 14-250 所示。按 Ctrl+Shift+S 组合键，弹出"存储为"对话框，将其命名为"信封"，保存为 AI 格式，单击"保存"按钮，将文件保存。

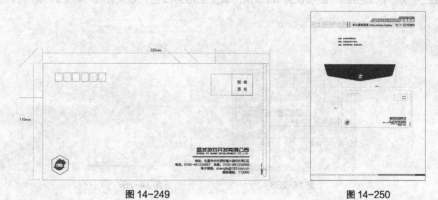

图 14-249   图 14-250

14.1.11 传真

STEP⤒1 按 Ctrl+O 组合键，打开资源包中的"Ch14 > 效果 > 制作盛发游戏 VI 手册 > 模板 B"文件，如图 14-251 所示。选择"文字"工具 T ，在页面中分别输入需要的文字，并设置适当的字体和文字的大小，分别填充适当的颜色，效果如图 14-252 所示。

制作盛发游戏
VI 手册 10

图 14-251   图 14-252

STEP 2 选择"文字"工具 T，在页面中输入需要的文字，选择"选择"工具，在属性栏中选择合适的字体并设置文字的大小，效果如图 14-253 所示。在"字符"控制面板中，将"设置行距" 选项设为 15 pt，其他选项的设置如图 14-254 所示；按 Enter 键确认操作，效果如图 14-255 所示。

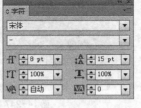
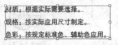

图 14-253　　　　　　图 14-254　　　　　　图 14-255

STEP 3 选择"矩形"工具，在页面中单击鼠标左键，弹出"矩形"对话框，选项的设置如图 14-256 所示，单击"确定"按钮，得到一个矩形。选择"选择"工具，拖曳矩形到页面中适当的位置，在属性栏中将"描边粗细"选项设为 0.25 pt，填充图形为白色，效果如图 14-257 所示。

图 14-256　　　　　　图 14-257

STEP 4 按 Ctrl+O 组合键，打开资源包中的"Ch14 > 效果 > 制作盛发游戏 VI 手册 > 标志设计"文件，选择"选择"工具，选取并复制标志图形，将其粘贴到页面中，分别将标志和标志文字拖曳到适当的位置并调整其大小，效果如图 14-258 所示。

STEP 5 选择"文字"工具 T，在页面中输入需要的文字，选择"选择"工具，在属性栏中选择合适的字体并设置文字的大小，效果如图 14-259 所示。

图 14-258　　　　　　　　　　图 14-259

STEP 6 选择"文字"工具 T，在页面中分别输入需要的文字，选择"选择"工具，在属性栏中分别选择合适的字体并设置文字大小，效果如图 14-260 所示。将输入的文字同时选取，在"字符"控制面板中，将"设置行距" 选项设为 23 pt，其他选项的设置如图 14-261 所示；按 Enter 键确认操作，效果如图 14-262 所示。

STEP 7 选择"直线段"工具，按住 Shift 键的同时，在适当的位置绘制一条直线，在属性栏中将"描边粗细"选项设为 0.2 pt，效果如图 14-263 所示。选择"选择"工具，按住 Alt+Shift 组合键的同时，垂直向下拖曳直线到适当的位置，复制一条直线，如图 14-264 所示。连续按 Ctrl+D 组合键，按需要再复制出多条直线，效果如图 14-265 所示。

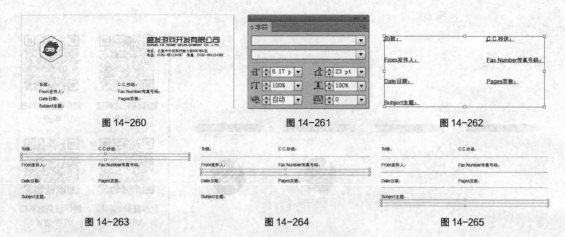

图 14-260　　　　　　　　图 14-261　　　　　　　　图 14-262

图 14-263　　　　　　　　图 14-264　　　　　　　　图 14-265

STEP 8 选择 "文字" 工具 T ，在页面中输入需要的文字，选择 "选择" 工具 ，在属性栏中选择合适的字体并设置文字大小，效果如图 14-266 所示。传真制作完成，效果如图 14-267 所示。按 Ctrl+Shift+S 组合键，弹出 "存储为" 对话框，将其命名为 "传真" ，保存为 AI 格式，单击 "保存" 按钮，将文件保存。

图 14-266　　　　　　　　　　　　　　　图 14-267

14.2 课后习题——制作速益达科技 VI 手册

习题知识要点

在 Illustrator 中，使用显示网格命令显示或隐藏网格，使用椭圆工具、钢笔工具和分割命令制作标志图形，使用矩形工具、直线段工具、文字工具、填充工具制作模板，使用对齐面板对齐对象，使用矩形工具、扩展命令、直线段工具和描边命令制作标志预留空间，使用矩形工具、混合工具、扩展命令和填充工具制作标准色块，使用直线段工具和文字工具对图形进行标注，使用建立剪切蒙版命令制作信纸底图，使用绘图工具、镜像命令制作信封，使用描边控制面板制作虚线效果，使用多种绘图工具、渐变工具和复制/粘贴命令制作员工胸卡，使用倾斜工具倾斜图形。速益达科技 VI 手册如图 14-268 所示。

效果所在位置

资源包 > Ch14 > 效果 > 制作速益达科技 VI 手册 > 标志设计.ai、标志墨稿.ai、标志反白稿.ai、标志预留空间与最小比例限制.ai、企业全称中文字体.ai、企业全称英文字体.ai、企业标准色.ai、企业辅助色系列.ai、名片.ai、信纸.ai、信封.ai、传真纸.ai、员工胸卡.ai、文件夹.ai、模板 A.ai、模板 B.ai。

图 14-268

制作速益达科技
VI 手册 1

制作速益达科技
VI 手册 2

制作速益达科技
VI 手册 3

制作速益达科技
VI 手册 4

制作速益达科技
VI 手册 5

制作速益达科技
VI 手册 6

制作速益达科技
VI 手册 7

制作速益达科技
VI 手册 8

制作速益达科技
VI 手册 9

制作速益达科技
VI 手册 10

制作速益达科技
VI 手册 11

制作速益达科技
VI 手册 12

制作速益达科技
VI 手册 13

制作速益达科技
VI 手册 14